微电网系统关键设备
及其控制策略

程志江 王维庆 樊小朝 著

重庆大学出版社

内容提要

以风能、光伏为代表的新能源分布式电源、储能装置、能量转换装置、相关负荷和监控、保护装置、本地负载汇集而成的小型发配电系统是微电网系统的典型形式。

本书系统阐述微电网系统关键设备及其控制策略,尤其是 LCL 型并网逆变器的控制技术,从电力电子电路换流原理与分析方法入手,介绍在"源荷储"条件下的永磁同步风力发电机、光伏阵列控制技术,微电网逆变器的控制技术,微电网储能系统拓扑结构及控制策略,并网和孤岛模式运行稳定性,并网和孤岛平滑切换技术。

图书在版编目(CIP)数据

微电网系统关键设备及其控制策略 / 程志江,王维庆,樊小朝著. -- 重庆:重庆大学出版社,2023.1
(风力发电自主创新技术丛书)
ISBN 978-7-5689-2537-2

Ⅰ.①微… Ⅱ.①程…②王…③樊… Ⅲ.①新能源—发电—电力设备—研究 Ⅳ.①TM61

中国版本图书馆 CIP 数据核字(2020)第 268516 号

微电网系统关键设备及其控制策略
WEIDIANWANG XITONG GUANJIAN SHEBEI JIQI KONGZHI CELÜE
程志江 王维庆 樊小朝 著
策划编辑:鲁 黎 曾令维 杨粮菊
责任编辑:文 鹏 版式设计:鲁 黎
责任校对:刘志刚 责任印制:张 策

*

重庆大学出版社出版发行
出版人:饶帮华
社址:重庆市沙坪坝区大学城西路 21 号
邮编:401331
电话:(023)88617190 88617185(中小学)
传真:(023)88617186 88617166
网址:http://www.cqup.com.cn
邮箱:fxk@cqup.com.cn(营销中心)
全国新华书店经销
重庆升光电力印务有限公司印刷

*

开本:720mm×1020mm 1/16 印张:16.75 字数:350 千
2023 年 1 月第 1 版 2023 年 1 月第 1 次印刷
印数:1—1 000
ISBN 978-7-5689-2537-2 定价:98.00 元

前　言

随着能源危机与环境问题受重视程度的日益增加,微电网作为风电、光伏利用的一种重要形式,已成为智能电网研究的热点问题之一。作为微电网的核心器件,逆变器控制策略的优劣直接影响了微电网相关技术的研究水平。为了有效解决可再生能源发电存在的间歇性、随机性、波动性问题,微电网系统必须配置一定的储能装置。本书在介绍微电网逆变器控制策略的基础上,对微电网系统电源的优化配置、微电网系统储能的优化配置,以及微电网储能异构系统的关键技术问题进行了介绍,并展示了一套基于风、光和储能的微电网实验平台,通过仿真和实验验证了研究成果的正确性。

本书内容共6章。第1章主要介绍了微电网系统的起源、概念、拓扑结构以及特点等,对微电网系统的关键设备及其技术特点进行了介绍,重点对直驱永磁风力发电机、光伏阵列、储能系统、微电网逆变器、微电网能量管理系统及其技术特点进行了介绍。

第2章介绍了离网运行模式下基于同步旋转 d-q 坐标系和静止 α-β 坐标系下逆变器的数学模型,重点介绍电压、电流双闭环控制系统的参数设计方法,并通过仿真验证了该控制策略和系统参数的正确性。介绍了几种逆变器并联的控制方案,重点分析下垂控制实现无通信线多台逆变器并联的控制;介绍并网逆变器的电流控制,分析了 LCL 滤波器的传递函数,分别对矢量 PI 控制、比例谐振 PR 控制、无差拍控制、滞环控制、PQ 功率控制作了详细介绍,并针对已有的逆变器主流控制策略进行改进;介绍了微电网系统在并网和孤岛两种不同模式之间平滑切换的方法。

第3章对微电网分布式电源控制策略进行了阐述,介绍了直驱风力发电系统的工作原理,分析了包括风速、风轮机、传动系统、永磁同步发电机及变流器等各部分的数学模型,提出合理的控制策略,搭建各部分的仿真模块,并通过 MATLAB/SIMULINK 仿真系统对所搭建的直驱风力发电系统进行仿真分析,验证模型的有效性和正确性;还对光伏阵列的最大功率点控制策略、光伏阵列逆变器控制策略、光伏阵列逆变器模型预测控制进行了介绍。

第4章介绍了微电网电源优化配置方法,在介绍分布式电源输出功率不确定性的基础上,在源荷不确定条件下,采用概率分析的方法,建立风电、光电输出功率概率的电网向量序优化配置模型、总负荷不确定性模型,制定复合储能配比机制;采用向量序优化方法,从预测场景下的 Pareto 最优解集中获取最优解,增强解算的鲁棒性。通过评价指标校正,使优化配置方案全局最优,并介绍了微电网向量序优化配置模型向量序优化配置评价方法。还介绍了退役动力电池异构储能系统及其控制策略,重点在储能单元能量转换机制、微电网混合储能系统及其控制策略以及退役动力电池异构储能系统。

第5章介绍了微电网储能优化配置方法,介绍了用于微电网的多类型储能单元的充放电容量、充放电速度、寿命周期一致性、兼容性等问题。

第6章从异构储能系统模型、能量转换机制、综合能量管理单元进行研究,构建异构储能综合能量管理系统;从多时间尺度耦合机理与解耦控制方法等方面进行深入的研究,建立异构储能能量管理系统时空尺度协调控制方案。最后,通过一个工程样例,介绍了微电网系统的建立过程及运行效果。

本书由程志江、王维庆、樊小朝撰写。书中对微电网控制及储能系统的关键问题进行了研究,为微电网控制技术的进步提供理论和实验支撑,为可再生能源的大规模应用,提高可再生能源的消纳能力,减少弃风、弃光现象的发生提供了一种可行的解决方案,具有一定的参考和借鉴价值。

本书的研究工作得到了国家自然科学基金重点项目"源荷不确定条件下沙漠油井微电网电源优化配置方法研究"(批准号:51567022)、"并网光伏电站储能优化配置的机组组合分析方法研究"(批准号:51667020)的资助,在撰写过程中得到李永东教授、张新燕教授、王海云教授的大力帮助,在此表示衷心的感谢!

著 者
2020 年 4 月

目　录

第1章　绪　论 ……………………………………………………… 1

1.1　环境问题与可再生能源 ……………………………………… 1

1.2　基于可再生能源的微电网系统 ……………………………… 4

1.3　风电微网系统的关键设备及其技术特点 …………………… 7

1.3.1　直驱永磁风力发电机及其技术特点 …………………… 7

1.3.2　风电储能系统及其技术特点 …………………………… 8

1.3.3　风电微网逆变器及其技术特点 ………………………… 13

1.3.4　风电微网能量管理系统及其技术特点 ………………… 15

第2章　风电微网逆变器及其控制策略 …………………………… 16

2.1　风电微网并网逆变器控制 …………………………………… 16

2.1.1　三相并网逆变器结构及数学模型 ……………………… 16

2.1.2　三相并网逆变器的控制策略 …………………………… 19

2.1.3　带 LCL 滤波的三相并网逆变器 ……………………… 19

2.2　风电微网离网逆变器的控制 ………………………………… 33

2.2.1　单台逆变器数学模型 …………………………………… 34

2.2.2　电压型控制策略 ………………………………………… 35

2.2.3　多台逆变器并联控制 …………………………………… 41

2.3　风电微网平滑切换控制策略 ………………………………… 62

2.3.1　风电微网离网检测原理及方法 ………………………… 63

2.3.2　主从控制系统主控逆变器的设计 ……………………… 67

2.3.3　风电微网平滑切换暂态分析 …………………………… 69

第3章 风电微网分布式电源 ·································· 83

3.1 直驱永磁风力发电机 ·································· 83
3.1.1 风速模型 ··· 83
3.1.2 风力机数学模型 ·································· 84
3.1.3 机械传动系统数学模型 ·························· 85
3.1.4 永磁同步发电机数学模型 ························ 85
3.1.5 机侧变流器数学模型 ···························· 88
3.1.6 仿真分析 ··· 89

3.2 风电微网辅助光伏阵列 ···························· 91
3.2.1 光伏发电最大功率点跟踪控制策略 ·············· 92
3.2.2 光伏阵列逆变器模型预测控制策略 ·············· 99

3.3 风电微网电源优化配置 ···························· 121
3.3.1 分布式电源输出功率不确定性 ·················· 121
3.3.2 风电微网向量序优化配置模型 ·················· 124
3.3.3 案例分析 ··· 127

第4章 风电微网储能系统 ·································· 135

4.1 储能单元能量转换机制 ···························· 135
4.1.1 储能装置的等效模型 ···························· 135
4.1.2 储能系统双向 DC/DC 变换器的工作原理 ········ 138
4.1.3 储能装置的充放电控制 ·························· 141

4.2 风电微网混合储能系统及其控制策略 ·············· 145
4.2.1 风电微网混合储能系统拓扑结构 ················ 146
4.2.2 风电微网混合储能系统功率分流算法 ············ 148
4.2.3 基于模糊控制的混合储能控制策略 ·············· 150
4.2.4 仿真与结果分析 ································· 152

4.3 风电微网退役动力电池异构储能系统 ·············· 156
4.3.1 退役动力电池参数辨识 ·························· 156
4.3.2 退役动力电池均衡电路分析 ···················· 163
4.3.3 异构储能系统能量平衡控制策略 ················ 168
4.3.4 异构储能系统动态一致性分析 ·················· 172

第 5 章　风电微网储能优化配置 ·· **187**

5.1　基于机组组合分析的储能优化配置 ······································· 187

　5.1.1　光伏出力预测 ·· 187

　5.1.2　风机与储能机组组合模型 ·· 190

　5.1.3　机组组合模型的求解及可靠性评估 ··································· 191

5.2　光伏微电网混合储能控制策略 ·· 195

　5.2.1　系统能量平衡控制策略 ·· 196

　5.2.2　异构储能系统多时间尺度耦合机理 ··································· 206

　5.2.3　异构储能系统分层协调控制策略 ····································· 210

5.3　风电微网储能的低电压穿越 ·· 213

　5.3.1　电池储能 PCS 的正、负序复合模型 ·································· 214

　5.3.2　电网故障时电池储能系统的低电压穿越策略 ······················ 215

　5.3.3　PLL 锁相环 ·· 217

　5.3.4　风电微网故障时仿真结果分析 ······································· 220

第 6 章　风电微网示范系统 ··· **225**

6.1　概　述 ·· 225

6.2　系统结构 ·· 228

6.3　系统性能 ·· 231

6.4　系统运行效果 ··· 233

　6.4.1　直流侧混合控制 ·· 233

　6.4.2　逆变器离网控制 ·· 234

　6.4.3　逆变器并网控制 ·· 236

　6.4.4　并网离网切换控制 ·· 237

　6.4.5　上位管理系统 ··· 238

6.5　项目取得的成果 ··· 242

参考文献 ··· **244**

第1章 绪 论

1.1 环境问题与可再生能源

伴随着全球经济的发展,世界各国对能源的需求不断提高。随着中国经济的崛起,中国对能源的需求迅速增加,2012 年,中国成为全球最大的能源消耗国。中国能源现状存在着许多亟待解决的问题[1],如能源存储和消耗区域极度不平衡、能源结构不平衡、能源利用效率较低、存在能源安全隐患等问题。尽管近几年来能源消耗增速变缓,但是高耗能经济模式所带来的能源结构不平衡问题和环境污染问题并没有得到根本改变。

与美国等发达国家相比,中国的能源结构极具不平衡性[2-4]。根据 2010 年的统计数据,美国的能源消耗中,煤炭所占的比例为 22%,而中国高达 66%(其余为石油占 17.5%,天然气占 5.6%,水能占 8.1%,其他能源占 2.8%)。大规模火电所排放的二氧化硫和氮氧化物,加剧了酸雨的形成,其形成区域不断扩大;由于粉尘的排放量增加造成空气质量不断恶化,尤其是入冬以后空气质量明显下降,PM 2.5 浓度不断升高。中国作为全球最大的能源增量市场,为了调整能源结构,必须大力发展可再生能源,形成低碳多源的全新能源结构[5,6]。

能源行业为了更加适应不断变化的能源需求,越来越多的能源企业和能源消耗者更加重视技术进步[7,8],更加关注环境问题。随着全球能源结构的持续低碳化[9],可再生能源竞争力持续提升。预计到 2035 年,可再生能源、核能和水电可占到全球能源增长的 50%。根据《BP 世界能源展望 2017》的数据,可再生能源增长最快,其年均增长率为 7.6%,占新增发电量的 40%,预计到 2035 年可再生能源发电量可升至 20%,中国的可再生能源发电比例可增至 20% 以上,新增占比 35% 以上,如图 1.1 所示。国际能源署(IEA)公布的数据显示,2015 年与能源相关的碳排放量连续两年持平。研究发现,碳排放量连续持平的主要原因在于水能、太阳能、风能等可再生清洁能源发电装机容量在全球持续激增。

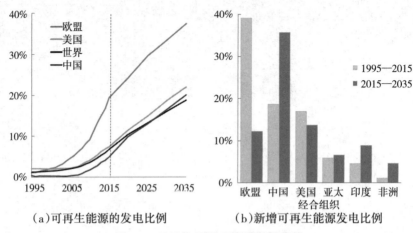

（a）可再生能源的发电比例　　　（b）新增可再生能源发电比例

图 1.1　2035 年可再生能源发展预测

随着光伏组件、风电机组成本的急剧降低,光伏发电的成本持续下降,风电成本也将大幅降低。考虑可再生能源发电间歇性问题,在保证发电系统稳定的相关技术日益成熟的前提下,可再生能源竞争力日益提高,必将成为可以和煤炭竞争的主要能源。太阳能、风能发电的竞争力日渐提高,为中国向低碳能源结构方向转化提供了前提条件[10]。

中国可再生能源学会提供的中国太阳能资源分布情况,如图 1.2 所示,中国大部分地区,特别是西部地区的太阳能辐射总量大,新疆东部地区处于太阳能资源最丰富带,年总能量大于 6 300 MJ/m^2,年总辐射量大于 1 750 kWh/m^2;新疆的大部分地区处于太阳能资源很丰富带,年总能量为 5 040 ~ 6 300 MJ/m^2,年总辐射量在 1 400 ~ 1 750 kWh/m^2。此外,新疆地区地广人稀,无污染,空气清洁,透明度好,十分适合建立大规模的光伏发电站。

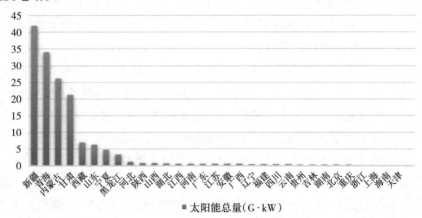

■ 太阳能总量（G·kW）

图 1.2　部分省市太阳能开发量统计图

根据国家能源局发布的数据,截至 2016 年底,我国光伏发电新增装机容量 3 454 万千瓦,累计 7 742 万千瓦。其中,分布式光伏新增 424 万千瓦,累计 1 032 万千瓦,比 2015 年增长 200%[11],光伏发电全国全年平均利用时间为 1 133 小时。新疆新增、累计装机容量均居全国首位,但年平均利用小时数仅为 1 042 小时,弃光率高达 26%[12]。由于光伏发电曲线与负荷曲线啮合度高,能有效缓解波峰用电压力,节约电费(如图 1.3 所示),分布式光伏发电[13,14]已成为光伏应用的主流趋势。

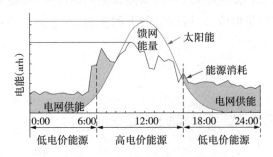

图 1.3 光伏发电能量分布图

新疆地广人稀,太阳能资源丰富,十分适合建设光伏电站[15,16]。2011 年 12 月,哈密 20 MW 光伏电站一期工程正式分区域并网发电,标志着新疆光伏电站建设正式拉开序幕。至 2013 年年底,新疆电网内共投运光伏电站 23 座,设计电站装机容量 510 MW。2014 年新增光伏电站建设项目 43 项,总装机容量为 1 100 MW。2015 年国家能源局给新疆下达 50 座光伏电站建设任务,总装机容量为 1 300 MW。

中国的风能资源十分丰富,开发潜力巨大,如图 1.4 所示,平均风能功率密度为 100 W/m^2,风能总储量为 3.26×10^6 MW,可用于开发利用的陆上风能资源约为 2.53×10^5 MW,海上风能资源约为 7.5×10^5 MW,每年可提供 2.3×10^{12} kWh 的电能。其中,新疆的风能储量约为 3.433×10^7 kW。

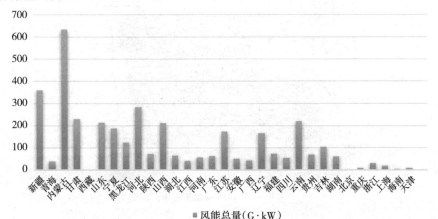

图 1.4 部分省市有效风能密度分布图

　　随着全球可再生能源发电的发展,储能作为可再生能源发电系统的重要组成部分,自 2016 年起呈现规模化发展的趋势。各能源消耗大国都在研究如何利用储能技术解决可再生能源发电的稳定性问题,越来越多的储能技术也开始应用于智能电网。作为对传统电网系统稳定运行的有力支撑,提升可再生能源消纳能力的有力保障,分布式微电网的关键技术——储能技术得到了电力能源行业的高度重视和广泛认可。随着储能技术的模式创新,调峰调频储能电站、园区供能微电网的出现,储能技术在用电侧峰谷差价套利、电网侧储能容量电价、区域微电网上网机制、发电侧电源补偿机制等方面将成为研究热点。

1.2　基于可再生能源的微电网系统

　　为了充分利用可再生资源发电,改善可再生能源发电的可靠性,减少可再生能源发电的波动性对大电网的冲击,微电网应运而生。

　　微电网系统主要由光伏、风机等微电源及储能装置、交直流负荷、电流变换装置等组成,既可以独立运行,也可以接入电网,是可再生能源发电主要方式之一。美国的能源和电力科研机构、协调组织电力研究协会(Electric Power Research Institute, EPRI)提出了如图 1.5 所示的微电网结构,强调了微电网的独立性。

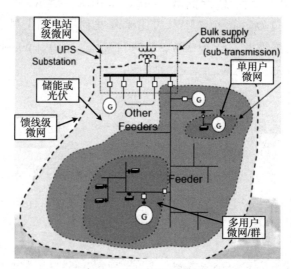

图 1.5　EPRI 微电网结构

北京四方公司提出的微电网分层控制体系结构如图 1.6 所示。系统分为系统级控制层、设备级控制层和直流微电网物理层。系统控制级实现能量管理与系统的优化运行,包含功率/能量分配、直流母线电压二次调节和运行模式切换的功能;设备控制级实现直流母线电压稳定和系统功率平衡,保证直流微电网稳定运行。包含直流母线电压控制、交直流互联功率控制、交直流负荷电压控制、光伏/直流风机最大功率跟踪、储能单元恒功率/电流充放电控制等功能;直流微电网物理层包含双向 DC-AC 变流器、交/直流负荷、分布式电源和储能单元等,为系统级控制层和设备级控制层提供物理基础。

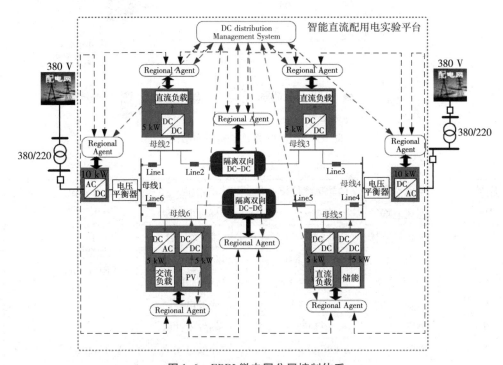

图 1.6　EPRI 微电网分层控制体系

微电网是一个集微电源(通常包含风力发电机、光伏阵列等)和负载的可控系统,根据美国电气可靠性技术解决方案联合会提出的微电网结构[17-19],微电网包括微电源、功率和电压控制设备、公共耦合点、断路器及分界开关,如图 1.7 所示。

目前美国、欧盟、日本、中国等多个国家和地区纷纷开展了对可再生能源分布式发电的研究,已建成了大量的分布式发电系统,开展了分布式发电系统对可再生能源的利用、系统的并网、微电网的储能等各方面的研究工作,建立了大量的示范工程,见表 1.1。

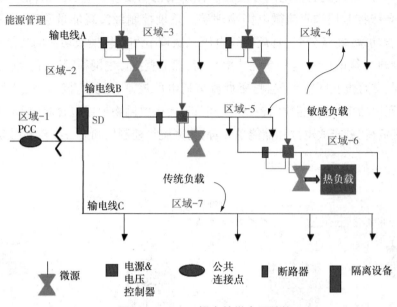

图1.7　CERTS提出的微电网结构

表1.1　混合组网示范项目

序号	地点	储能系统规模	功用	研发单位	时间
1	爱尔兰风电场	2 MW*6 h	风/储发电并网	加拿大 VRB Power Systems Inc.	2006-8
2	澳大利亚金岛风场	200 kW*8 h	风/储/柴联合		2003-11
3	丹麦	15 kW*8 h	风/储发电		2006-6
4	美国佛罗里达州	2*5 kW*4 h	光伏/储并网		2007-7
5	丹麦	5 kW*4 h	风/光发电并网		2006-4
6	德国	10 kWh	光/储发电并网		2005-9
7	泰国	1 kW/12 kWh	光/储应用	V-FuelPtyLtd	1993
8	日本北海道	170 kW/1MWh	风/储并用系统		2001
9	美国明尼苏达州	1MWh	风/储并用系统	NGK	2009
10	中国河北省张北县	20MWh	风/光/储发电并网	比亚迪	在建

微电网的主要技术包括：微电网优化规划技术，微电网的控制保护技术，微电网的能量管理，直流及交直流混合，微电网大量微电网的运行管理技术等。目前，微电网在应用方面急需解决以下关键问题：

①微电网单元技术——满足不同场景的微电网接入。微电网发电单元以分布式能源的方式接入微电网，在满足分布式能源并网运行的前提下，要维持微电源的可靠、稳

定运行,并根据需要通过电力电子接口对微电源输出功率进行调节。响应时间为几毫秒到十几毫秒。

②基于云平台的微电网运行管理技术——满足大量分布式电源或微电网本身的运行维护及管理要求。需要采用综合监控及能量管理系统(MEMS),提高系统能源利用率,降低系统运行费用。能量管理系统的响应时间为时、天、周、月甚至是季度。

③基于现代电力电子设备的柔性配网互联技术——大量分布式电源/微电网接入后,满足配电网系统运行的要求。微电网整体协调控制,实现微电网的调频、调压。微电网并网设备本身的保护配置,如离网、低压、低频等。微电网的保护配置方案和外部系统的保护的协调配合等。

1.3　风电微网系统的关键设备及其技术特点

1.3.1　直驱永磁风力发电机及其技术特点

近年来,我国的风电产业发展迅速,截至 2013 年底,我国风电新增装机容量16 088.7 MW,同比增长 24.1%;累计装机容量 91 412.89 MW,同比增长 21.4%,新增装机和累计装机两项数据均居世界前列[20]。微电网中的小型风力发电系统,主要是直驱永磁风力发电机。

直驱永磁风力发电机的基本组件包括风轮机、传动系统、永磁同步发电机、变流器等组成。对各个组件的数学模型进行分析,有助于更高效地搭建系统的仿真模型。

直驱永磁风电机组(D-PMSG)的基本结构如图 1.8 所示,风力机不经升速齿轮箱直接与永磁同步发电机相连,先将风能转化为频率、幅值均变化的交流电,经过机侧变流器整流为直流电,再经过网侧变流器逆变为幅值恒定的交流电连接到电网。通过背

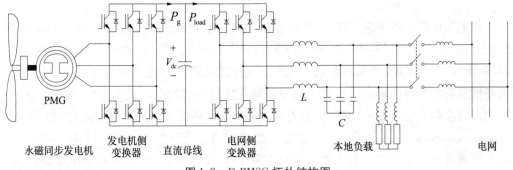

图 1.8　D-PMSG 拓扑结构图

靠背全功率变流器对系统的有功、无功功率进行解耦控制,实现最大风能追踪,使风能得到最大效率的利用。D-PMSG系统包括以下几个模块:风轮机、永磁同步发电机、全功率变流器。

永磁同步发电机转子上没有励磁绕组,由永磁铁励磁,所以不存在励磁绕组损耗。直驱风电系统的风力机与发电机转子直接连接,省去了容易出故障的齿轮箱,二者转速相等,所以发电机输出的电压和频率随风速的变化而变化。

目前对直驱永磁风力发电机的研究主要有:

文献[21]中选取直流微电网和直驱永磁风力发电机为研究对象,提出了直流微电网的典型拓扑结构和能量管理原则,建立直驱永磁风力发电机仿真模型,配以蓄电池储能装置,对直流微电网下直驱永磁风力发电机与蓄电池的协调控制研究进行了分析,并通过所建模型在MATLAB/SIMULINK仿真环境下进行了仿真分析,验证了系统的可靠性和合理性。

文献[22]对微电网常用的两种基本控制策略以及三种经典微电源控制方式做了研究与分析,然后在DIgSILENT仿真软件中建立了由双馈感应风力发电机、蓄电池储能、柴油发电机和感应电动机等微电源和负荷组成的微电网仿真模型,并对所建微电网的并网运行状态、离网运行状态以及并网转离网和离网转并网两种运行切换状态分别进行了仿真分析,验证了所采用的微电网控制策略的有效性。

文献[23]以风电海水淡化孤立微电网作为研究对象,根据海水淡化的负荷特性及风电的运行特性,分析含风电、储能、海水淡化负荷的孤立微电网的运行模式及控制方案。在此基础上,根据风速历史数据,计算机组出力及风功率波动的概率分布,提出风电、储能和海水淡化装置的容量配置方案以及孤立微电网协调运行的控制策略,进而提高系统经济效益和安全稳定运行能力。最后通过仿真试验系统搭建某地区海岛微电网,针对风电海水淡化孤立系统不同运行工况进行实时仿真,验证了所提控制策略的可行性。

1.3.2　风电储能系统及其技术特点

风电发电的成本不断下降,其优势不断显现。越来越多的风电、光伏并网参与电力供需平衡,极大推动了电力工业对新能源的开发和利用。风电、光伏具有较强的波动性、间歇性,导致风电、光伏参与系统调度计划时存在诸多问题,也是目前可再生能源发电并网和有效利用的瓶颈。可再生能源并网规模的增加对电网提出了新的挑战,当大电网出现波动或者需要减负荷时,电力调度部门采用粗放、保守的发电编制计划[29],首先对接入的可再生能源发电企业"动刀",减少可再生能源发电企业的输出功率配额,甚至直接将可再生能源发电从大电网中切除,这导致了可再生能源发电成本增加,出现了大规模的弃风、弃光现象。

要提高对风电、光伏等可再生能源发电的消纳能力,就需要对风电、光伏等可再生能源发电的波动性、间歇性进行抑制,提高风电、光伏短期预报预测水平,提高平抑负荷波动的能力,降低对电网中火电等其他发电机组备用容量的依赖性,降低电网系统调节的压力。要解决上述问题,就需要在可再生能源发电系统中配置储能装置,通过储能装置平抑由于风/光的间歇性、随机性、波动性造成微电网输出功率的不可靠性、不稳定性,增加微电网系统的柔性和弹性。适合微电网、常用的储能装置有蓄电池、超级电容、锂离子电池、飞轮等。储能装置的造价较贵,为了降低储能系统的建设成本,需要对储能装置进行优化配置,采用合适的储能方式(例如单一储能模式、混合储能模式、双电池储能模式等),建设合适的储能系统,合理配比储能容量和机组备用,实现能量的供需平衡,这些都是解决可再生能源发电消纳问题的关键。

合理地配置储能资源可降低可再生能源发电成本、备用成本。与此同时,利用储能系统平抑可再生能源发电的波动,提高可再生能源发电的消纳能力,是实现可再生能源大规模利用的前提。在保证大规模可再生能源发电接入电网的安全性、可靠性、稳定性与经济性的前提下,对微电网系统内储能资源进行优化配置,实现需求侧分布式储能系统与电网的有效互动,给电力系统的安全与经济运行提出了新的挑战。

对含可再生能源的机组组合问题的研究主要集中在模型和算法两个方面:

应用于求解机组组合问题的数学优化方法有:动态规划算法[30]、拉格朗日松弛法[31]、分支定界法[32]和 Benders 分解算法[33]等。这些优化算法提高了微电网储能优化配置的求解速度,但是在微电网源荷不确定的复杂条件下,由于系统的非线性约束条件的复杂度增加,前几种算法求解的效率下降严重,需采用 Benders 分解法进行求解。

应用于机组组合问题优化的智能算法有:模拟退火优化算法[34,35]、蚁群优化算法[36,37]、遗传优化算法[38-40]、粒子群优化算法[41-43]和混合智能算法[44,45]等。这些算法具有较强的处理非线性、多目标、复杂组合问题的能力,但是常导致组合优化结果陷入局部最优,无法实现全局优化。虽然近年来出现了众多改进策略,有效地避免了局部最优,但仍无法保证求解的稳定性,难以运用在实际调度运行中。

国内外在可再生能源发电储能系统优化配置研究上,已取得了阶段性成果。文献[46]以微电网系统运行的经济性指标作为目标函数,在系统有功功率平衡约束条件下对储能系统进行优化配置,由于没有考虑微电网系统能量平衡的实时性,储能系统优化配置的结果对功率偏差的动态响应性能较差。文献[47]采用钠硫蓄电池作为储能单元,构建了储能电站,分析了储能电站的动态性能,建立了评价体系,对优化配置的结果进行量化分析,从而得出最优的配置结果。文献[48-50]采用"荷电状态控制"方法对蓄电池储能系统进行分析,平抑了光伏电站输出功率的波动性。文献[51]从大电网调峰操作的角度出发,采用突破调峰瓶颈的松弛算法,对大规模储能电站的优化配置进行了研究。基于电网频谱分析,文献[52]提出了确定储能系统最小容量的频谱分析法,但未考虑对超出储能容量部分功率的补偿问题。上述研究从各方面提出了微电网储能系统优化的方法,但未从提高电网消纳可再生能源发电能力的角度考虑问题,更未考虑对电网机组组合问题的影响。

风电、光伏等新能源的大规模接入给电网带来了丰富的发电资源,也给电力系统的发电侧带来了更多不确定因素。因此,微电网系统的运行需要考虑拓展的储能对微电网运行决策的影响。

大电网系统中,机组组合优化策略也要从可再生能源发电侧考虑,把储能系统纳入机组组合优化策略中,增加了电网系统运行中的不确定因素,对电网安全性要求进一步提高。可再生能源发电大规模接入电网后,在保证电力系统安全性、稳定性和经济性的前提下,对储能系统进行优化配置的需求进一步紧迫。

目前我国的微电网中,微电源主要有直流风机和光伏阵列。由于风能和太阳能具有随机性、波动性、间歇性等特点,微电网电源输出功率就具有了不确定性[53-55],再加之微电网系统中负荷的不确定性,需要有储能装置来平抑微电网的波动性。在微电网系统中,要求能对微电网的能量进行调度[56],特别是在微电网离网运行模式下,要求保证微电网系统的稳定性、微电网输出电能的质量和微电网各发电单元之间的功率平衡。为了满足微电网运行的上述要求,快速、准确地平抑微电网系统有输出功率、无功功率的波动,储能装置必不可少。同时还应对微电网系统负载功率突变引起的微电网系统输出功率波动进行调节,起到改善微电网系统输出电能质量、提高微电网系统供电可靠性和供电稳定性的作用[57-61]。

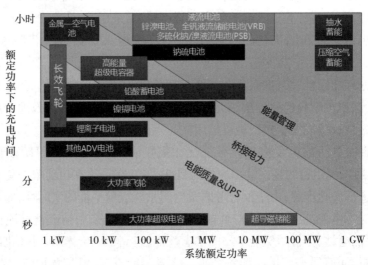

图 1.9　各种储能技术的应用领域分析

可用于微电网系统的储能装置很多[62],主要包括铅酸蓄电池、锂离子电池、超级电容等[63]。各种储能技术(应用领域分析如图 1.9 所示)可以提供多样化和差异化的供电功率和供电时间尺度。在电压、电流、功率、充放电倍率、温度等多个因素的耦合作用下,储能单元状态表征为荷电状态(State of Charge, SOC)、功率状态(State of Power, SOP)、健康状态(State of Health, SOH)等。研究结果表明,微网中微电源和负荷的波动具有不同的时间尺度,采用单一储能装置的储能系统一般不能同时满足储能系统对功率密度和容量密度的要求。为了降低储能系统的建设成本,延长储能系统的使用寿命,微电网系统一般采用混合储能系统,如铅酸蓄电池和超级电容构成的混合储能系统,充分发挥二者的优势和互补特性,实现储能系统的高效长寿运行。

对各种储能的特点进行了比较[64],目前微电网系统中最常用的铅酸蓄电池具有能量密度大、成本低等优点,能够满足微电网系统对储能装置能量密度的要求[65]。在微电网系统中,铅酸蓄电池通常作为主要储能装置,以实现微电网系统中的发电单元由于天气等原因无法正常发电时,保证微电网供电的连续性。但是由于铅酸蓄电池化学性能的限制,其充电电流、放电电流很小,系统响应速度慢,系统时间常数大[66]。当微电网系统负载功率发生突变时,铅酸蓄电池不能快速吸收或者释放功率,无法满足微电网系统动态性能指标对系统响应速度的要求。与铅酸蓄电池相比较,超级电容的能量密度较低,价格高,但是其功率密度高,充电电流、放电电流很大,具有很快的响应速度,可以在很短的时间内提供很大的功率,以满足微电网系统动态性能指标对响应速度的要求[67,68]。

综上所述,超级电容和铅酸蓄电池具有很强的互补性。考虑微电网系统建设、运行的经济性、可靠性等指标,充分利用超级电容和铅酸蓄电池的互补性,可以采用铅酸蓄电池和超级电容混合储能的方式,构建微电网系统的储能装置[69-71]。当微电网系统的负载功率发生突变时,利用铅酸蓄电池能量密度大的优势,平抑微电网系统中的低频功率干扰;利用超级电容功率密度大的特点,平抑微电网中的高频功率干扰。这样就能充分发挥超级电容和铅酸蓄电各自的优点,抑制微电网负载功率波动对直流母线的冲击,保证微电网系统安全、稳定、经济地运行。

由于可再生能源发电随机性、波动性、间歇性的特点,微电网系统中的负荷不规律性波动加剧了微电网系统发电的非计划功率波动。加之缺乏有效的能量管理,给系统的可靠运行带来了很大挑战,分布式光伏发电并网容量的不断增加必将会对配电网的安全可靠运行带来越来越严峻的挑战。在分布式光伏发电系统中加入储能系统[72,73](Energy Storage Systems, ESS)平抑功率波动,能够提高能源的利用效率,增强电网的安全性、稳定性、可靠性,改善电能质量,增加可再生能源接入比例。由于储能系统自身的限制,必须构建合理的拓扑结构[74,75],采用智能化控制策略[76],建立可行的能量管理[77,78]优化解决方案。

ESS 作为可再生能源发电系统的重要组成部分,凭借其快速功率调节与供需特性为可再生能源发电系统稳定、经济运行提供了重要保证,而储能系统的配置结果决定了

ESS 发挥作用的程度。通过 ESS 建立的双向流动能量对等交换与共享网络,使得分布式光伏发电能量转换的时间尺度得到了巨大拓展,从而改善了系统的性能:

①在电源侧,对电源的随机波动起到稳压、稳流的作用,提升光伏的入网比例[79];

②在能量输配环节,起到削峰填谷的作用[80],提高输配环节的性能、降低其基建成本;

③在负荷环节中,实现电能管理和电能质量优化[81]。

根据 Younicos 官方网站数据[82],传统火电调峰调频与锂离子储能调峰调频效果对比如图 1.10 所示,可知储能调频过程更加及时、准确。

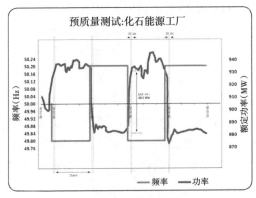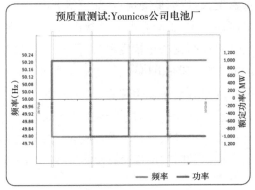

(a)传统火电调峰调频效果　　　　　(b)锂离子储能调峰调频效果

图 1.10　储能在电力系统调峰调频中的应用效果

由于分布式光伏发电系统的建设方案、建设时间等不一致,储能装置的类型、型号、批次、性能参数不一致,在进行统一能量管理时,基于传统的串并联方式无法解决储能装置参数杂散性问题,导致其无法发挥各自的价值,造成大量的资源浪费。因此,多种类型储能装置异构接入分布式光伏发电系统,构建适用于带异构储能系统[83-85](Heterogeneous Energy Storage,HES)的分布式光伏发电的 ESS,对大幅提高新能源消纳比例有重要的理论意义和巨大应用价值。

在多类型储能异构领域取得的阶段性成果主要集中在电力电子变换器拓扑[86,87]、调制方法[88]、控制算法[89,90]等方面。伴随着新能源消纳、电动汽车、电力系统削峰填谷等方面的需求日益迫切,储能技术已成为研究热点[91,92]。基于各类储能元件的结构优化、控制优化、模型优化,以期实现最大限度发掘储能元件的可用性、稳定性和可靠性,这是可再生能源领域储能技术研究的主线[93,94]。电动汽车电池管理系统(Battery management system,BMS)[95]的成功应用,为分布式光伏发电的异构储能系统构建提供了现实依据。清华大学的卢兰光在中美交流会上作的报告《LiFePO$_4$ battery performances testing and analyzing for BMS》[96]可作为一个参考,如图 1.11 所示。

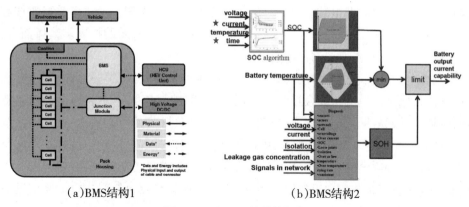

（a）BMS结构1　　　　　　　　　　（b）BMS结构2

图 1.11　BMS 系统结构框图

1.3.3　风电微网逆变器及其技术特点

微电网系统中包括了太阳能光伏电池板、蓄电池和超级电容等直流电源,在交直流电源之间需要安装逆变器作为功率变换接口。微电网系统结构采用交直流混合母线型,不仅减少了并网逆变器的数目,方便实现能量管理,而且也可以给直流负载直接供电,其微电网系统结构如图 1.12 所示。

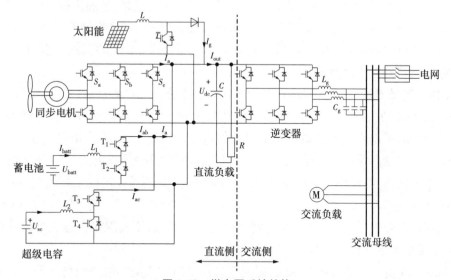

图 1.12　微电网系统结构

从此结构可知,逆变器在微电网系统中的重要作用主要有:首先,微电网系统工作在并网状态下的时候,逆变器作为系统直流侧与交流侧的接口;其次,当微电网系统工作在离网运行状态时,逆变器作为本地交流负荷的供电电源[97]。

微电网系统可以在并网和离网两种不同模式下稳定运行,但不管运行在何种模式下,都要表现为可控的发电装置,而系统中逆变器装置又是整个微电网系统的核心部分,起到不可替代的作用。因此,必须对系统中逆变器进行有效的控制。具体而言,微电网系统中逆变器的主要控制目标包括以下几个方面:

①当微电网系统运行于并网模式下。首先,逆变器必须满足与外部电网连接的要求,保证注入电网的电流谐波含量满足并网要求(THD<5%),不对当地电能质量造成影响,保持与外部电网同步的能力,避免系统发生功角振荡[98,99]。其次,微电网系统作为一个独立可控的发电单元,通常要求系统中逆变器向外部电网输出的有功功率可调度,而逆变器和外部电网之间交换的无功功率可控,满足负荷需求,并对外部大电网的频率和电压起到调节和支撑作用。最后,市县电网运营商也会提出电力系统谐波补偿、有源滤波和电网发生故障时的低电压穿越等要求。

②当微电网系统运行于离网模式下。逆变器必须能维持微电网系统交流侧母线电压和频率的稳定[100],能够自动匹配本地负载对有功、无功的需求。此外,如果微电网系统交流侧存在两台或者多台逆变器同时并联运行时,那么,必须确保本地能量管理系统能够按照各台逆变器的容量或其他原则分配每台逆变器的有功、无功功率的输出。

③微电网系统可在两种不同模式之间切换。当外部大电网突然发生故障时,微电网系统需要从并网模式平滑切换到离网模式[101],而逆变器的控制也将从电流控制顺利过渡到电压控制,不仅要保证系统交流电压频率的平滑过渡,又要让系统逆变器输出的功率能够快速匹配本地负荷需求;当微电网系统从离网模式平滑切换到并网模式时,为了避免微电网系统并网瞬间带来的电流冲击,在并网前,务必要保证微电网系统与外部大电网同步且电压幅值相等。

因此,当微电网系统离网运行的时候,微电网系统公共耦合点(Point of Common Coupling, PCC)在没有大电网的电压和频率支撑的情况下,需要通过对微电网各发电单元进行并联控制来稳定微电网交流母线的电压和频率[102]。在微电网系统中,网侧逆变器输出阻抗的非感性特征,使得进行并联控制的微电网各发电单元之间的线路阻抗存在不平衡性,各线路阻抗存在差异,最终导致微电网系统交流电压和频率的稳定性受阻抗差异的影响,并且出现在微电网各发电单元之间的功率环流难以均匀地分配到并联控制的各台逆变器中[103]。微电网离网运行模式下,要实现多台逆变器的并联运行,采用传统的下垂控制策略已无法满足要求。

将虚拟阻抗引入下垂控制算法,通过引入虚拟阻抗来减小线路阻抗不确定性对功率耦合造成的影响[104,105]。由于线路阻抗不平衡而引起的无功功率分布不均衡问题可通过改进电压/无功下垂控制来解决[106],通过该方法能有效防止系统出现电压偏差,但是额外增加的虚拟阻抗会导致输出电压幅值发生跌落,进而影响系统输出的电能质量。下垂控制能在无通信的情况下实现离网运行微电网的有功功率、无功功率在各发电单元之间合理分配,但是,电压、频率会产生稳态误差,进而导致电能质量不高,严重时还可能导致系统不稳定[107]。

近年来,新能源(如光伏、风电、燃料电池等)发电技术受到越来越多的关注。充分利用可再生能源发电,能够有效缓解传统电力系统在用电高峰期供电不足,偏远地区供电以及供电安全等问题。逆变器的控制是可再生能源并网发电系统的主要核心部分。并网电流总谐波失真(total harmonic distortion, THD)是衡量其电能质量的重要指标。必须保证 THD<5%,逆变器交流侧的滤波器装置,主要包括 L 和 LCL 两种类型[108]。

单独采用电感进行滤波,需要电感值很大,L 型滤波器的造价高。而采用 LCL 滤波器后,其中的电感值、电容值相对较小,因此,电感、电容的体积更小,造价更低。采用 LCL 滤波器,在较低开关频率状态下,逆变器的输出并网电流质量仍然较高,并且具有很强的输出电流高频谐波抑制能力[109],滤波效果明显高于 L 型滤波器。微电网系统处于小阻尼或者欠阻尼状态时,LCL 滤波器在谐振频率处存在固有谐振尖峰[110],导致了系统不稳定。因此,对逆变器系统的控制策略提出了更高的要求。

增加系统阻尼可以避免 LCL 滤波器在谐振频率出现谐振尖峰,提高微电网系统的稳定性[110]。在微电网系统电容支路中串联阻尼电阻来提高系统阻抗,以抑制系统谐振的方法[111],控制方法简单、易于实现且效果明显,提高了系统稳定性。阻尼电阻的引入增加了系统损耗,使系统效率降低,同时也削弱了 LCL 滤波器的滤波效果,仅适用于小功率变换装置。采用电容电流反馈的有源阻尼法增加系统阻尼的方法也能较好地抑制系统谐振[112],由于需要安装电流传感器来检测电容电流,在增加系统的硬件成本同时,也提高了系统的控制难度,降低了系统的可靠性。

为了实现对微电网给定正弦电流基波信号的无静差跟踪,有学者提出了多谐振 PR 电流控制策略[113],采用该方法可以抑制系统谐振,提高输出电流质量。多谐振控制器是一个高阶控制器,系统设计难度大,在谐振处控制系统的增益无限大,会导致系统不稳定。

1.3.4　风电微网能量管理系统及其技术特点

为了构建更合理的储能系统,微电网系统中可调度储能资源对系统的优化运行决策提出了新的要求。在保证电力系统安全、稳定与经济运行的前提下,如何对系统的储能资源进行管理,面临着新的发展机遇和挑战。

对微电网微电源进行优化配置,对储能单元进行优化配置,对各种储能装置进行异构,开发微电网上位信息管理系统,实现微电网在并网运行与独立运行两种模式下的故障检测、处理的快速性与可靠性,可使系统具有一定的容错运行能力。采用高效智能化能量管理策略实现了对微电网的蓄电池和超级电容等储能装置的管理。

第2章 风电微网逆变器及其控制策略

微电网系统的逆变器是微电网与大电网或交流负载连接的核心器件,微电网系统的运行效果直接与逆变器的控制性能直接相关,在研究微电网的优化配置及微电网储能系统等微电网中的新问题之前,必须有适合于微电网的,较为成熟、可靠的微电网逆变器控制策略。基于采用的微电网结构,本书以微电网电源优化配置、微电网储能优化配置及微电网异构储能系统为研究目标,选取了微电网母线电压-频率无静差控制策略、带 LCL 滤波的并网逆变器电流双闭环控制策略分别作为微电网离网运行模式下逆变器控制策略和微电网并网运行模式下控制策略,为后期的研究奠定基础。

2.1 风电微网并网逆变器控制

微电网系统处于并网模式运行下,逆变器的电流控制策略及改进的控制策略主要有:电流矢量 PI 控制、比例谐振 PR 控制、无差电流拍控制、滞环电流控制和恒功率 PQ 控制。为了减少微电网系统并网电流谐波含量,并网逆变器一般需接入 LCL 型滤波器。需对 LCL 型滤波器的传递函数,以及因三阶 LCL 型滤波器自身存在的谐振峰而引起系统不稳定问题进行研究。

2.1.1 三相并网逆变器结构及数学模型

通常情况下,三相逆变器分为电压源型和电流源型,在实际工程应用中,中小功率逆变器主要属于电压源型。根据网侧采用不同类型的滤波器,三相两电平 PWM 并网逆变器主电路拓扑分为[130]:L 型三相并网逆变器、LC 型三相并网逆变器和 LCL 型三相并网逆变器,其主电路拓扑结构如图 2.1 所示。

这几种拓扑结构主要由直流稳压电源 u_{dc}、三相逆变桥、三相滤波器以及外部大电网组成。其中,不同之处在于逆变器交流侧分别采用单 L 型滤波器、二阶 LC 型滤波器和三阶 LCL 型滤波器, $T_1 \sim T_6$ 为三相逆变桥的 6 个 IGBT 开关管。

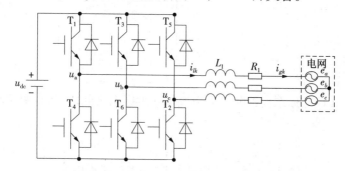

（a）L型三相并网逆变器主电路拓扑结构

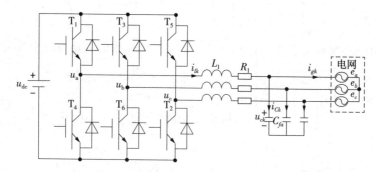

（b）LC型三相并网逆变器主电路拓扑结构

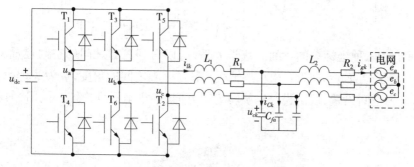

（c）LCL型三相并网逆变器主电路拓扑结构

图 2.1　三相并网逆变器几类主电路拓扑结构

　　工程中常用的三相逆变器数学模型和其控制策略多次运用到不同坐标变换。三相静止 abc 坐标系变换到两相静止 α-β 坐标系之间采用 Clark 变换及其反 Clark 变换:

$$\begin{bmatrix} x_\alpha \\ x_\beta \end{bmatrix} = T_{3s/2s} \begin{bmatrix} x_a \\ x_b \\ x_c \end{bmatrix} = \frac{2}{3} \begin{bmatrix} 1 & -\dfrac{1}{2} & \dfrac{\sqrt{3}}{2} \\ 0 & \dfrac{\sqrt{3}}{2} & -\dfrac{\sqrt{3}}{2} \end{bmatrix} \begin{bmatrix} x_a \\ x_b \\ x_c \end{bmatrix} \tag{2.1}$$

$$\begin{bmatrix} x_a \\ x_b \\ x_c \end{bmatrix} = T_{2s/3s} \begin{bmatrix} x_\alpha \\ x_b \end{bmatrix} = \begin{bmatrix} 1 & 0 \\ -\dfrac{1}{2} & \dfrac{\sqrt{3}}{2} \\ -\dfrac{1}{2} & -\dfrac{\sqrt{3}}{2} \end{bmatrix} \begin{bmatrix} x_\alpha \\ x_\beta \end{bmatrix} \qquad (2.2)$$

两相静止 $\alpha\text{-}\beta$ 坐标系变换到两相旋转 $d\text{-}q$ 坐标系之间的 Park 变换及其反 Park 变换为:

$$\begin{bmatrix} x_d \\ x_q \end{bmatrix} = T_{2s/2r}(\theta) \begin{bmatrix} x_\alpha \\ x_\beta \end{bmatrix} = \begin{bmatrix} \cos\theta & \sin\theta \\ -\sin\theta & \cos\theta \end{bmatrix} \begin{bmatrix} x_\alpha \\ x_\beta \end{bmatrix} \qquad (2.3)$$

$$\begin{bmatrix} x_\alpha \\ x_\beta \end{bmatrix} = T_{2r/2s}(\theta) \begin{bmatrix} x_d \\ x_q \end{bmatrix} = \begin{bmatrix} \cos\theta & -\sin\theta \\ \sin\theta & \cos\theta \end{bmatrix} \begin{bmatrix} x_d \\ x_q \end{bmatrix} \qquad (2.4)$$

三相静止 abc 坐标系变换到两相同步旋转 $d\text{-}q$ 坐标系的变换及反变换为:

$$\begin{bmatrix} x_d \\ x_q \end{bmatrix} = T_{3s/2r}(\theta) \begin{bmatrix} x_a \\ x_b \\ x_c \end{bmatrix} = \frac{2}{3} \begin{bmatrix} \cos\theta & \cos\left(\theta - \dfrac{2\pi}{3}\right) & \cos\left(\theta + \dfrac{2\pi}{3}\right) \\ -\sin\theta & -\sin\left(\theta - \dfrac{2\pi}{3}\right) & -\sin\left(\theta + \dfrac{2\pi}{3}\right) \end{bmatrix} \begin{bmatrix} x_a \\ x_b \\ x_c \end{bmatrix} \quad (2.5)$$

$$\begin{bmatrix} x_a \\ x_b \\ x_c \end{bmatrix} = T_{2r/3s}(\theta) \begin{bmatrix} x_d \\ x_q \end{bmatrix} = \begin{bmatrix} \cos\theta & \sin\theta \\ \cos\left(\theta - \dfrac{2\pi}{3}\right) & \sin\left(\theta - \dfrac{2\pi}{3}\right) \\ \cos\left(\theta + \dfrac{2\pi}{3}\right) & \sin\left(\theta + \dfrac{2\pi}{3}\right) \end{bmatrix} \begin{bmatrix} x_d \\ x_q \end{bmatrix} \qquad (2.6)$$

根据上述三种坐标系的空间的数学关系,可以得到三者之间的空间位置关系如图 2.2 所示,转子位置 $\theta = \omega t$ 为 a 相水平轴线到转子 d 轴之间的角度,ω 为 $d\text{-}q$ 坐标轴的旋转速度。x 为空间矢量,规定逆时针旋转为正方向,本章坐标变换统一使用"等幅值"坐标变换。

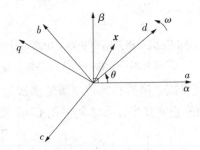

图 2.2　三种坐标系及其位置关系

当微电网系统逆变器与外部大电网连接时,假设电网电压三相对称稳定,则根据图 2.1 可选取电容电压 u_{kc}、电感电流 i_{lk},逆变器各桥臂中点电压 u_k 为状态变量(其中 $k =$

a、b、c)，在 d-q 坐标系下，逆变器的数学模型为：

$$\begin{cases} L_1 \dfrac{\mathrm{d}i_{dl}}{\mathrm{d}t} - \omega L_1 i_{ql} = u_d - e_d \\[2mm] L_1 \dfrac{\mathrm{d}i_{ql}}{\mathrm{d}t} + \omega L_1 i_{dl} = u_q - e_q \\[2mm] C_f \dfrac{\mathrm{d}u_{dc}}{\mathrm{d}t} - \omega C_f u_{qc} = i_{dl} - i_{dg} \\[2mm] C_f \dfrac{\mathrm{d}u_{qc}}{\mathrm{d}t} + \omega C_f u_{dc} = i_{ql} - i_{qg} \end{cases} \tag{2.7}$$

式中，u_d、u_q 为桥臂中点电压的 d、q 轴分量，u_{dc}、u_{qc} 为电容电压的 d、q 轴分量，e_d、e_q 为网侧电压的 d、q 轴分量，i_{dl}、i_{ql} 为逆变器侧电感电流的 d、q 轴分量，i_{dg}、i_{qg} 为网侧电流的 d、q 轴分量，$-\omega Li_{ql}$、ωLi_{dl} 为耦合电压，$-\omega Cfu_{qc}$、ωCfu_{dc} 为耦合电流，L_1、C_f 为滤波电感电容。

2.1.2　三相并网逆变器的控制策略

当微电网系统处于并网模式运行时，可以把外部大电网看成一个内阻很小的电流源，系统交流侧的电压被电网钳位。此时，可以通过控制逆变器输出电流来控制逆变器的输出功率。通常情况下，电流控制包括了开环控制和闭环控制，其中开环控制又叫间接电流控制[131]。由于该控制策略基于电路稳态模型，动态响应性能比较差，当系统电流给定值发生突变时，存在较大的超调量。因此，目前主要的研究集中在三相交流电流的闭环控制。现有的研究成果将并网逆变器的控制分为线性控制和非线性控制。其中，线性控制主要有基于同步旋转 d-q 坐标系下的 PI 控制和静止 α-β 坐标系下的比例谐振 PR 控制，非线性控制主要有无差拍控制、滞环电流控制等。此外，许多文献也采用恒功率 PQ 控制和改进后的比例谐振 PR 控制。

2.1.3　带 LCL 滤波的三相并网逆变器

为了使进入电网的电流总谐波失真度以及单次谐波失真度满足标准要求，就必须对并网逆变器的谐波进行滤除。就以往的研究来说，滤波器的设计分类主要有 LCL 滤波器、LC 滤波器和 L 滤波器三种。其中，L 滤波器具有电感值越大、滤波效果也就越好的特点，但 L 滤波器因其本身属于一阶系统，感抗增大会导致动态响应速度的降低，且在独立运行的模式下，逆变器的输出电压含有丰富的开关频率谐波，所以仅用 L 滤波器并不能满足滤波要求，并且还存在着滤波效果与响应速度之间的矛盾。

1）带 LC 滤波器的逆变器

为了保证系统既能够运行在并网模式下，又能工作在独立模式下，滤波器需采用

LC 或 LCL 滤波器[181]。这是因为在独立运行模式下,逆变器输出电压含有丰富的开关频率谐波,仅仅采用 L 滤波器是不能够被有效滤除的。带 LC 滤波的三相逆变器由直流电源 U_{dc}、三相桥臂、LC 滤波器、交流负载 R_{load} 及电网组成,结构图如图 2.3 所示。

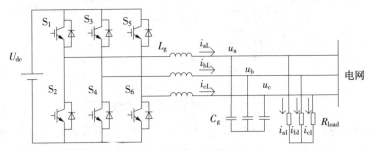

图 2.3   三相并网逆变器拓扑结构

LC 滤波在空载的情况下,传递函数为:

$$\frac{U_o}{U_i} = \frac{1/sC_g}{sL_g + 1/sC_g} = \frac{1}{s^2 L_g C_g + 1}$$

在传递函数的基础上,分析其幅频特性,有:

$$A(\omega) = \begin{cases} \dfrac{1}{1 - \omega^2 L_g C_g}, & \omega < \dfrac{1}{\sqrt{L_g C_g}} \\ \dfrac{1}{\omega^2 L_g C_g - 1}, & \omega > \dfrac{1}{\sqrt{L_g C_g}} \end{cases}$$

则其对数幅频特性为:

$$20 \lg A(\omega) = \begin{cases} 0, & \omega \ll \dfrac{1}{\sqrt{L_g C_g}} \\ -40 \lg \omega \sqrt{L_g C_g}, & \omega \gg \dfrac{1}{\sqrt{L_g C_g}} \end{cases}$$

转折频率为:

$$\omega_c = \sqrt{\frac{1}{L_g C_g}}$$

即当 $\omega \ll \omega_c$ 时,幅值几乎不衰减,$\omega \gg \omega_c$ 时,幅值以 -40 dB/dec 的斜率衰减。由此可以取转折频率 ω_c 为 10 ~ 20 倍的基波频率,这样基频分量的输出几乎不会有衰减,同时取 ω_c 为 1/10 ~ 1/5 的开关频率,即可对开关频率的分量起到较好的衰减作用。

此外,关于 C_g 的选取还要考虑并网运行对系统的影响。电容 C_g 的存在使得在逆变器输出电流 i_{aL} 和输入电网的电流 i_{grid} 之间存在着一定的相位差 θ,如图 2.4(b)所示:

$$\theta = \arctan^{-1} \frac{|i_c|}{|i_{grid}|} = \arctan^{-1} \frac{U_{ag} \omega C_g}{i_{grid}}$$

可见，C_g 取值越大，相位差 θ 越大。同时，θ 还与 U_{ag}/i_{grid} 成正比，意味着在电压幅值不变的情况下，输入电网的电流越大，θ 越小。L_g 的选取可以参照 L 型滤波器的选取原则，同时应受到公式 $C_{bat}\dfrac{dU_{bat}}{dt}=I_{bat}$ 的约束。

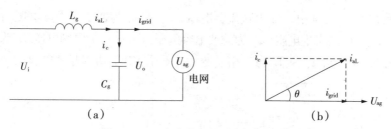

图 2.4　LC 滤波器结构及相角示意图

在本系统中，我们选取 $L_g=5$ mH，$C_g=20$ μF。这组参数下系统的幅值和相角波特图如图 2.5 所示。

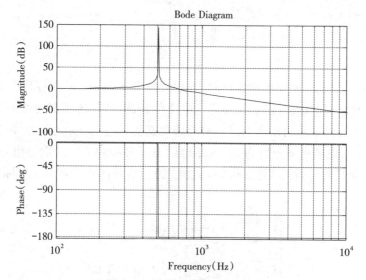

图 2.5　LC 滤波器幅相波特图

从图中可以看出，滤波器对 100 Hz 以内的频率分量基本没有衰减，开关频率为 10 kHz 的分量衰减了−50 dB。这也验证了所选取参数的合理性。

LCL 滤波器属于三阶系统，这种滤波方式仅需要较小的电感和电容的组合就能达到较好的滤波效果，但在某些特定的频率下会导致并联谐振，对系统产生较为严重的损害。

为了保证微电网系统并网运行模式下 THD<5%，本书建立了带 LCL 滤波的微电网系统三相并网逆变器的数学模型，研究了并网电流内环的开环传递函数。在此基础上，通过对逆变器输出电流以及 LCL 滤波器电容电流进行检测，采用间接控制的手段，实

现并网电流的控制,并通过仿真和实验验证了该控制策略的有效性。

2) 带 LCL 逆变器的逆变器

主电路由三相逆变器、LCL 滤波器(由电感 L_1、L_2 和电容 C 组成)和电网构成,其结构如图 2.6 所示[132-134]。其中,u_{dc} 为直流侧电压,u_a、u_b、u_c 为逆变器中点电压,R_1 为 L_1 的寄生电阻,R_2 为 L_2 的寄生电阻,u_{ck} 为滤波电容电压,e_a、e_b、e_c 为电网电压,i_{lk} 为滤波电感电流,i_{gk} 为网侧电流,$T_1 \sim T_6$ 为三相逆变桥的 6 个 IGBT 功率开关管,且 $k = a, b, c$。

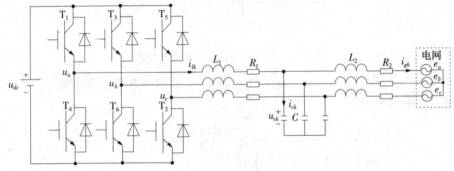

图 2.6　三相 LCL 型并网逆变器主电路

三相并网逆变器与外部电网连接时,三相电网电压 u_a、u_b、u_c 对称且稳定,系统采用 LCL 滤波器,对逆变器进行控制,需要通过电流传感器、电压传感器检测 LCL 滤波器中的相关电压、电流参数作为动态变量。对上述动态变量进行 d-q 坐标变换,桥臂中点电压分解为 u_d、u_q,电容电压分解为 u_{cd}、u_{cq},电网电压分解为 e_d、e_q,电感电流分解为 i_{ld}、i_{lq},并网电流分解为 i_{gd}、i_{gq}。建立带 LCL 滤波的三相并网逆变器 d-q 坐标系下的数学模型[135]:

$$\begin{cases} L_1 \dfrac{\mathrm{d}i_{id}}{\mathrm{d}t} = u_d - u_{cd} + \omega L_1 i_{lq} - R_1 i_{ld} \\[2mm] L_1 \dfrac{\mathrm{d}i_{lq}}{\mathrm{d}t} = u_q - u_{cq} - \omega L_1 i_{ld} - R_1 i_{lq} \\[2mm] L_2 \dfrac{\mathrm{d}i_{gd}}{\mathrm{d}t} = u_{cd} - e_d + \omega L_2 i_{gq} - R_2 i_{gd} \\[2mm] L_2 \dfrac{\mathrm{d}i_{gq}}{\mathrm{d}t} = u_{cq} - e_q - \omega L_2 i_{gd} - R_2 i_{gq} \\[2mm] C \dfrac{\mathrm{d}u_{cd}}{\mathrm{d}t} = i_{ld} - i_{gd} + \omega C u_{cq} \\[2mm] C \dfrac{\mathrm{d}u_{cq}}{\mathrm{d}t} = i_{lq} - i_{gq} - \omega C u_{cd} \end{cases} \tag{2.8}$$

式中,$\omega L_1 i_{lq}$ 和 $-\omega L_1 i_{ld}$ 为耦合电压,$-\omega C u_{cq}$ 和 $\omega C u_{cd}$ 为耦合电流。

3）电流双闭环控制策略

（1）并网电流反馈内环控制

单相 LCL 型并网逆变器的电路如图 2.7 所示。根据 LCL 滤波器参数的设计方案[136,137]，忽略 R_1、R_2，将逆变器输出电压等效为电压源，其传递函数为：

$$G_{\mathrm{LCL}}(s) = \frac{1}{L_1 L_2 C s^3 + (L_1 + L_2)s} = \frac{1}{sL_1 L_2 C} \frac{1}{s^2 + \omega_r^2} \tag{2.9}$$

其中，$\omega_r = \sqrt{\dfrac{L_1 + L_2}{L_1 L_2 C}}$ 为 LCL 滤波器的谐振角频率。

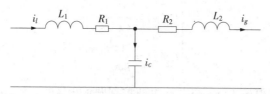

图 2.7　单相 LCL 型并网逆变器

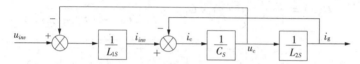

图 2.8　并网电流反馈的内环控制模型

分别令 $L_1 = L_2 = 20\ \mathrm{mH}$、$C = 1\ \mu\mathrm{F}$、$L_1 = L_2 = 30\ \mathrm{mH}$、$C = 1.2\ \mu\mathrm{F}$，$L_1 = L_2 = 40\ \mathrm{mH}$、$C = 1.5\ \mu\mathrm{F}$，可得 LCL 滤波器的频率特性如图 2.9 所示。

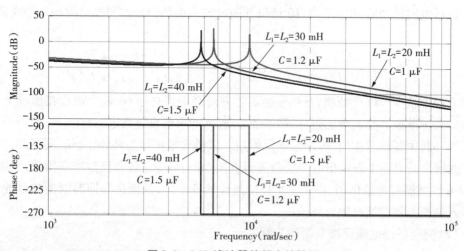

图 2.9　LCL 滤波器的频率特性图

LCL 滤波器的频率响应在谐振频率处存在谐振尖峰，相位发生 $-180°$ 的负穿越，存在一对右半平面的闭环极点，系统不稳定，必须加入阻尼，使谐振尖峰降到 0 dB 以下。

为了实现系统单位功率因数并网,电流内环采用 PI 控制器,可以保证系统无稳态误差。根据图 2.7 可以得到带 LCL 滤波并网逆变器采用并网电流 i_g 反馈的内环控制模型如图 2.8 所示。

其中:

$$\begin{cases} G_1(s) = k_p + \dfrac{k_i}{s} \\[2mm] G_2(s) = K_{\text{pwm}} \\[2mm] G_3(s) = \dfrac{1}{L_1 s} \\[2mm] G_4(s) = \dfrac{1}{Cs} \\[2mm] G_5(s) = \dfrac{1}{L_2 s} \end{cases} \qquad (2.10)$$

通过图 2.6 可以得出 $I_g(s)$ 与电流内环控制器输出 $A(s)$ 之间的传递函数:

$$G(s) = \frac{I_g(s)}{A(s)} = G_2(s) \cdot G_{\text{LCL}} = \frac{K_{\text{pwm}}}{L_1 L_2 C s^3 + (L_1 + L_2)s} \qquad (2.11)$$

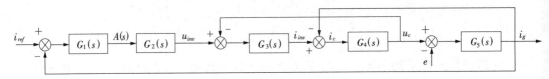

图 2.10 并网电流反馈的内环控制模型

忽略电网扰动后,根据图 2.10 可得并网电流反馈的内环控制模型的开环传递函数为:

$$G_0(s) = \frac{I_g(s)}{I_{\text{ref}}(s)} = G_1 \cdot G_2(s) \cdot G_{\text{LCL}} = \frac{K_{\text{pwm}}(k_p s + k_i)}{L_1 L_2 C s^4 + (L_1 + L_2)s^2} \qquad (2.12)$$

特征方程中缺少 s 和 s^3 两项,开环传递函数有两个极点在原点,两个极点在虚轴上,系统容易发生谐振。必须增加阻尼,即添加 s 项,才能保证系统稳定运行。

外环起主要调节作用,内环起辅助作用。以桥臂电流作为外环控制的反馈,可以在 LCL 滤波之前对逆变器输出电能参数进行直接控制,减少谐波和调整功率因数,同时也对 LCL 滤波器起补偿作用,得到满足稳定条件的特征式,从而达到抑制谐振的目的,因此引入逆变器侧电流反馈外环控制。

(2)逆变器侧电流反馈双闭环控制

在图 2.8 的基础上,引入逆变器侧电感电流 i_{inv} 反馈的电流双闭环控制模型,如图 2.11 所示。由控制模型可以得出其对应的信号流程图,如图 2.12 所示。

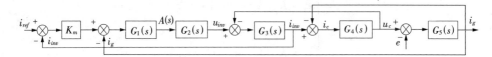

图 2.11　电流双闭环控制模型

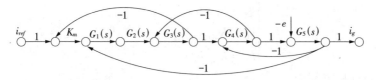

图 2.12　电流双闭环控制信号

根据图 2.12 可知,系统总增益为:

$$p_1 = K_m G_1(s) G_2(s) G_3(s) G_4(s) G_5(s) \qquad (2.13)$$

4 个独立回路的增益分别为:

$$\begin{cases} l_1 = - K_m G_1(s) G_2(s) G_3(s) \\ l_2 = - G_3(s) G_4(s) \\ l_3 = - G_4(s) G_5(s) \\ l_4 = - G_1(s) G_2(s) G_3(s) G_4(s) G_5(s) \end{cases} \qquad (2.14)$$

其中 l_1 和 l_3 互不接触,其增益之积为 $l_1 l_3 = K_m G_1(s) G_2(s) G_3(s) G_4(s) G_5(s)$,但 4 个回路与前向通道均有相互接触,则余因子 $\Delta_1 = 1$。 由梅森增益公式求得参考电流 $I_{ref}(s)$ 与并网电流 $I_g(s)$ 之间的闭环传递函数为:

$$\begin{aligned} \Phi(s) &= \frac{p_1 \Delta_1}{\Delta} \\ &= \frac{K_m G_1(s) G_2(s) G_3(s) G_4(s) G_5(s)}{1 - (l_1 + l_2 + l_3 + l_4) + l_1 l_3} \\ &= \frac{K_m G_1(s) G_2(s)}{L_1 L_2 C s^3 + H_1 s^2 + H_2 s + H_3} \end{aligned} \qquad (2.15)$$

其中:

$$\begin{cases} H_1 = K_m G_1(s) G_2(s) L_2 C \\ H_2 = L_1 + L_2 \\ H_3 = G_1 G_2 (K_m + 1) \end{cases} \qquad (2.16)$$

将式(2.15)进一步简化为:

$$\Phi(s) = \frac{b_1 s + b_0}{a_4 s^4 + a_3 s^3 + a_2 s^2 + a_1 s + a_0} \qquad (2.17)$$

其中:

$$\begin{cases} a_0 = K_{pwm}k_i(k_m + 1) \\ a_1 = K_{pwm}k_p(k_m + 1) \\ a_2 = K_{pwm}k_mk_ik_pL_2C + L_2 \\ a_3 = K_{pwm}k_mk_pL_2C \\ a_4 = L_1L_2C \\ b_0 = K_{pwm}k_mk_i \\ b_1 = K_{pwm}k_mk_p \end{cases} \qquad (2.18)$$

系统的特征根方程为：

$$D(s) = L_1L_2Cs^4 + K_{pwm}k_mk_pL_2Cs^3 + (K_{pwm}k_mk_iL_2C + L_1 + L_2)s^2 +$$
$$K_{pwm}k_p(k_m + 1)s + K_{pwm}k_i(k_m + 1) \qquad (2.19)$$

根据劳斯稳定性判据，系统稳定的条件为：

$$\begin{cases} (L_1L_2C_f + 2k_mK_{pwm}K_{ri}L_2)\omega_0^2 + L_1 + L_2 > L_1L_2C_f \\ (L_1 + L_2)(2k_mK_{pwm}K_{ri}L_2\omega_0^2 + L_1 + L_2) > L_1L_2C_f[L_1 + L_2 + 2k_mK_{ri}(k_m + 1)\omega_c] \end{cases}$$
$$(2.20)$$

当 LCL 型逆变器的所有参数满足系统稳定条件时，系统稳定运行。由式(2.20)可知，引入了阻尼项，谐振尖峰阻尼可降至 0 dB 以下，避免负穿越。因此，采用电流双闭环控制策略能有效阻尼 LCL 滤波器的谐振尖峰，LCL 滤波器工作性能稳定，系统有相应的低频增益和高频谐波衰减能力，实现了对逆变器输出电流的直接控制，省去了电容电流传感器，控制了系统的成本，降低了控制参数设计的复杂度，提高了系统可靠性。

4)参数设计与稳定性分析

采用电流双闭环控制控制，由式(2.15)可以得其开环传递函数为：

$$G_k(s) = \frac{K_{pwm}K_m(k_ps + k_i)}{L_1L_2Cs^4 + K_3s^3 + (L + K_2)s^2 + K_1s + k_0} \qquad (2.21)$$

其中：

$$\begin{cases} K_3 = K_{pwm}K_mk_pL_2C \\ K_2 = K_{pwm}K_mk_iL_2C \\ K_1 = K_{pwm}k_p \\ K_0 = K_{pwm}k_i \\ L = L_1 + L_2 \end{cases} \qquad (2.22)$$

改变系统控制器的参数 K_m、k_p、k_i，所对应的 Bode 图如图 2.13 所示。考虑稳定裕量，要满足系统的动态性能指标，相角 $30° \leqslant \gamma \leqslant 70°$，幅值 $h > 6$ dB，如图 2.14 所示，当 $k_p = 5$、$k_i = 2\,000$ 时，K_m 取不同值时，相角裕量 γ、幅值裕量 h 以及系统的性能见表

2.1。对比表2.1中的数据可得,$K_m = 40$时,系统的控制效果最佳。

表2.1　K_m 对相角裕量 γ 和幅值裕量 h 的影响

$k_p = 5, k_i = 2\ 000$ 时			
编号	K_m	γ	$h(\text{dB})$	系统性能
1	5	63°	5.25	动态性能指标无法满足
2	40	54.6°	6.37	满足稳态性能和动态性能指标
3	80	24.5°	6.09	动态性能较好,稳定性变差

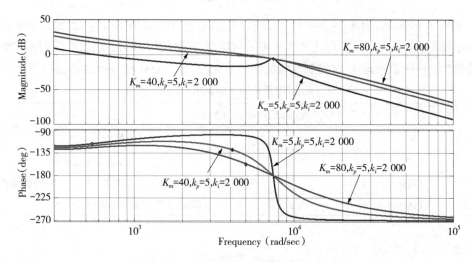

图 2.13　K_m 取值对系统性能影响的波特图

如图 2.13 所示,当 $K_m = 40$、$k_i = 2\ 000$ 时,k_p 取不同值时,相角裕量 γ、幅值裕量 h 以及系统的性能见表 2.2。对比表 2.2 中的数据可得,$k_p \geqslant 5$ 时,无论取值如何变化,幅值裕量 h 都能满足系统稳定性要求。$k_p = 5$ 时,系统的控制效果最佳。

表2.2　K_m 对相角裕量 γ 和幅值裕量 h 的影响

$K_m = 40, k_i = 2\ 000$ 时			
编号	k_p	γ	$h(\text{dB})$	系统性能
1	2.5	72°	6.23	动态性能指标无法满足
2	5	55.4°	6.31	满足稳态性能和动态性能指标,具有一定的鲁棒性
3	25.7	24.5°	6.16	满足稳态性能和动态性能指标

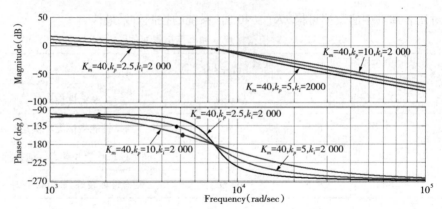

图 2.14 k_p 取值对系统性能影响的波特图

如图 2.14 所示,当 $K_m = 40$、$k_p = 5$ 时,k_i 取不同值时,相角裕量 γ、幅值裕量 h 分别以及系统的性能见表 2.3。对比表 2.4 中的数据可得,系统均能满足动态性能指标和静态性能指标,在中、高频段 k_i 对控制性能的影响不大。$k_i = 2\ 000$ 时,系统的控制效果最佳。

表 2.3 K_m 对相角裕量 γ 和幅值裕量 h 的影响

		$K_m = 40$, $k_p = 5$ 时		
编号	k_i	γ	$h(\mathrm{dB})$	系统性能
1	1 000	60.5°	6.23	满足稳态性能和动态性能指标
2	2 000	55.4°	6.31	满足稳态性能和动态性能指标,具有一定的鲁棒性
3	3 000	45.1°	6.86	满足稳态性能和动态性能指标

5)仿真分析和实验验证

根据表 2.4 所列的逆变器仿真参数,在 Matlab/Simulink 软件中搭建如图 2.16 所示的仿真模型,具体的仿真结果如图 2.17 ~ 图 2.21 所示。

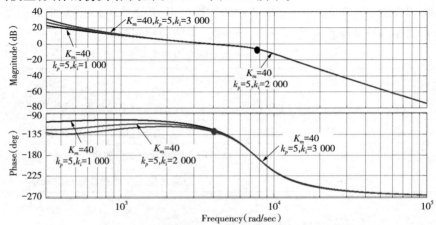

图 2.15 k_i 取值对系统性能影响的波特图

表 2.4　逆变器仿真参数设置

参数	数值	参数	数值
直流侧电压 U_{dc}/V	800	电网电压 e/V	220
电流外环 k_m	40	电流外环 k_p	5
电感 L_1/mH	30	电流外环 k_i	2 000
电感 L_2/mH	30	电网频率 f/Hz	50
滤波电容 C_f/μF	1.2	开关频率 f/kHz	10

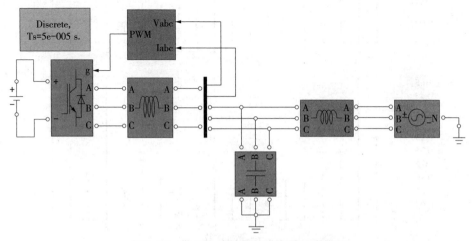

图 2.16　带 LCL 滤波器的逆变器仿真模型

图 2.17 为无谐振阻尼控制策略下和电流双闭环控制策略下,并网电流跟踪电网电压波形对比。采用无阻尼谐振控制,并网电流含有较多的谐波分量;采用电流双闭环控制,并网电流波形平滑,无谐波分量小,并且与并网电压同相位,功率因素高。

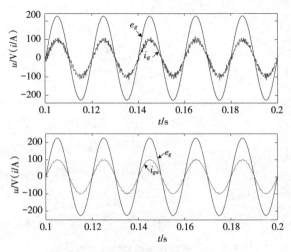

图 2.17　电流跟踪电压波形对比

　　图 2.18 为无谐振阻尼控制策略下和电流双闭环控制策略下,并网电流波形频谱分析对比。采用无阻尼谐振控制,电流总谐波畸变率为 4.18% ; 采用电流双闭环控制, 电流总谐波畸变率为 0.91% , 具有一定的鲁棒性、较强的稳态特性和谐波抑制能力。

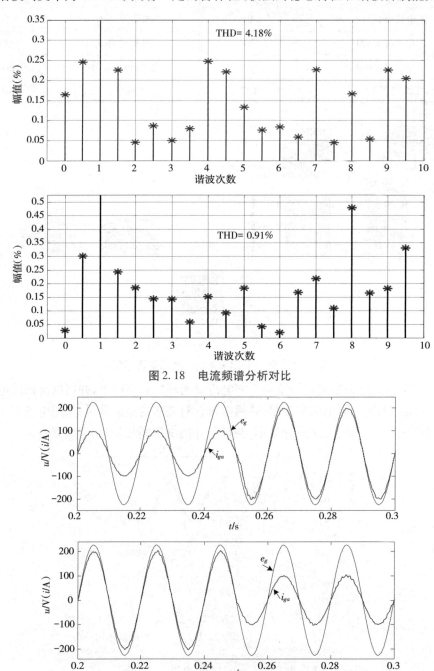

图 2.18　电流频谱分析对比

图 2.19　负载功率动态切换仿真结果

图 2.19 为双闭环控制策略下,负载功率动态切换仿真结果。半载到满载的切换过程中,并网电流迅速由 10 A 变为 20 A,电流波形平滑并与电压波形保持同相位。满载到半载的切换过程中,并网电流迅速由 20 A 降为 10 A,电流波形平滑并与电压波形保持同相位。电流双闭环控制策略动态跟踪效果明显。

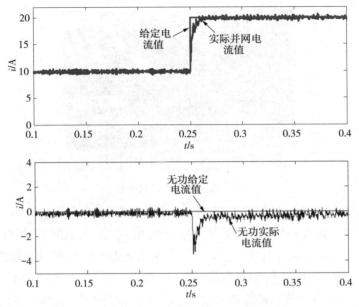

图 2.20　有功/无功给定电流控制波形对比

图 2.20 为有功给定电流控制波形和无功给定电流波形对比图。给定值突变时,有功给定电流控制响应速度快,稳定时间为 0.1 s,并且无稳态误差;无功给定电流控制,在有功给定发生突变时,无功电流有明显的电压过冲,重新稳定后,存在稳态误差。

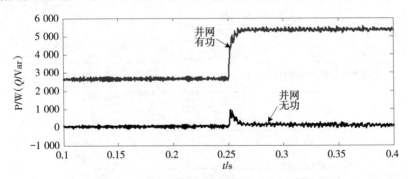

图 2.21　逆变器有功/无功输出功率控制波形

图 2.21 为逆变器有功/无功输出功率控制波形。功率给定值发生改变时,逆变器无功输出功率基本保持 0 Var 不变,无功输出功率快速跟踪给定值,且无超调、无稳态误差,控制效果动静态特性好,系统功率因数接近 1。

基于仿真模型和仿真结果,设计了一台功率为 5 kW 的实验样机,样机控制器采用 TMS320F28335DSP,主电路采用三菱的 IPM 模块,采用 LEM 的 LV 25-P 电压传感器和 LA 25-P 电流传感器检测电压、电流,采用 MCGS 组态屏显示显示瞬时有功、无功的变化情况。硬件系统如图 2.22 所示。

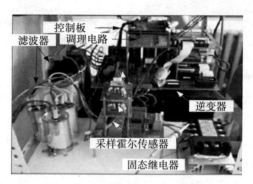

图 2.22　逆变器实验平台

示波器记录的实验结果如图 2.23 所示。其中,图(a)为本控制策略下逆变器 a 相并网有功电流 I_{aL} 跟踪 a 相电网电压 U_a 的实验结果,电压、电流同步,与仿真结果一致;图(b)为 I_{aL} 突增过程,在 t_1 时刻,I_{aL} 从 1.25 A 突增到 2.5 A,I_{aL} 能快速跟踪上 U_a,两者相位能保持一致;图(c)为 I_{aL} 突减过程,在 t_2 时刻,I_{aL} 从 2.5 A 突减到 1.25 A,I_{aL} 也能快速跟踪上 U_a,两者相位也能保持一致。从图(b)、(c)中可以看到突变后并网电流始终跟踪上电网电压,两者相位一致;在突增和突减瞬间电流环响应较快,能够在较短的时间内跟踪至新的指令值,进一步验证了控制参数选取的合理性。

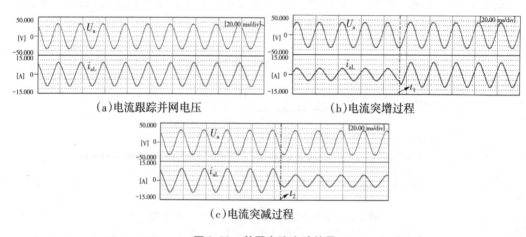

（a）电流跟踪并网电压　　　　　　　　（b）电流突增过程

（c）电流突减过程

图 2.23　并网电流实验结果

图 2.24(a)为无谐振阻尼有功功率突变控制效果,从图中可以看出,逆变器输出有功功率发生突变后,系统的系统谐波明显增加。图(b)为本控制策略下有功功率突变

控制效果,从图中可以看出,当有功功率发生突变时,在本控制策略控制下,功率曲线的波动与突变前的波动范围基本上保持一致,控制效果明显。

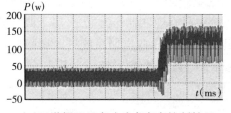

（a）无谐振阻尼有功功率突变控制效果

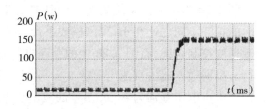

（b）本控制策略下有功功率突变控制效果

图 2.24　功率突变控制效果对比

本方案相比于传统电容电流反馈内环有源阻尼方法,虽然都需要两组电流传感器,由于采用的是电流双闭环方式,内环实现的是系统粗调,可以选用精度较低的霍尔电流传感器,以降低系统成本。

与其他有源阻尼方法,如单电流反馈[138]的控制效果相比,两种控制略电流都能快速跟踪电压,在电流突变的过程中二者控制效果基本一致,如图 2.25 所示。

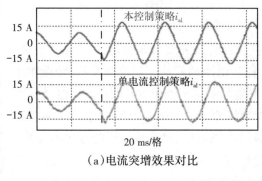

20 ms/格

（a）电流突增效果对比

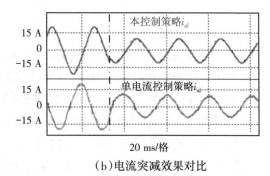

20 ms/格

（b）电流突减效果对比

图 2.25　电流控制效果对比

2.2　风电微网离网逆变器的控制

本节主要分析在同步旋转 d-q 坐标系建立的微电网系统单台逆变器离网运行的数学模型。在此基础上,介绍了电压电流双闭环控制系统的设计方法,通过仿真和实验验证了设计参数的正确性。

2.2.1 单台逆变器数学模型

图 2.26 为微电网系统离网运行时逆变器的主电路拓扑结构图。与逆变器并网运行时的拓扑不同之处在于，离网模式下微电网系统中只有逆变器作为电源，属于典型的无源逆变控制系统，而图 2.26 中的断路器将切断电网部分，微电网系统进入离网模式运行。离网逆变器由直流电压源 u_{dc}、三相逆变桥、LC 滤波器、负载组成。其中，逆变器各桥臂中点电压分别为 u_a、u_b、u_c，滤波电容电压为 u_{ck}，滤波电感电流为 i_k，负载电流为 i_{lk}。

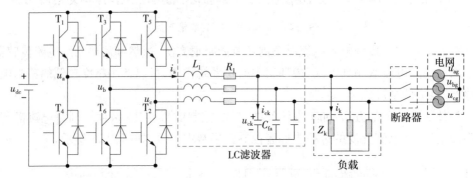

图 2.26　微电网系统离网运行时逆变器的主电路拓扑

如果离网运行模式下滤波器采用单 L 型进行滤波，那么只要满足式（2.23）要求，即系统负载阻抗相对较小时，滤波效果较好，但强电网的阻抗又是非常小的，因此单 L 型滤波器在微电网系统逆变器并网时能够较好地起到抑制电流纹波的作用。但微电网系统逆变器运行离网模式时，通常采用典型参数如 $f_s = 10~\text{kHz}$，$L_1 = 5~\text{mH}$，$|Z_d| = 100$，负载阻抗 $|Z_d|$ 大约是 $2\pi f_s L_1$ 的 1/3，无法满足式（2.23），抑制电压纹波效果不理想。因此，需要考虑采用二阶 LC 型滤波器进行滤波。理论分析可得：系统输出端电压波形最坏的情况是当负载处于开路时，此时 LC 型滤波器传递函数可以用式（2.24）来表示，如果选择 LC 型滤波器的谐振频率作为开关频率 f_s 的 1/10，如式（2.25）所示，那么在大于开关频率 f_s 的频段，可以取得 35 dB 以上的衰减，即系统输出电压纹波大概可以控制在电平跳变 $\pm U_{dc}$ 的 1% 以内；当系统并入阻性负载后，因系统的阻尼增大，传递函数的谐振峰将被得到较好的抑制。因此，理论仿真滤波电容可以选 $C_f \geqslant 5.07~\mu\text{F}$，就可以取得较好的滤波效果，而实际实验中通常选用 $C_f = 20~\mu\text{F}$。

$$2\pi f_s L_1 \gg |Z_d| \tag{2.23}$$

$$F(s) = \frac{1}{s^2 L_1 C_f + 1} \tag{2.24}$$

$$2\pi f_s / 10 = \frac{1}{\sqrt{L_1 C_f}} \tag{2.25}$$

离网模式单台逆变器运行时,在同步旋转 d-q 坐标系下的数学模型与并网运行时类似,主要不同的是离网运行时系统完全失去了外部大电网电压和频率的强力支撑和钳位,此时微电网系统完全变成一个高度自治的系统。此时逆变器的控制与并网时的控制主要不同之处在于电流内环的 i_{dref} 和 i_{qref} 获取方式不同。根据图 2.23 的拓扑结构可知,按照图中的参考方向,以电容电压 u_a、u_b、u_c 为状态量,列写逆变器的状态方程:

$$C_f \begin{bmatrix} \dfrac{du_a}{dt} \\[6pt] \dfrac{du_b}{dt} \\[6pt] \dfrac{du_c}{dt} \end{bmatrix} = \begin{bmatrix} i_a \\ i_b \\ i_c \end{bmatrix} - \begin{bmatrix} i_{al} \\ i_{bl} \\ i_{cl} \end{bmatrix} \qquad (2.26)$$

其中,i_a、i_b、i_c 分别为流经电感的相电流,i_{al},i_{bl},i_{cl} 分别为流经当地负载的相电流。系统接入 RL 串联负载,在同步旋转 d-q 坐标系下的方程:

$$\begin{cases} L_1 \dfrac{di_d}{dt} = u_d + \omega_0 L_1 i_q - u_d \\[8pt] L_1 \dfrac{di_q}{dt} = u_q + \omega_0 L_1 i_d - u_q \\[8pt] C_f \dfrac{du_d}{dt} = i_d + \omega_0 C_f u_q - i_{dl} \\[8pt] C_f \dfrac{du_q}{dt} = i_q + \omega_0 C_f u_d - i_{ql} \end{cases} \qquad (2.27)$$

其中,R 和 L 分别为负载的串联电阻和串联电感,u_d、u_q 为滤波电容电压在 d-q 坐标系下的等效分量,i_d、i_q 为电感电流在 d-q 坐标系下的等效分量,i_{dl}、i_{ql} 为负载电流在 d-q 坐标系下的等效分量,$\omega_0 L_1 i_d$、$-\omega_0 L_1 i_q$ 为耦合电压,$\omega_0 C_f u_d$、$-\omega_0 C_f u_q$ 为耦合电流。进一步变换到静止 α-β 坐标系下的方程为:

$$\begin{cases} L_1 \dfrac{di_\alpha}{dt} = u_\alpha - u_\alpha \\[8pt] C_f \dfrac{du_\alpha}{dt} = i_\alpha - i_{dl} \\[8pt] C_f \dfrac{du_\beta}{dt} = i_\beta - i_{\beta l} \end{cases} \qquad (2.28)$$

其中,u_α、u_β 为滤波电容电压在 α-β 坐标系下的等效分量;i_α、i_β 为电感电流在 α-β 坐标系下的等效分量,$i_{\alpha l}$、$i_{\beta l}$ 为负载电流在 α-β 坐标系下的等效分量。

2.2.2　电压型控制策略

目前,对于离网逆变器电压控制的方法已经有很多,例如矢量 PI 控制、比例谐振

PR 控制、无差拍控制、滞环控制以及滑模控制等控制方法。微电网系统控制结构方面，假设系统主电路采用 LC 型滤波器，输出电压控制通常可以采用电压、电流双闭环控制。

在离网模式下，为了保证微电网系统能够提供稳定的电源，满足电源与负荷之间的功率平衡[139,140]，逆变器的控制采用电压、电流双环控制，为系统提供电压和频率支撑。根据逆变器数学模型，由公式(2.29)可以得到电压外环的控制方程及其控制结构图：

$$\begin{cases} i_{dref} = C_f(K_p + K_i/s)(U_{dref} - u_d) - \omega_0 C u_q + i_{dl} \\ i_{qref} = C_f(K_p + K_i/s)(U_{qref} - u_q) - \omega_0 C u_q + i_{ql} \end{cases} \tag{2.29}$$

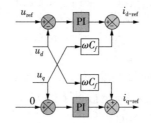

图 2.27　电压外环控制结构

同样，由公式(2.39)可以得到电流内环的控制方程及其控制结构图：

$$\begin{cases} u_{sd} = (K_p + K_i/s)(i_{dref} - i_d) - \omega_0 L_1 i_q + u_d \\ u_{sq} = (K_p + K_i/s)(i_{qref} - i_q) - \omega_0 L_1 i_d + u_q \end{cases} \tag{2.30}$$

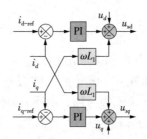

图 2.28　电流内环控制结构

其中，u_{sd}、u_{sq} 为逆变器参考电压，K_p 和 K_i 为电流调节器的控制参数，ω_0 为电网角频率。图 2.29 为电压、电流双闭环的控制框图，其中 E^*、E 分别为电压给定值和电压反馈值，i_l^*、i_l 分别为电感电流给定值和实际值，i 为负载电流，K_{pv}、K_{iv} 分别为电压外环控制器的参数，K_{pi}、K_{ii} 分别为电流内环控制器的参数，T_s 为系统采样周期，K 为 PWM 增益。

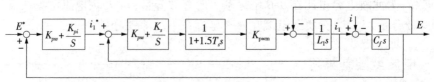

图 2.29　电压电流环双闭环控制框图

由图 2.29 可知,根据 MASON 公式可以得到系统的电压开环传递函数:

$$G_0(s) = \frac{K_{\text{pwm}}[k_{pi}k_{pv}s^2 + (k_{pv}k_{ii} + k_{vi}k_{pi})s + k_{iv}k_{ii}]}{1.5 L_1 C_f T_s s^5 + L_1 C_f s^4 + K_{\text{pwm}} C_f k_{pi} s^3 + K_{\text{pwm}} C_f k_{ii} s^2} \quad (2.31)$$

进一步得到其闭环传递函数:

$$G_0(s) = \frac{K_{\text{pwm}}[k_{pi}k_{pv}s^2 + (k_{pv}k_{ii} + k_{vi}k_{pi})s + k_{iv}k_{ii}]}{1.5 L_1 C_f T_s s^5 + L_1 C_f s^4 + K_{\text{pwm}} C_f k_{pi} s^3 + K_{\text{pwm}} C_f k_{ii} s^2 + K_{\text{pwm}}(k_{pv}k_{ii} + k_{iv}k_{pi})s + K_{\text{pwm}}k_{ii}k_{iv}}$$

$$(2.32)$$

将参数代入公式(2.31)和公式(2.32)中,可得开环和闭环频率响应特性曲线如图 2.30 所示。从图中可知,系统相角裕度为 500,幅值裕度大于 50 dB,系统具有较宽的带宽,满足系统控制性能要求,保证其具有较好的稳定性。

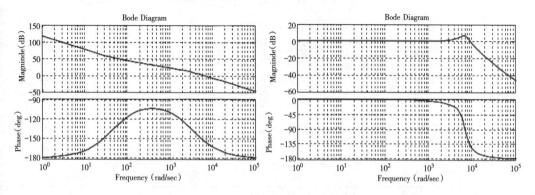

图 2.30　系统开环闭环频率响应特性曲线

图 2.31 为离网模式下单台逆变器的控制框图。电压、电流双闭环控制是在同步旋转 d-q 坐标系下电流矢量 PI 控制的基础上,加入电压外环,而电流内环主要目的是保证电压外环获得更好的抗干扰性能,同时引入电压前馈补偿能够有效消除电网电压扰动,对电容电流加入了前馈解耦,有助于提高系统带感性负载时的稳定性。在离网运行模式下,双闭环控制中的电压电流交叉耦合前馈补偿项减小了两者之间的耦合,能提高系统的动态性能[141]。在本节的控制方法中,电压、电流控制器均采用 PI 控制,其闭环控制框图如图 2.31 所示。

微电网系统单台逆变器离网运行时,连接不同类型负载情况,为了验证逆变器控制策略采用电压、电流双环控制能够对系统交流侧母线电压与频率进行有效控制,在 MATLAB/Simulink 软件中搭建系统仿真模型,主要验证负载呈现纯阻性、感性和容性时逆变器控制策略的有效性和可靠性,具体的仿真参数见表 2.5。

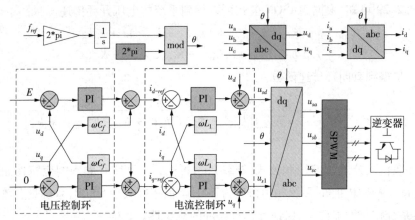

图 2.31　电压、电流双闭环控制框图

表 2.5　仿真参数

参数	数值	参数	数值
负载阻抗模值 $|Z_d|/\Omega$	100	电压外环 K_{iu}	0.075
直流侧电压 U_{dc}/V	800	电压外环 K_{pi}	20.5
参考电压 E/V	200	电流内环 K_{pr}	450
滤波电感 L_1/mH	50	电流内环 K_{ri}	2 000
滤波电容 $C/\mu F$	30	开关频率 f/kHz	10

算例 1　纯阻性负载分析

该算例中负载均为纯阻性负载,在直流电压恒定不变的条件下,各负载大小均为 $R = |Z_d| = 100\ \Omega$,串联电感、电容均为 0,频率为 50 Hz,仿真结果如图 2.32—图 2.34 所示。图 2.32 为负载突增、突减时逆变器输出功率和负载功率的动态波形,负载在 0.2 s、0.4 s 和 0.8 s 时突增,逆变器能迅速调整其出力以满足负载功率需求,在 0.6 s 时负载突减,逆变器也能迅速精确分配输出功率,由于滤波电容的容性无功及纹波电流的存在,逆变器输出功率会波动,但负载为阻性,其无功需求始终为 0。

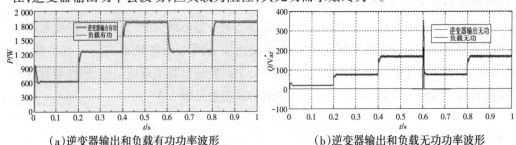

(a)逆变器输出和负载有功功率波形　　(b)逆变器输出和负载无功功率波形

图 2.32　逆变器输出功率和负载功率波形

图 2.33 为交流侧母线电压和频率变化波形,负载在 0.2 s、0.4 s 和 0.8 s 时突增,导致系统母线电压和频率均发生明显的跌落,但能够迅速恢复到稳定运行;在 0.6 s 时负载突减,同样造成系统母线电压和频率发生明显的冲击;图 3.34 为负载发生突变时的负载电流波形,从图中可以看出,系统负载投入或切除均会引起负载电流的相应变化,其波形正弦稳定,动态响应时间较短,表明系统逆变器控制策略能够很好地匹配负载的突变情况。

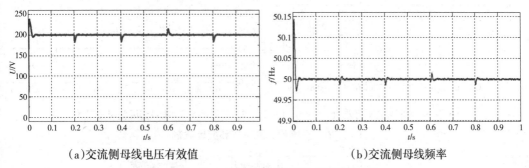

(a)交流侧母线电压有效值　　　　　　　(b)交流侧母线频率

图 2.33　交流侧母线电压和频率波形

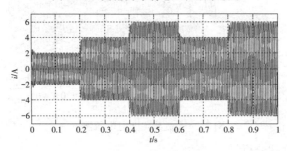

图 2.34　负载突变时电流波形

算例 2　感性负载分析

该算例中负载均为感性负载,其中负载 $R = |Z_d| \cos \theta = 85 \ \Omega$,串联电感 $L = 100 \ \text{mH}$,仿真结果如图 2.35—图 2.37 所示。感性负载突增、突减时系统逆变器输出功率的动态响应波形,同样设置负载在 0.2 s、0.4 s、0.8 s 突增和 0.6 s 突减,由于负载呈感性,无功功率需求大量增加,而逆变器仍能迅速精确分配其输出的感性无功功率以满足负载需求。

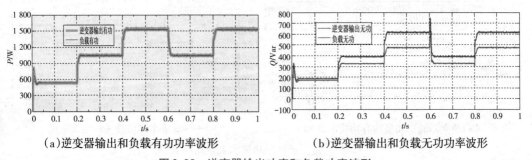

(a)逆变器输出和负载有功功率波形　　　　(b)逆变器输出和负载无功功率波形

图 2.35　逆变器输出功率和负载功率波形

图 2.36 为感性负载发生突变时,系统交流侧母线电压和频率变化波形,图 2.37 为感性负载突增、突减时的负载电流波形。从图中可以看出,系统感性负载在相应时刻发生突变时,系统交流侧母线电压和频率变化与算例 1 的情况一致;由于负载呈现感性,功率因数为 0.85,导致负载电流幅值均变小,但在负载突变瞬间,没有导致负载电流幅值出现较大冲击。

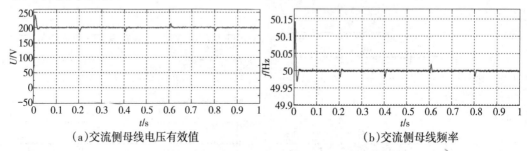

(a)交流侧母线电压有效值　　　　　　　(b)交流侧母线频率

图 2.36　交流侧母线电压和频率波形

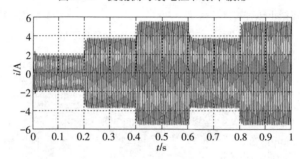

图 2.37　负载突变时电流波形

算例 3　容性负载分析

该算例中负载均为容性负载,主要参数前两者相同,串联电容 $C = 100\ \mu F$,仿真结果如图 2.38、图 2.39 所示。图 2.38 为容性负载突增、突减时逆变器输出功率和负载功率波形,负载在 0.2 s、0.4 s、0.8 s 突增和 0.6 s 突减,系统逆变器输出无功功率和负载无功功率均出现明显波动,其容性无功功率需求比较大,由于滤波电容可以补偿部分无功功率,因此逆变器输出的无功功率小于负载无功功率;图 2.39 为交流侧母线电压和

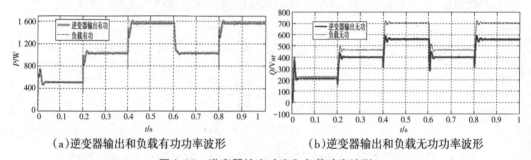

(a)逆变器输出和负载有功功率波形　　　(b)逆变器输出和负载无功功率波形

图 2.38　逆变器输出功率和负载功率波形

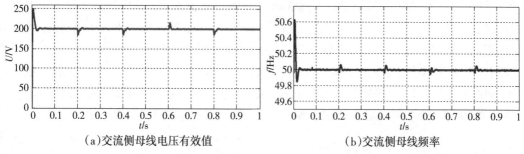

(a)交流侧母线电压有效值　　　　　　　(b)交流侧母线频率

图 2.39　交流侧母线电压和频率波形

频率波形,与算例 1、2 相比,负载扰动影响更为明显。容性负载时,负载突增、突减的三相电流波形与负载呈感性时相似,此处不再给出相应波形。

当微电网系统处于离网运行模式下,不同负载对逆变器输出功率的影响不同,主要情况分为以下三种:

①当负载均为阻性负载时,系统中存在线路阻抗,会消耗一些有功功率,但负载无功功率为 0。由于系统中存在滤波电容及纹波电流,能够提供部分无功功率,逆变器输出无功功率增加。

②当负载呈感性时,除存在(1)的情况外,不同之处在于滤波电感电容与负载电感组成一个三阶 LCL 滤波器,容易引起系统不稳定。在负载发生突变时,虽然逆变器输出功率发生波动,交流母线电压和频率也发生波动,但波动都不明显,仍在误差允许范围内。

③当负载呈容性时,除存在(1)和(2)的情况外,由于负载电容与滤波电感电容组成一个四阶 LCLC 滤波器,更容易引起系统的不稳定。负载发生突变时,逆变器输出的无功功率波动明显。在容性负载不断投入时,逆变器不能给负载提供足够的无功功率,此时应该切除一些次要负载,避免引起交流母线电压和频率出现更大波动,使系统失稳。

通过 MATLAB/Simulink 仿真结果分析,不同负载发生突变时,电压电流双闭环控制策略能对电容电流进行电流前馈解耦,又保证交流母线电压和频率的稳定,不仅实现了单台逆变器输出功率与负载所需功率进行动态、精确匹配,而且提高了微电网系统运行的可靠性和稳定性。

2.2.3　多台逆变器并联控制

本节主要介绍多台逆变器并联方案,分析比较了几种并联方案的优缺点,重点介绍了借鉴于同步电机外特性的下垂特性并联方案。由于只有在逆变器系统呈感性输出阻抗,才能将下垂控制原理应用于逆变器并联运行控制。因此,针对这个问题,本节主要分析了逆变器并联运行控制加入电压闭环后逆变器的输出阻抗特性,以及微电网系统的线路阻抗特性;并针对逆变器系统阻抗不呈纯感性的问题,主要研究了基于物理电抗的传统下垂控制策略和基于虚拟电抗的新型下垂控制策略,介绍了虚拟电抗的详细设计方法,在此基础上,进一步分析微电网系统中不同容量逆变器并联运行中存在的问题,提出采用调整虚拟电抗的方法实现不同容量逆变器并联运行。当然,为了提高下垂控制中的无功功率动态调节性能,进一步介绍一种下垂控制曲线修正方法,并通过建立下垂控制系统的小信号模型,分析了下垂控制系统的稳定性,采用根轨迹法分析功率下垂系数、功角和系统稳定性的关系。最后,经过仿真分析验证了下垂控制的有效性。

1)多台逆变器并联运行控制原理

多台逆变器并联的控制方案主要分为有通信线和无通信线。其中,有通信线的并联控制有集中控制、主从控制和电流链 3C 控制等,无通信线的并联控制主要采用下垂控制。

(1)有通信线的并联运行原理

多台逆变器并联运行主从控制框图如图 2.40 所示,从图中可以看出,这种控制方式包括主逆变器和从逆变器。主逆变器用来控制交流母线的电压和频率,从逆变器按照中央控制的指令输出相应的电流。这种控制方法存在以下几点不足:

①当主逆变器发生故障时,由于系统交流母线电压和频率的控制过度依赖主逆变器,将无法有效控制交流母线电压和频率。

②当在本地负载或新能源发电设备功率发生突变时,因各台逆变器之间相距相对较远,导致通信产生延时或者中断,此时必然导致系统主逆变器承担较大的功率波动,甚至可能超出其额定功率。

③当通信设备发生故障时,也会导致主从控制功能失效。

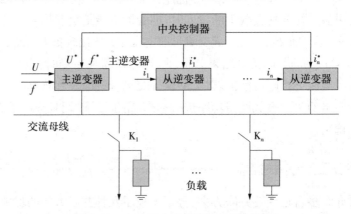

图 2.40　多台逆变器并联主从控制框图

多台逆变器并联集中控制框图如图 2.41 所示,这种控制方法通过中央控制器将交流母线电压和频率检测值与设定值进行比较后,再与负载反馈电流相结合得到各台逆变器总输出电流的指令值,并根据各台逆变器直流侧电源输出的实时功率情况,将总电流指令值进行合理分配后再传送给各台逆变器。这种方法虽然能实现微电网系统中各台逆变器输出功率的合理精确分配,不依赖于系统中的某台逆变器,其冗余性比较好,但仍然要求系统采用的通信设备具有较高的可靠性。

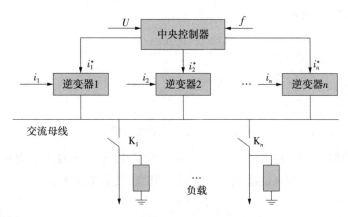

图 2.41　逆变器并联集中控制框图

多台逆变器并联电流链 3C 控制框图如图 2.42 所示,这种控制方法先将第一台逆变器输出电流引入第二台逆变器中,再将第二台逆变器输出电流引入第三台逆变器中,依次类推,将最后一台逆变器输出电流引入第一台逆变器中,最后形成一个环形结构。只要在相邻两台逆变器之间建立通信联系,这种方法适用于各台逆变器之间相距较远的微电网系统。

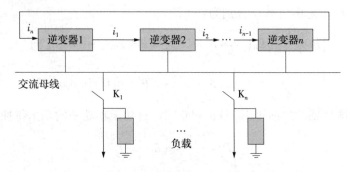

图 2.42　逆变器并联 3C 控制框图

有通信线的多台逆变器并联控制方法比较简单,更容易实现各台逆变器之间功率合理分配和交流母线电压、频率无差调节,但是会增加微电网系统建设的成本,交流母线电压和频率的控制过度依赖于通信线,难以实现各台逆变器接口微电源的"即插即用"。因此,有通信线的逆变器并联控制实际应用相对较少,目前的研究主要集中在无通信线方面。

（2）无通信线的并联运行原理

无通信线的多台逆变器并联控制只需要通过检测本地信息,便可完成对逆变器的实时控制,实现不同逆变器之间的有功、无功功率的精确分配。无通信线的多台逆变器并联控制方案主要依据电力系统中同步电机的有功-频率(P/f)和无功-电压(Q/V)的下垂特性原理,将这原理应用于多台逆变器并联控制中,取得了显著效果,同步发电机电路模型如图2.43所示。

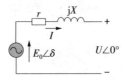

图 2.43　同步发电机电路模型

图 2.43 中的 $U\angle 0°$ 为机端电压,$E_0\angle\delta$ 为空载电动势,r 为定子电阻,X 为同步电抗,由电枢反应电抗和漏电抗组成,I 表示输出电流,其表达式为:

$$I = \frac{E_0\angle\delta - U\angle 0°}{r + \mathrm{j}X} \tag{2.33}$$

通常情况下,同步电机中 $X\gg r$,则式(2.33)可以进一步简化为:

$$I = \frac{E_0\angle\delta - U\angle 0°}{\mathrm{j}X} \tag{2.34}$$

根据图 2.43 中的电流方向,从电源端输出的视在功率向量表示为:

$$S = E_0\angle\delta \cdot \vec{I}^* \tag{2.35}$$

有功功率 P 和无功功率 Q 分别为:

$$\begin{cases} P = \dfrac{1}{X}\left[(E_0 U \cos\delta - U^2)\cos\theta + E_0 U \sin\delta \sin\theta \right] \\[3mm] Q = \dfrac{1}{X}\left[(E_0 U \cos\delta - U^2)\sin\theta + E_0 U \sin\delta \cos\theta \right] \end{cases} \tag{2.36}$$

在系统阻抗呈感性的前提下,即 $\theta = 90°$ 时,有功无功功率的功角特性可以表示为:

$$\begin{cases} P = \dfrac{E_0 U}{X}\sin\delta \\[3mm] Q = \dfrac{E_0 U \cos\delta - U^2}{X} \end{cases} \tag{2.37}$$

进一步可以推导出第 x 台逆变器输出的有功和无功功率为:

$$\begin{cases} P_x = \dfrac{E_x U}{X_x}\sin\delta_x \\[3mm] Q_x = \dfrac{E_x U \cos\delta_x - U^2}{X_x} \end{cases} \tag{2.38}$$

一般情况下,认为 δ 较小,那么 $\cos\delta \approx 1$,$\sin\delta \approx \delta$,则有:

$$\begin{cases} P = \dfrac{E_0 U}{X} \delta \\ Q = \dfrac{E_0 U - U^2}{X} \end{cases} \tag{2.39}$$

第 x 台逆变器输出的有功和无功功率为:

$$\begin{cases} P_x = \dfrac{E_x U}{X_x} \delta_x \\ Q_x = \dfrac{E_x U - U^2}{X_x} \end{cases} \tag{2.40}$$

由多台同步发电机并联运行原理,如果其中一台发电机是有功功率出力较大,那它的转矩也要相应增加。当原动机采用有差调速器,那么这台发电机的转速下降,则导致频率 ω 也要下降,而功角 δ 与频率 ω 之间的微分关系可以表示为:

$$\frac{\mathrm{d}\delta}{\mathrm{d}t} = \omega - \omega_0 \tag{2.41}$$

当频率 ω 下降后,输出的有功功率也将减少,因此实现有功功率的自动分配。稳态运行时,各发电机同步于 ω_0,有功功率、无功功率的分配如图 2.41 所示。

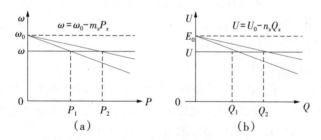

图 2.44　下垂特性曲线

同步发电机并联运行时功率分配的原理为:当有功出力 P 增大时,那么频率 ω 下降,即存在 $\omega\text{-}P$ 下垂关系,如图 2.44(a)所示;如果功角 δ 增大时,则有功输出 P 增大;如果输出无功功率 Q 增大,那么负载端电压 U 下降,即 $U\text{-}Q$ 下垂,如图 2.44(b)所示。如果系统最后稳定在同一个频率和端电压上,根据图 2.44 可得功率分配关系:

$$\begin{cases} m_1 P_1 = m_1 P_1 = \cdots = m_x P_x \\ n_1 Q_1 = n_1 Q_1 = \cdots = n_x Q_x \end{cases} \tag{2.42}$$

其中,m 和 n 分别为 $\omega\text{-}P$ 和 $V\text{-}Q$ 下垂系数,$x = 1, 2, \cdots, k$。由式(2.40)和图 2.44(b)比较得到无功下垂系数 n 与感抗 X 的关系:

$$X = \frac{3}{2} n E_0 \tag{2.43}$$

如果发电机发出的功率是感性无功功率时,由于发电机的电枢反应和漏感作用,导致发电机端电压下降。从式(2.39)中也可以看出电源 E_0 发出的无功功率 Q 与端电压 U 之间存在下垂关系。两台发电机并联空载运行的等效电路如图 2.45 所示,如果发电机 1 空载电势与发电机 2 不相等,那么在电抗 X 的作用下,两台发电机输出的无功功率为:

$$\begin{cases} Q_1 = \dfrac{E_{01}(E_{01} - E_{02})}{X_1 + X_2} \\[3mm] Q_2 = \dfrac{E_{02}(E_{02} - E_{01})}{X_1 + X_2} \end{cases} \tag{2.44}$$

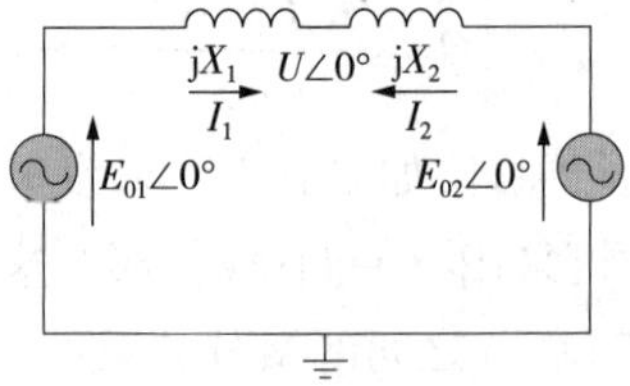

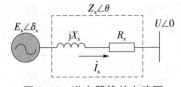

图 2.45　两台发电机并联空载运行的等效电路

由上述公式可见,感性无功会从空载电压高的发电机端流向空载电压较低的发电机端。经过研究,增大两台发电机之间的电抗 X 可以减少有功环流,但不能完全抑制无功环流。如果系统中的无功环流较小,则说明发电机发出的无功大部分被负载吸收。因此,借鉴同步发电机的下垂特性原理,并将这一原理运用于两台逆变器的并联运行中,其对应的下垂曲线如图 2.41 所示。

(3)逆变器系统阻抗分析

单台逆变器等效电路如图 2.46 所示,其中,$E_x \angle \delta_x$ 表示为第 x 台逆变器输出电压矢量,逆变器输出阻抗与线路阻抗之和为 $Z_x \angle \theta = R_x + jX_x$,$r_x$ 为等效电阻,X_x 为等效电抗,交流母线电压为 $U \angle 0$。 此外,逆变器系统阻抗 Z_x 包含了逆变器输出阻抗和线路阻抗,其中逆变器的输出阻抗不仅受到系统滤波器参数的影响,而且还受逆变器控制参数影响[142],而线路阻抗受线路电压等级、输电线长度等因素的影响。由此可见,逆变器系统阻抗受到多个因素影响。

图 2.46　逆变器等效电路图

按照电压、电流双闭环控制框图,可以得到逆变器的输出阻抗:

$$Z_0(s) = \frac{L_1 s^3 (1+1.5T_s)}{1.5 L_1 C_f T_s s^5 + L_1 C_f s^4 + K_{\text{pwm}} C_f k_{pi} s^3 + K_{\text{pwm}}(C_f k_{ii} + k_{pi} k_{pv}) s^2 + K_{\text{pwm}}(k_{pv} k_{ii} + k_{iv} k_{pi}) s + K_{\text{pwm}} k_{ii} k_{iv}} \tag{2.45}$$

代入参数后得到输出阻抗的 Bode 图,如图 2.43 所示,从图中可以得到:在基波频率 50 Hz 附近,逆变器系统的输出阻抗受到滤波电感的影响,其相频特性为 90°,输出阻抗呈感性。由于在 d-q 坐标系下,逆变器系统中的电压、电流物理量在稳态时为直流量。因此,逆变器输出电抗稳态值为:

$$Z_0(s) = Z_0(j\omega)\big|_{\omega=0} = 0 \tag{2.46}$$

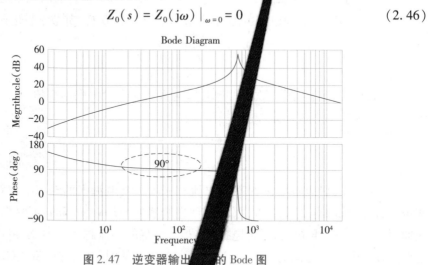

图 2.47 逆变器输出□□的 Bode 图

逆变器系统电抗决定于线路电抗,而低压□路阻抗特性通常呈现阻性或阻感特性。这样,逆变器的输出阻抗和线路阻抗均不能□□呈纯感性,下垂控制不能正确应用。

根据两台发电机并联空载运行等效电□□以推广到两台逆变器并联带载运行的等效电路图,如 2.48 所示,两台逆变器通□□感性的线路阻抗或电抗器接到公共点(PCC),并在公共点处连接上交流负载□据逆变器电压控制原理,可以实现输出电压恒为 E_0 的逆变电源 E_1 和 E_2,通过图□□a)的 ω-P 下垂曲线可以确定电源的频率;如果发出的有功功率越大,频率越低□□然。

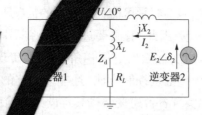

图□□□ 两台逆变器并联带负载运行的等效电路

根据两台□□器□□并联运行等效电路和基尔霍夫电压原理,得到逆变器输出电压与负载端电□□间□电路方程:

$$\begin{cases} U_1 = E_1 - jX_1 I_1 \\ U_2 = E_2 - jX_2 I_2 \end{cases} \tag{2.47}$$

由于两□□□器并联运行的等效电路是一个对称结构,因此,以其中一台逆变器为

例,将上式变换到 d-q 坐标系下有:

$$\begin{cases} u_d = u_{1d} + X_1 i_q \\ u_q = u_{1q} + X_1 i_d \end{cases} \tag{2.48}$$

同样,由于 q 轴与 d 轴的电压控制模型相同,但两者各自的电压给定值不同,q 轴上的电压给定值为 0,d 轴上的电压给定值为电压目标值 E_0,其数学表达式为:

$$\begin{cases} u_d^* = E_0 \\ u_q^* = 0 \end{cases} \tag{2.49}$$

当逆变器运行达到稳态时,其电压都能达到预先设置的给定值,在式(2.49)的基础上加入电抗项,则逆变器的输出呈感性:

$$\begin{cases} u_{d1}^* = E_0 + X_1 i_{q1} \\ u_{q1}^* = - X_1 i_{d1} \end{cases} \tag{2.50}$$

从式(2.50)可以看出,d 轴有功电流和 q 轴无功电流上的电抗不一致。从有功率角度看,系统的电抗 X 越大,那么两台逆变器之间的联系越弱,容易失去同步运行;从抑制系统环流的角度看,系统电抗 X 越大,系统的环流越小。因此,可以利用无功下垂系数 n 与电抗 X 之间的关系,对无功电流引入额外的电抗,那么将式(2.50)改写成:

$$u_{d1}^* = E_0 - n_1 Q_1 + X_1 i_{q1} \tag{2.51}$$

其中,Q_1 包括虚拟电抗上的感性无功。同样原理,可以加入虚拟电阻 r_1,那么式(2.50)变成:

$$\begin{cases} u_{d1}^* = E_0 - n_1 Q_1 - r_1 i_{d1} \\ u_{q1}^* = - X_1 i_{d1} - r_1 i_{q1} \end{cases} \tag{2.52}$$

2)两台不同容量的逆变器并联控制策略

在微电网系统中,由于微电源的容量可能存在不同的情况下,需要各台逆变器按照它们的容量比例输出功率[143,144]。因此,有必要进一步研究不同容量的多台逆变器并联运行的控制策略。调整各台逆变器输出电压相角 δ,可以实现各台逆变器按其容量比例输出有功功率;由于采用虚拟电抗控制方法,且虚拟电抗的大小可以调节,因此通过调整虚拟电抗的大小也可以实现各台逆变器按其容量比例输出有功功率。

(1)调节逆变器输出电压相角

假设微电网系统中各台逆变器输出有功功率的容量比例为:

$$P_{N1} : P_{N2} : \cdots : P_{Nx} = S_1 : S_2 : \cdots : S_x \tag{2.53}$$

在各台逆变器的系统阻抗大小相同的情况下,为了保证各台逆变器按照式(2.53)输出有功功率,需要各台逆变器输出电压相角必须满足式(2.54)。假设以两台逆变器并联系统按其容量比例分配有功功率,那么两台逆变器输出的电压矢量如图 2.49(a)

所示。

$$\delta_1 : \delta_2 : \cdots : \delta_n = S_1 : S_2 : \cdots : S_x \tag{2.54}$$

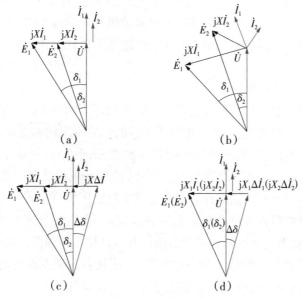

图 2.49　不同容量逆变器的电压矢量图

其中,$\dot{E}_1$、$\dot{E}_2$ 为逆变器 1 和逆变器 2 输出电压矢量,$\dot{I}_1$、$\dot{I}_2$ 为输出电流矢量,X 为虚拟电抗值。

根据 U-Q 下垂控制的调节作用,两台逆变器并联运行时不能保证在各台逆变器输出无功功率为 0 的情况下,使得其输出不同幅值的电压矢量,因此两台逆变器输出电压矢量应该如图 2.49(b)所示,从图中可以看出,两台逆变器之间存在无功环流[145],输出有功功率小的逆变器向输出有功功率大的逆变器发出无功功率,设其无功功率为 Q_c,则有:

$$\begin{cases} E_1 = E_0 - n_1 Q_c \\ E_2 = E_0 - n_2(-Q_c) \\ Q_c = \dfrac{E_1 U \cos \delta_1 - U^2}{X} \\ -Q_c = \dfrac{E_2 U \cos \delta_2 - U^2}{X} \end{cases} \tag{2.55}$$

因此,可以推出两台逆变器并联之间的无功环流:

$$Q_c = \frac{E_0 U \cos \delta_1 + E_0 U \cos \delta_2 - 2U}{n_1 \cos \delta_1 - n_2 \cos \delta_2} \tag{2.56}$$

从式(2.56)可以看出,系统的无功功率环流与无功下垂系数(n_1、n_2)和功角(δ_1、

δ_2)有关,负载有功功率大小影响了稳态无功环流的大小。在负载动态变化过程中,当负载突然增大时,交流母线电压矢量突然滞后逆变器输出电压一个角度 $\Delta\delta$, 如图 2.49(c)所示。如果两台逆变器并联运行,那么各台逆变器输出有功功率的增加量相同(都正比于 $\Delta\delta$),逆变器在动态过程并没有按照其容量比例来输出功率,导致容量较小的逆变器承担的功率增量过大,严重时可能导致逆变器出现过流,造成逆变器无法正常工作。

(2)调节系统虚拟电抗

调节逆变器输出电压相角的方法出现稳态无功环流的主要原因是各台逆变器在调节输出电压相角 δ 的同时,逆变器输出电压矢量的幅值也跟随着变化,不同容量的逆变器输出电压的相角不同,其输出电压的幅值也必然不同,那么 U-Q 下垂曲线的调节将造成各台逆变器之间出现无功功率环流。因此,造成系统无功环流的根本原因是各台逆变器在调节有功功率时无法保证各台逆变器输出电压幅值相同。为了保证各台逆变器在调节有功功率的时候保持其输出电压幅值相同,那么各台逆变器输出电压相角 δ 必须保持相同,否则无法保证各台逆变器按照其容量比例精确匹配负载有功无功功率。按照式(2.35)或者式(2.38)表达的有功功率,为了让各台逆变器在输出不同功率的时候能够保证其相角也相同,因此必须调整逆变器的虚拟电抗 X_x, 其包括了逆变器输出电抗与线路电抗的总和。当采用虚拟电抗代替传统的物理电抗后,系统电抗值在一定范围内是可调的,所以通过调整各台逆变器的系统阻抗,可以实现各台逆变器按其容量比例输出功率,各台逆变器的虚拟电抗与其容量存在以下关系:

$$\frac{1}{X_1}:\frac{1}{X_2}:\cdots:\frac{1}{X_x} = S_1:S_2:\cdots:S_x \tag{2.57}$$

因此,在系统达到稳态时,输出的电压矢量如图 2.49(d)所示,当各台逆变器在输出电压的幅值和相位相同时,假设其输出电压幅值为 E,电压矢量相角为 δ,输出有功功率的比值应该满足以下关系:

$$\frac{EU}{X_1}\sin\delta:\frac{EU}{X_2}\sin\delta = S_1:S_2 \tag{2.58}$$

各台逆变器不仅能够按照其容量比例输出有功功率,而且逆变器输出电压幅值相同,能够保证系统稳态时没有无功环流。在系统动态变化过程中,当负载突然增大时,交流母线电压矢量滞后了一个角度 $\Delta\delta$,其对应的输出有功功率的增加量应该满足以下关系:

$$\frac{EU}{X_1}\sin\Delta\delta:\frac{EU}{X_2}\sin\Delta\delta = S_1:S_2 \tag{2.59}$$

根据上述理论分析和公式推导可知,系统处于动态变化时,其输出功率变化量仍然与逆变器容量成正比关系,因此能够保证各台逆变器按照其容量比例实现功率精确分配。

3）系统稳定性分析

下垂控制策略是借鉴了同步发电机功率调节的下垂特性而提出的,但由于逆变器并联运行系统的惯性较小,参数的选择对系统稳定性的影响较为敏感。因此,有必要分析下垂控制系数与逆变器输出功角对多台逆变器并联控制系统稳定性的影响[146]。目前主要采用小信号建模结合根轨迹分析的方法进行系统稳定性的分析。

首先对有功功率和无功功率方程进行局部线性化处理后得到:

$$\begin{cases} \hat{P} = \dfrac{U}{X}(\sin\hat{\delta}E + E\cos\delta\hat{\delta})F_L(s) \\ \hat{Q} = \dfrac{U}{X}(\sin\delta\hat{E} + E\cos\delta\hat{\delta})F_L(s) \end{cases} \tag{2.60}$$

其中,$F_L(s)$ 为功率观测中的二阶低通滤波器。

然后对有功下垂曲线和无功下垂曲线进行线性化处理,得到:

$$\begin{cases} \hat{\omega} = -m\hat{P} \\ \hat{E} = -n\hat{Q} \end{cases} \tag{2.61}$$

将式(2.61)代入式(2.60)中,同时消去 $\hat{P}$、$\hat{Q}$ 和 $\hat{E}$,且假设 $\hat{\omega} = s\delta$,则得到系统的特征方程:

$$As^5\hat{\delta} + Bs^4\hat{\delta} + Cs^3\hat{\delta} + Ds^2\hat{\delta} + Fs\hat{\delta} + G\hat{\delta} = 0 \tag{2.62}$$

其中各系数如下:

$$\begin{cases} A = \dfrac{1}{n} \\ B = \dfrac{2\omega_c}{nQ} \\ C = \omega_c\left(\dfrac{2}{n} + \cos\delta\dfrac{U}{X} + \dfrac{1}{nQ}\right) \\ D = \omega_c^3\left(\dfrac{2}{nQ} + \dfrac{U\cos\delta}{XQ}\right) + \dfrac{mEU\cos\delta\omega_c^2}{nX} \\ F = \omega_c^4\left(\dfrac{1}{n} + \cos\delta\dfrac{U}{X}\right) + \dfrac{EU\cos\delta\omega_c^3}{nQX} \\ G = \dfrac{mEU\sin^2\delta\omega_c^4U^2}{X^2} + \dfrac{mEU\cos\delta\omega_c^4U}{X}\left(\dfrac{1}{n} + \cos\delta\dfrac{U}{X}\right) \end{cases}$$

按照控制系统的仿真参数,取滤波器截止频率 $\omega_c = 125.664$ rad/s,品质因数 $Q = 0.707$,逆变器输出电压有效值和交流母线电压有效值为 $E \approx U = 311$ V,利用根轨迹法分别对下垂控制系数 m、n 和电压相角 δ 对系统稳定性、动态性能的影响进行分析。

系统的特征方程(2.78)是一个5阶的特征方程,当 $m = 2.4\times10^{-4}$,$n = 1.2\times10^{-3}$,

$\delta = 0.17$ rad 时,系统的特征根在复平面的分布情况如图 2.50 所示,其中系统有一个负实数根和两个共轭复数根。

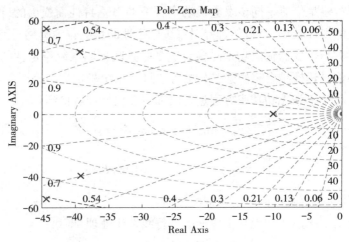

图 2.50　特征方程极点分布图

对有功下垂控制系数 m 的分析:在其他控制参数不变的情况下,当有功下垂控制系数 m 在 $1 \times 10^{-5} \leqslant m \leqslant 0.02$ 范围内变化时,特征方程的极点变化情况如图 2.51(a)

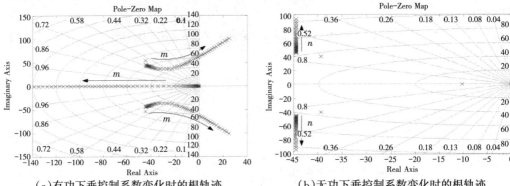

(a)有功下垂控制系数变化时的根轨迹　　(b)无功下垂控制系数变化时的根轨迹

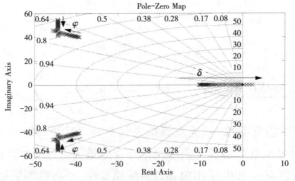

(c)电压相角变化时的根轨迹

图 2.51　系统的特征根在复平面上的分布情况

所示。从图中可以看出,随着有功下垂控制系数 m 的逐渐增大,系统的实数极点远离虚轴,而其中一对共轭极点逐渐靠近虚轴;当 $m \approx 3 \times 10^{-3}$ 时,其中一对共轭极点进入右半平面,使得系统不稳定。

对无功下垂控制系数 n 的分析:在其他参数不变的情况下,当无功下垂控制系数 n 在 $1 \times 10^{-4} \leq n \leq 0.02$ 范围内变化时,特征方程的极点变化情况如图 2.51(b)所示。从图中可以看出,随着下垂控制系数 n 的逐渐增大,系统的一对共轭极点逐渐远离实轴,系统的阻尼系数减小,增加了系统动态调节过程的响应时间且超调量变大[155]。

对电压相角 δ 的分析:在其他控制参数不变的情况下,当电压相角 δ 在 $0 \leq \delta \leq 1.67$ rad 范围内变化时,特征方程的极点变化情况如图 2.51(c)所示。从图中可以看出,相角 δ 逐渐增大,系统的实数极点逐渐向右移动,直至 $\delta \approx \pi/2$ 时,实数极点进入右半不稳定区域,与同步发电机的静态稳定性相似。当逆变器投入微电网系统运行时,如果逆变器输出电压相角 δ 偏大,会造成微电网系统逆变器出现电流冲击现象,并导致下垂控制失去稳定。因此,逆变器投入微电网系统运行需要采取预同步控制。

显然,有功下垂控制系数 m 对系统稳定性有影响,当增加下垂控制系数 m 时,可能导致系统失去稳定;无功下垂控制系数 n 对系统稳定性的影响较小,但它的取值对系统阻尼系数存在较大影响,当下垂控制系数 n 逐渐增大时,系统阻尼系数将逐渐减小,这样将导致系统动态响应变慢且超调量增大,在进行功率动态调节时,不能满足系统的动态响应要求[148];电压相角 δ 对系统稳定性存在影响,尤其是 δ 接近 90°时,系统将会失去稳定。

4)逆变器并联运行仿真分析

为了验证多台逆变器并联运行时分别采用基于虚拟电抗的下垂控制策略和改进的无功下垂控制策略的可靠性,本节在 Matlab/Simulink 仿真软件下搭建了两台逆变器并联运行的仿真模型,如图 2.52 所示,其主要由直流电源、三相逆变器桥,控制器、交流负载、LCL 滤波器和断路器等组成。

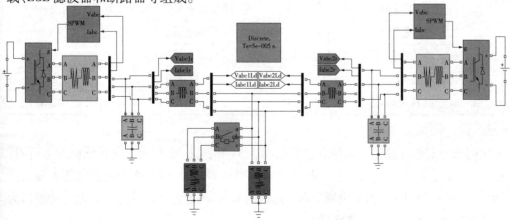

图 2.52　两台逆变器并联运行的仿真模型

(1)基于虚拟电抗的下垂控制策略仿真分析

微电网系统处于离网模式运行时,两台逆变器按其容量比例各自承担的负载功率可以分别采用调节逆变器输出电压相角和调节系统阻抗的方法来实现。下面对这两种方法进行仿真验证。首先设置逆变器 1 和逆变器 2 的输出容量比为 5∶3,在 0 s 时为7.5 kW,1.5 s 时突加系统负载功率 7.5 kW,加入虚拟电抗的下垂控制的控制框图如图2.53 所示,下垂控制的具体仿真参数见表 2.6。

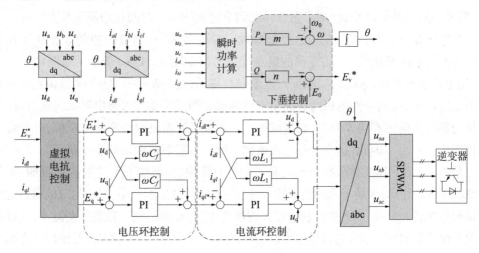

图 2.53　电抗的下垂控制的控制框图

表 2.6　加入虚拟电抗的下垂控制仿真参数

参数	数值	参数	数值
直流侧电压 U_{dc}/V	300	逆变器 1 有功下垂系数 m_1	$9×10^{-5}$
空载电压幅值 E_0/V	105	逆变器 2 有功下垂系数 m_2	$1.5×10^{-4}$
电感 L_1/mH	15	逆变器 1 无功下垂系数 n_1	$6.5×10^{-4}$
滤波电容 C/μF	20	逆变器 2 无功下垂系数 n_2	$1.2×10^{-3}$
电压 PI 控制器 k_{pv}	0.45	虚拟电感值 L_{V1}/ mH	4.5
电压 PI 控制器 k_{iv}	16.5	虚拟电感值 L_{V2}/ mH	7.5
电流 PI 控制器 k_{pi}	2.55	空载频率 ω_0	101π
电流 PI 控制器 k_{ii}	25	采样时间 T_s/ s	0.000 2

两台逆变器并联运行的仿真结果如图 2.54 和图 2.55 所示。在系统稳态运行时,图 2.54(a)表明了采用调节逆变器输出电压相角的方法,逆变器 2 向逆变器 1 输出无功功率;图 2.54(b)表明采用调节系统阻抗的方法,两台逆变器输出稳态无功功率均为0,逆变器并联系统中不存在无功环流。

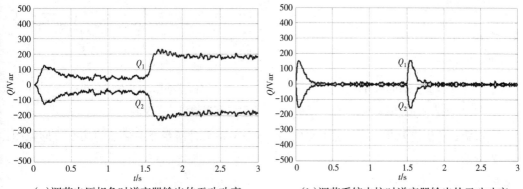

(a)调节电压相角时逆变器输出的无功功率　　　(b)调节系统电抗时逆变器输出的无功功率

图 2.54　两种方法下逆变器输出的无功功率

采用调节逆变器输出电压相角时两台逆变器输出的有功功率如图 2.55(a)所示。从图中可以看出,在系统功率动态过程中,逆变器输出有功功率没有按照逆变器各自容量比例均分负载有功功率,逆变器 2 输出有功功率出现明显的超调量;而采用调节系统电抗方法时,逆变器输出有功功率在系统功率动态过程中能够很好地按照逆变器各自容量比例均分负载有功功率,且有功功率的超调量较小。因此,仿真结果证明了采用调节系统电抗的方法能更好地确保两台逆变器并联运行时实现对负载功率的动态精确分配。

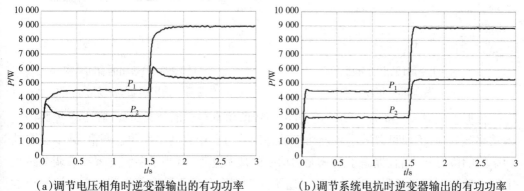

(a)调节电压相角时逆变器输出的有功功率　　　(b)调节系统电抗时逆变器输出的有功功率

图 2.55　两种方法下逆变器输出的有功功率

(2)改进的无功下垂控制策略仿真分析

根据前面的理论分析可知,改进的无功下垂控制方法能够有效改善逆变器并联系统的无功功率动态响应效果,因此有必要进行仿真验证,并分析改进的无功下垂控制对系统功率动态调节过程中有功、无功解耦控制效果的影响。

在系统有功功率发生突变情况下,仿真参数与表 2.7 相同,系统在 $t = 0$ 时刻投入负载 7.5 kW,在 2 s 时再突加负载 7.5 kW。将两台逆变器下垂曲线的功率微分项系数 n_{d1} 和 n_{d2} 设置为不同数值,仿真结果如图 2.56—图 2.58 所示。

工况 1 的仿真结果:$n_{d1} = 0$、$n_{d2} = 0$ 时逆变器 1 输出的功率波形如图 2.56 所示。

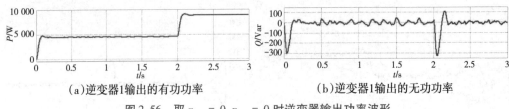

(a)逆变器1输出的有功功率　　　　　　　(b)逆变器1输出的无功功率

图 2.56　取 $n_{d1} = 0$、$n_{d2} = 0$ 时逆变器输出功率波形

工况 2 的仿真结果：$n_{d1} = 0.000\,25$、$n_{d2} = 0.000\,5$ 时逆变器 1 输出的功率波形如图 2.57 所示。

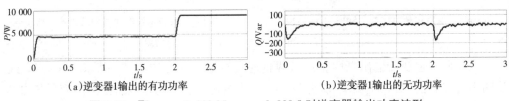

(a)逆变器1输出的有功功率　　　　　　　(b)逆变器1输出的无功功率

图 2.57　取 $n_{d1} = 0.000\,25$、$n_{d2} = 0.000\,5$ 时逆变器输出功率波形

工况 3 的仿真结果：$n_{d1} = 0.002\,5$、$n_{d2} = 0.005$ 时逆变器 1 输出的功率波形如图 2.58 所示。

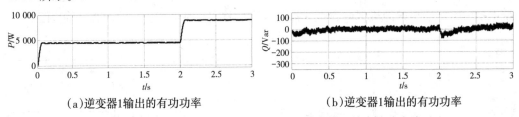

(a)逆变器1输出的有功功率　　　　　　　(b)逆变器1输出的有功功率

图 2.58　取 $n_{d1} = 0.002\,5$、$n_{d2} = 0.005$ 时逆变器 1 输出的功率波形

根据上述对 n_{d1} 和 n_{d2} 所取的三组不同数值仿真得到的结果可知,在下垂控制中引入功率微分项,不仅可以减小系统功率动态调节过程中有功功率的超调量,减少了有功功率的响应时间,而且提高了系统无功功率的调节速度,减小了系统功率动态调节过程中的无功功率环流;但是,通过对比三组不同功率微分项系数取值得到的逆变器输出的无功功率波形可以明显看出,功率微分项系数的取值过大将会导致系统稳态运行时的无功功率振荡。因此,只有合理选取功率微分项系数,才能改善系统功率动态调节响应性能。经过仿真结果的对比后,下垂控制中的功率微分项系数取 $n_{d1} = 0.000\,3$、$n_{d2} = 0.000\,5$ 可以获得较好的控制效果。

在系统无功功率发生突变情况下,1.5 s 时系统由空载突然增加无功负载 4.5 kVar,系统有功功率为 0。仿真结果如图 2.59 和图 2.60 所示。

工况 4 的仿真结果:取 $n_{d1} = 0$、$n_{d2} = 0$ 时,即无功下垂控制中没有引入功率微分项,两台逆变器输出的功率波形如图 2.59 所示,两台逆变器输出的有功功率波形相同。

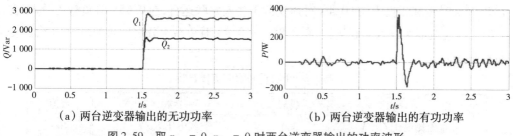

（a）两台逆变器输出的无功功率　　　　（b）两台逆变器输出的有功功率

图 2.59　取 $n_{d1} = 0$、$n_{d2} = 0$ 时两台逆变器输出的功率波形

工况 5 的仿真结果：当 $n_{d1} = 0.000\,25$，$n_{d2} = 0.000\,5$ 时，即无功下垂控制中引入了功率微分项，两台逆变器输出的功率波形如图 2.60 所示，其中两台逆变器输出的无功功率波形如图 2.60（a）所示，而两台逆变器输出的有功功率波形相同，如图 2.60（b）所示。

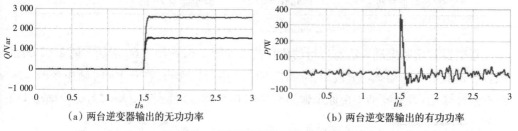

（a）两台逆变器输出的无功功率　　　　（b）两台逆变器输出的有功功率

图 2.60　两台逆变器输出的功率波形

从以上仿真结果对比分析可知，无功下垂控制中引入功率微分项后的无功功率动态调节的响应时间减少，且无功功率超调量减小，无功功率动态调节的响应性能得到显著提高。同时，无功功率动态调节过程中引起的有功功率环流减小，有功功率调整时间减少。

由此可见，在无功下垂控制中引入无功功率微分项，并取合理的下垂控制系数，能够有效地提高无功功率的动态响应性能，也可以有效改善功率动态调节过程中有功、无功功率的解耦控制性能。

（3）多台逆变器并联运行下垂控制仿真分析

为了验证微电网系统处于离网模式下，多台逆变器并联运行的下垂控制策略的控制效果，多台逆变器并联运行时的微电网系统结构如图 2.61 所示，新型下垂控制策略仿真参数见表 2.7。首先设置逆变器 1 带负载单机运行，在 0.1 s 时逆变器 2 并入运行，

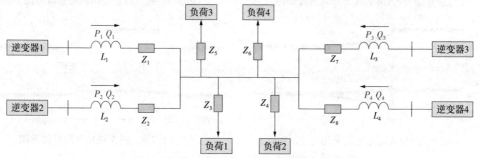

图 2.61　多台逆变器并联运行时的微电网系统结构

在 0.25 s 时负载 2 投入,在 0.4 s 时逆变器 3 并入并联运行,在 0.55 s 时负载 3 投入,在 0.65 s 时逆变器 4 并入并联运行,在 0.85 s 和 0.9 s 时负载 4 分别投入和切出,4 台逆变器容量相同。

表 2.7　下垂控制策略仿真参数

参数	数值	参数	数值
直流侧电压 U_{dc}/V	800	空载电压 E_0/V	400
电压 PI 控制器 k_{pv}	0.05	电流 PI 控制器 K_{pi}	50
电压 PI 控制器 k_{iv}	15.5	电流 PI 控制器 K_{ii}	1 200
有功下垂系数 m	4.5×10^{-5}	虚拟电感值 L_V/mH	5.5
无功下垂系数 n	1.2×10^{-3}	开关频率 f/kHz	10+

逆变器并联系统进入稳态进行的仿真结果如图 2.62—图 2.66 所示。图 2.62 为系统各台逆变器功率动态均分波形,从图 2.62(a)中可以看出,在 0.1 s 时刻逆变器 2 突然投入并联运行,逆变器 1 由原来输出有功率 6.5 kW 降低到 3.5 kW,无功功率由 1.5

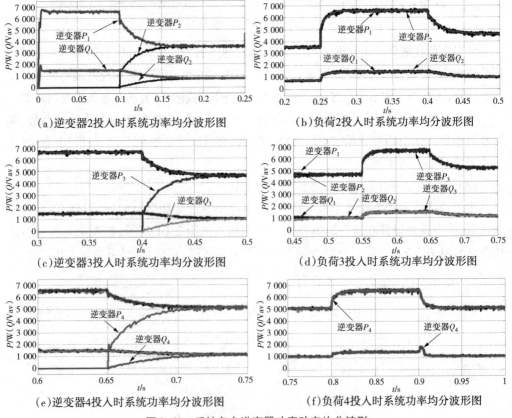

(a)逆变器2投入时系统功率均分波形图　　(b)负荷2投入时系统功率均分波形图

(c)逆变器3投入时系统功率均分波形图　　(d)负荷3投入时系统功率均分波形图

(e)逆变器4投入时系统功率均分波形图　　(f)负荷4投入时系统功率均分波形图

图 2.62　系统各台逆变器功率动态均分波形

kVar 降低到 0.8 kVar,在 0.15 s 进入稳定后,逆变器 2 分配的有功功率为 3.5 kW,无功功率为 0.8 kVar;图 2.62(b)中,在 0.25 s 时刻,负荷 2 投入运行,2 台逆变器的输出功率均迅速重新分配,各自承担有功功率 6.5 kW,无功 1.5 kVar;图 2.62(c)中,在 0.4 s 时刻,逆变器 3 突然投入并联运行且进入稳定后,逆变器 1 和 2 的输出有功功率均下降到 4.5 kW,无功功率下降到 1 kVar;图 2.62(d)中,在 0.55 s 时刻,负荷 3 投入运行,此时,系统中 3 台逆变器又各自调整自身的输出功率,快速精确地实现了系统各台逆变器的功率均分,逆变器有功功率调整为 6.5 kW,无功功率调整为 1.5 kVar;图 2.62(e)中,在 0.65 s 时刻,逆变器 4 突然投入并联运行,此时系统中 4 台逆变器同时并联运行,经过各自下垂系数自动调整,约 0.05 s 后进入稳定运行,4 台逆变器各自输出有功功率为 5 kW,无功功率为 1 kVar;图 2.62(f)中,在 0.8 s 和 0.9 s 时刻,负荷 4 分别投入运行和切出运行,在负荷动态变化过程,系统中各逆变器均能快速准确地进行功率分配,保证了系统逆变器并联稳定运行。

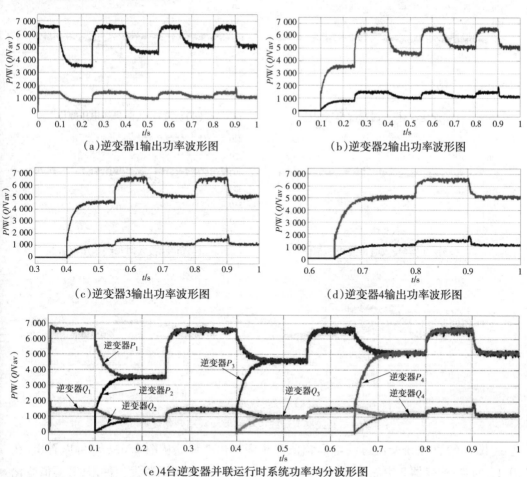

（a）逆变器1输出功率波形图　　（b）逆变器2输出功率波形图

（c）逆变器3输出功率波形图　　（d）逆变器4输出功率波形图

（e）4台逆变器并联运行时系统功率均分波形图

图 2.63　系统各台逆变器输出功率波形

图 2.63 为微电网系统各台逆变器输出功率波形,从图中可以看出,在任何时刻逆变器的投入并联运行,或负荷的投入或切出运行,4 台逆变器均自动调整自身的输出功率,且在较短的时间内实现功率稳定输出;从图 2.63(e)中能够清楚看到,各台逆变器的输出功率实现了动态调整功能,体现了本书采用的下垂控制策略具有较好的控制效果。

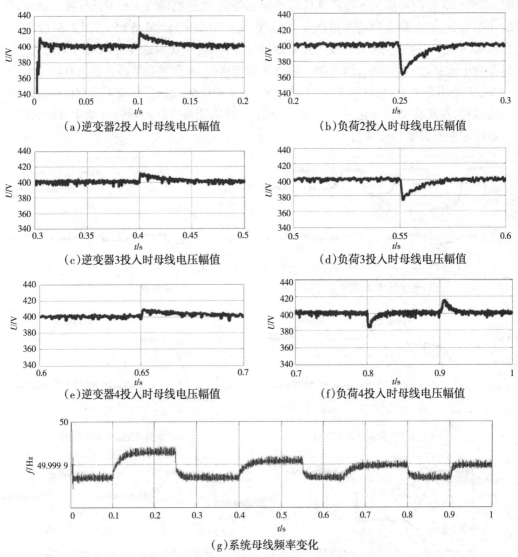

(a)逆变器2投入时母线电压幅值　　(b)负荷2投入时母线电压幅值

(c)逆变器3投入时母线电压幅值　　(d)负荷3投入时母线电压幅值

(e)逆变器4投入时母线电压幅值　　(f)负荷4投入时母线电压幅值

(g)系统母线频率变化

图 2.64　系统交流母线电压幅值和频率变化波形

图 2.64 为系统交流母线电压幅值和频率变化波形。从图 2.64(a)可以看出,在 0.1 s 时刻,逆变器 2 突然投入并联运行,造成母线电压幅值跌落发生冲击,其幅值变化

约为 20 V;图 2.64(b)中,在 0.25 s 时刻,负荷 2 投入运行导致母线电压跌落,其幅值变化约为 40 V;图 2.64(c)中,在 0.4 s 时刻,逆变器 3 突然投入并联运行,造成母线电压幅值跌落再次发生冲击,其幅值变化约为 10 V;图 2.64(d)中,在 0.55 s 时刻,负荷 3 投入运行再次导致母线电压跌落,其幅值变化约为 20 V;图 2.64(e)中,在 0.65 s 时刻,逆变器 4 突然投入并联运行,同样引起母线电压冲击,其幅值变化约为 8 V;图 2.64(f)中,在 0.8 s 和 0.9 s 时刻,负荷 4 分别投入和切出运行,再次引起母线电压跌落和冲击。在整个动态变化过程中,电压幅值在 2% ~ 10% 范围内变化。图 2.64(g)为系统母线频率动态变化波形,从图可知整个变化过程中,系统母线频率大小均维持在 50 Hz。

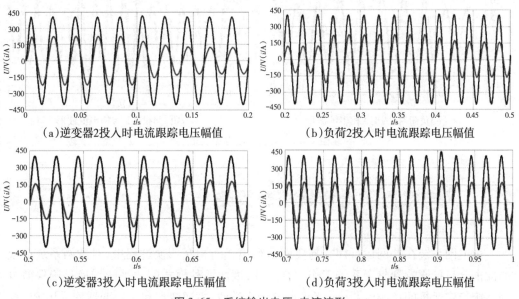

(a)逆变器2投入时电流跟踪电压幅值　　　　(b)负荷2投入时电流跟踪电压幅值

(c)逆变器3投入时电流跟踪电压幅值　　　　(d)负荷3投入时电流跟踪电压幅值

图 2.65　系统输出电压、电流波形

图 2.65 为系统输出电压电流波形(电流波形幅值放大了 20 倍),从图中可以看出,在各台逆变器投入并联运行或各负荷投入/切出运行时,系统输出电流跟踪电压波形较好,两者都正弦稳定,且输出电流具有较快的动态跟踪响应性能。

图 2.66 为系统输出电流波形,由图(a)和(b)可知,在 0.1 s 时刻逆变器 2 投入并联运行后,逆变器 1 输出电流幅值出现明显下降;在 0.25 s 时刻,负荷 2 投入后,电流幅值增大,在 0.4 s 时刻逆变器 3 投入并联运行,电流幅值再次下降;由图(c)和(d)可知,在 0.55 s 时刻,负荷 3 又投入运行,电流幅值又增大;在 0.65 s 时刻,逆变器 4 投入并联运行;在 0.8 s 和 0.9 s 时刻,负荷 4 分别投入和切出,电流幅值均出现相应变化。在上述变化过程中,系统各逆变器都能实现电流动态分配,且响应速度较快,输出电流具有较好的鲁棒性。

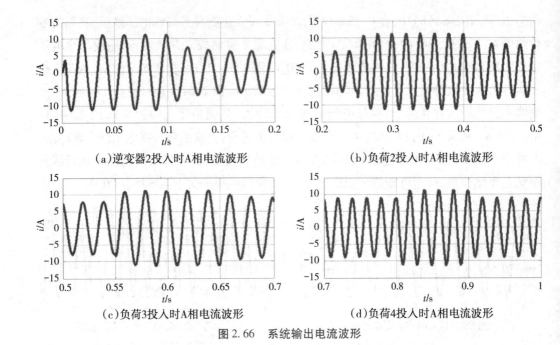

(a)逆变器2投入时A相电流波形   (b)负荷2投入时A相电流波形

(c)负荷3投入时A相电流波形   (d)负荷4投入时A相电流波形

图 2.66   系统输出电流波形

2.3   风电微网平滑切换控制策略

微电网系统在并网运行模式与离网运行模式间相互切换过程中,对微网系统造成的冲击会直接影响到整个系统工作的稳定性,因此两种模式间的平滑切换是确保微电网系统稳定运行的核心[149,150]。微电网并网运行时,主逆变器和从逆变器均采用 PQ 控制,确保系统输出功率的稳定;当大电网计划停电或者发生故障,检测到离网效应时,微电网系统脱离大电网进入离网运行模式,此时主逆变器采用 V/f 控制,为系统提供电压和频率支撑,从逆变器仍然采用 PQ 控制。本节针对微电网系统切换过程,首先对离网检测进行研究并选取合理的检测方式,针对微电网系统离网过程中系统失去了大电网电压和频率的支撑,引起系统振荡,采用控制器状态跟随控制,确保微电网系统的电压和频率的稳定;并网过程中,冲击电流会对系统产生较大的影响,可采用相位预同步控制,确保微电网系统再并网过程的稳定。

$$\begin{cases} \omega_x = \omega_0 - m_x - P_x \\ E_x = E_0 - n_x - Q_x \end{cases}$$

由下垂控制原理的实现过程,可以得到一个结论:输出有功功率较大的逆变器,其输出频率较低,其输出的电压相角逐渐减小,导致其输出的有功功率逐渐降低;输出无功功率较大的逆变器,其输出电压较低,导致其输出的无功功率逐渐减小。因此,通过调节下垂控制参数保证母线电压和频率稳定来实现各台逆变器均分负载有功、无功功率的目的。

2.3.1　风电微网离网检测原理及方法

因微电网主控逆变器在并网与离网模式下的控制要求不同,主控逆变器需依据不同的运行状态采取不同的控制策略实现系统控制要求,保证系统在不同模式下以及切换过程中均能保障负载的稳定运行。因此,如何快速精准地判断微电网的运行状态成为微电网能否实现平滑切换的关键问题之一,离网检测[151]自然而然地成为研究的重点。

微电网系统在并网运行时,有两种情况使得需切换至离网模式,一种是计划离网,属于主动切换,该状况下微电网系统可根据自身运行情况选择合适的切换时机;另一种为被动离网,即大电网发生故障,PCC 处开关断开与大电网的连接。该状况下离网属于紧急突发事件,系统没有时间选择合适的时机切换,必须迅速切换逆变器的控制策略,保护系统内负载稳定运行。因此在大电网故障情况下,微电网系统需迅速精准地检测出离网,并将逆变器的控制策略切换为离网模式下的控制策略。

1)离网检测原理

当大电网出现故障或突然停电时,此时微电网系统仍处于并网运行状态,微电网系统输出的电能质量将受到影响,如果持续运行还不脱离大电网,可能对整个微电网系统造成不可逆的损害,图 2.67 给出了微电网简化的电路模型图。

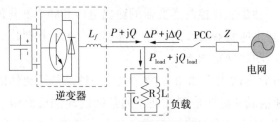

图 2.67　微电网简化电路模型

微电网系统并网运行时,PCC 处于闭合状态,负载由大电网与微电网共同承担,则可得负载的电路模型:

$$\begin{cases} P_{\text{load}} = \dfrac{U_g^2}{R} \\[2mm] Q_{\text{load}} = \dfrac{U_g^2}{\dfrac{1}{L\omega} - \omega C} \\[2mm] P_{\text{load}} = P + \Delta P \\[1mm] Q_{\text{load}} = Q + \Delta Q \end{cases} \tag{2.63}$$

式中，P_{load} 为负载有功功率、Q_{load} 为负载无功功率；P 为微电网输出有功功率、Q 为微电网输出无功功率；ΔP 为大电网输出给负载的有功功率、ΔQ 为大电网输出给负载的无功功率；L、C 分别为逆变器的滤波电感和滤波电容。对于大电网，线路阻抗 Z 可忽略，则 PCC 处的电压等同于大电网电压 U_g，ω 为大电网电压角频率。

同理可知，微电网离网运行时，则 PCC 处于打开状态，负载将由微电网系统自己承担，取 U_g' 为微电网内交流母线电压，ω' 为电压角频率，得公式：

$$\left\{ \begin{array}{l} P_{load} = P = \dfrac{U_g'^2}{R} \\[4mm] Q_{load} = Q = \dfrac{U_g'^2}{\dfrac{1}{L\omega'} - \omega'C} \end{array} \right\} \tag{2.64}$$

比较上述两个公式可知，假设微电网系统中的负载功率为微电网输出功率与大电网输出功率之和，那么在离网状态下，微电网输出功率无法满足负荷的正常运行，则会造成系统电压与频率变化很大，此时通过电压与频率的波动很容易地检测出了离网效应；如果微电网系统中负载功率与微电网输出功率相匹配，即 ΔQ 与 ΔP 均为零时，在离网状态下，PCC 处的电压和频率的波动很小，不足以检测出离网效应。

2）离网检测方法

目前国内外对离网检测研究的检测方案主要有两个方向，一是通过无线电通信的方式来检测离网；另一种是通过检测逆变器的输出电压和频率变化的方式来检测离网，如图 2.68 所示。因基于逆变器的离网检测更易实现且利用场景广，因此本节主要介绍基于逆变器的被动、主动离网检测方式。

目前离网检测可分为两大类如图 2.68 所示：一种是基于通信的离网检测；另一种是基于逆变器的无通信线的离网检测。基于通信线的离网检测由于其依赖通信线路，可靠性难以保证，所以目前主流的检测方式还是基于逆变器的无通信线的离网检测方式，按照检测原理分类，其分为主动检测法、被动检测法两大类：

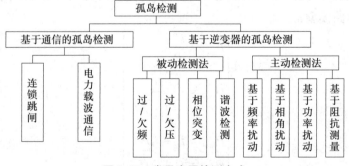

图 2.68　常见离网检测方式

（1）被动离网检测方式

被动离网检测也称为无源离网检测,通过检测 PCC 处的电压幅值、频率、相位等参数,根据离网发生时,微电网系统与负载间的功率偏差会引起 PCC 处电压与频率发生波动这一特性为判断依据,检测是否有离网效应发生。主要的检测方式为过/欠电压检测、过/欠频率检测、相位突变检测、电压谐波检测。

被动离网检测,检测原理简单,对微电网系统无扰动,不破坏系统原有的电能质量,并且有较高的经济性;其缺点也较为突出,由于存在较大的检测盲区,对于临界值的选取很难判断,因此检测所消耗的时间比较多,有较大的滞后性,并且微电网输出电压、频率以及负载产生的功率均为时变量,且存在波动,因此对于判定值的选取存在较大的困难,其通常用于微电网系统与负载间存在较大功率差值的情况下。

（2）主动检测方式

主动检测方式主要应用于可能存在检测盲区的微电网。其原理主要是对逆变器输出端加小扰动,该扰动在并网状态下无法被检测出来,但当离网发生,所加扰动会不断积累,加快监测量达到系统稳定运行极限值的时间,继而检测出离网发生并使得逆变器切换至相应控制策略。主动检测方式当前常用的有主动移频、功率扰动、电压偏移以及阻抗检测等方式。

主动检测方式又称为有源检测,通过对微电网系统输出端加入一个在微电网系统并网运行时不影响系统的运行,在允许范围的小扰动。当发生离网时,扰动在一个反馈系统中不断累积,检测量达到系统稳定运行的阈值,此时就检测出了离网效应,给逆变器发出信号,使之改变控制策略确保微电网系统离网运行稳定,其主要的检测方式有主动移频、功率扰动、电压偏移以及阻抗检测等方式,本书采用电压正反馈的离网检测方式。

对逆变器输出电压的幅值变化应用正反馈原理,若输出电压降低,逆变器将减小输出电流和功率,逆变器输出电流:

$$I_{\text{inv}} = \frac{I_0}{1 - k} \tag{2.65}$$

$$k = \text{sign}(U_{\text{load}} - U_{\text{grid}}) k_0 + k_i (U_{\text{load}} - U_{\text{grid}}) \tag{2.66}$$

其中, I_{inv} 为逆变器输出电流, U_{grid} 为大电网电压, U_{load} 为负载电压, k_0 为初始扰动量, k_i 为增益系数。

当 $U_{\text{load}} \geq U_{\text{grid}}$,$\text{sign}(U_{\text{load}} - U_{\text{grid}}) = 1$;

当 $U_{\text{load}} \leq U_{\text{grid}}$,$\text{sign}(U_{\text{load}} - U_{\text{grid}}) = -1$ 。

①若检测到 $U_{\text{load}} > U_{\text{grid}}$,负荷电压随着输出电流的增加而增加,如图 2.69 所示,根据正反馈作用,正向扰动累加到下个周期;经历 k 个周期的循环过程,直至检测到负载电压大于判定值,则判定系统出现离网效应。

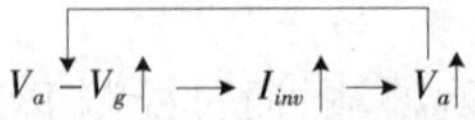

$$V_a - V_g \uparrow \longrightarrow I_{inv} \longrightarrow V_a \uparrow$$

图 2.69 $U_{\text{load}} > U_{\text{grid}}$ 时正反馈原理

②若检测到 $U_{\text{load}} \leqslant U_{\text{grid}}$，负荷电压随着输出电流的下降而下降，如图 2.70 所示，根据正反馈作用，负向扰动累加到下个周期；经历 k 个周期的循环过程，直至检测到负载电压小于判定值，则判定系统出现离网效应。

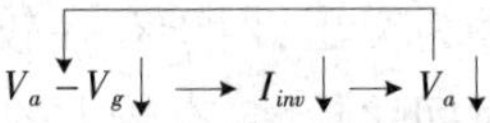

$$V_a - V_g \downarrow \longrightarrow I_{inv} \downarrow \longrightarrow V_a \downarrow$$

图 2.70 $U_{\text{load}} \leqslant U_{\text{grid}}$ 时正反馈原理

电压正反馈的离网检测模型仿真参数见表 2.8。

表 2.8 仿真参数表

电网电压有效值 U_g/V	380	RLC 并联谐振负载	$R = 48\ \Omega$
电网频率 f/Hz	50		$L = 61.1\ \text{mH}$
滤波电感 L/mH	20		$C = 166\ \mu\text{F}$
滤波电容 C/μf	10	电压反馈系数	$k_1 = 0.04 \text{、} k_2 = 0.08$

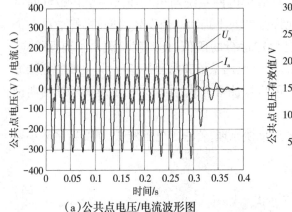
（a）公共点电压/电流波形图

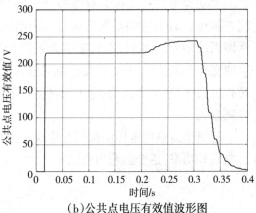
（b）公共点电压有效值波形图

图 2.71 SVS 算法输出电压/电流波形图（$k = 0.04$）

仿真结果分析：PCC 在 0.2 s 时动作由闭合转为断开，此时微电网系统已经处于离网状态，图 2.71 所示为反馈系数 $k = 0.04$ 的结果图，从图中可以发现在 0.32 s 时，负荷电压开始有发散的趋势，并且判断其超出并网电压的最高值，此时系统检测出了离网产生，并立即动作，在 0.4 s 时微电网系统停止运行；图 2.72 为反馈系数 $k = 0.08$ 的仿真结果，可知在 0.28 s 时检测出了离网现象。两种反馈系数的选取均满足并网标准，反馈系数的增大虽然能缩短检测时间，但是其对电网系统有一定的影响，破坏了电能质量，在反馈系数的选取中应综合考虑，权衡其对电能质量的影响。

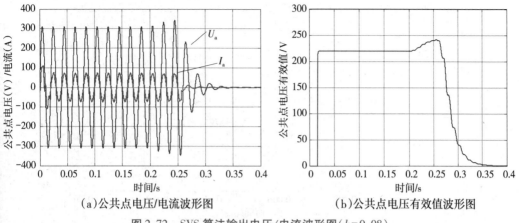

(a)公共点电压/电流波形图　　　　(b)公共点电压有效值波形图

图 2.72　SVS 算法输出电压/电流波形图($k=0.08$)

2.3.2　主从控制系统主控逆变器的设计

常规逆变器切换结构如图 2.73 所示,并网运行时 K_1 和 PCC 闭合,主逆变器选择 PQ 控制策略,离网运行时 K_2 闭合,K_1 和 PCC 打开,主逆变器选择下垂控制策略,为从逆变器提供电压和频率的支撑。

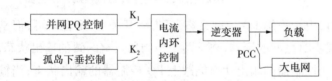

图 2.73　常规逆变器切换控制结构

微电网系统工作在离网模式时,其逆变器输出电压频率属于有差控制,与大电网的电压频率的差值由于累加效应会出现相位偏差,且这个偏差值不定;离网运行转并网运行的过程中,并网前逆变器输出电压 U_{inv} 波形与大电网电压 U_{grid} 波形的比较如图 2.74 所示。从图中可以看出,由于电网电压与逆变器输出电压存在相位差,在同一时刻产生了电压差 ΔU,输电线的线路阻抗很小,采用常规的切换方式则会产生很大的冲击电流对微电网系统的稳定运行构成很大的威胁。

微电网系统与大电网通过 PCC 连接,并通过 PCC 的闭合实现微电网与大电网的切换。微电网系统中的并网与离网两种运行模式的切换则需要逻辑开关的闭合来实现。当大电网故障消失,达到并网条件时,逆变器会通过逻辑开关的动作由离网运行切换为并网运行模式,并通过 PCC 闭合实现再并网。切换时应确保切换过程的平滑性,不会造成系统振荡,切换过程采用软并网方式,对逆变器输出电压与大电网电压进行预同步,当两者的电压幅值差与相位差在允许范围时,进行并网操作,离网时采用改进的切换方法,如图 2.75 所示。

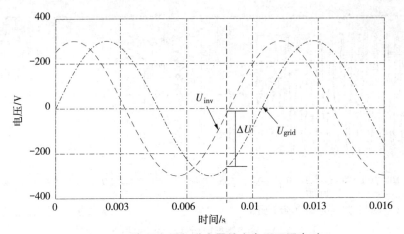

图 2.74 电网电压与逆变器输出电压不同步时

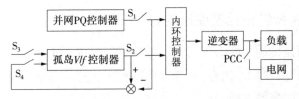

图 2.75 基于控制器状态跟随的平滑切换控制方法框图

并网运行时,由于采用 PQ 控制策略,只需将开关 S_1 闭合即可,但是为了确保并网切换为离网时减小对微网的影响,要求两个控制器具有一致的输出状态,此时就需要闭合开关 S_4,使 V/f 控制器的输出状态能跟上 PQ 控制器的输出状态;当输出状态调整到一致时,可切换为离网运行,此时只需将开关 S_2、S_3 闭合,选择 V/f 控制器,由于切换前 V/f 控制器跟随 PQ 控制器,输出状态一致,很好地减小了切换过程中的暂态振荡,保证了微网系统并网/离网切换的平滑。

主从结构的微电网系统在两种不同模式运行时,主逆变器采用的控制策略不同。为了实现切换过程的平滑性,保证微电网系统的稳定运行,切换控制条件应符合以下要求:

①当检测到离网效应发生后,应确保在 PCC 断开后,再进行并网控制向离网控制的切换。微电网离网运行时等效为一个电压源,如果此时 PCC 未断开,微电网系统与大电网处于并联状态,致使负载电流超限,对负载的稳定运行构成很大的威胁。

②微电网由离网运行切换为并网运行前,应确保其输出电压与大电网保持同步性,防止冲击电流的产生。

③微电网由并网运行切换为离网运行时,由于下垂特性,应确保逆变器输出电压与频率的偏差在允许范围内。

④微电网系统由离网切换至并网模式运行后,公共连接点 PCC 处于闭合状态,通过平稳电网电流来抑制电感处产生的尖峰电压。

2.3.3　风电微网平滑切换暂态分析

1）并网模式切换至离网模式的暂态分析

为确保微电网系统在并网与离网两种不同模式下的稳定运行,以及在两种模式间切换时,如果微电网系统输出的相位与大电网不同步,则逆变器输出电压与大电网电压间有电势差,线路阻抗很小,则会产生较大的瞬时冲击电流,影响了系统的稳定,严重时会破坏微网系统;为了避免冲击电流的产生,需要对大电网的相位信息进行实时监测。电网瞬时相位检测的结构框图如图 2.76 所示。

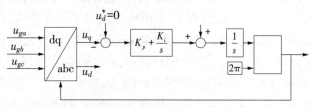

图 2.76　电网瞬时相位检测

图 2.76 中, u_{ga} 、 u_{gb} 、 u_{gc} 为电网电压, θ_g 、 θ 为锁相环得到的相位角与实际电网电压的相位角。为便于分析,假设电网电压三相平衡,可表示为:

$$\begin{bmatrix} u_{ga} \\ u_{gb} \\ u_{gc} \end{bmatrix} = U_m \begin{bmatrix} \cos\theta \\ \cos\left(\theta - \dfrac{2}{3}\pi\right) \\ \cos\left(\theta + \dfrac{2}{3}\pi\right) \end{bmatrix} \tag{2.67}$$

abc 三相静止坐标变换到两相旋转 dq 坐标系的坐标变换公式为:

$$\begin{bmatrix} u_d \\ u_q \end{bmatrix} = \begin{bmatrix} \cos\theta & \cos\left(\theta - \dfrac{2}{3}\pi\right) & \cos\left(\theta + \dfrac{2}{3}\pi\right) \\ -\sin\theta & -\sin\left(\theta - \dfrac{2}{3}\pi\right) & -\sin\left(\theta + \dfrac{2}{3}\pi\right) \end{bmatrix} \begin{bmatrix} u_{ga} \\ u_{gb} \\ u_{gc} \end{bmatrix} \tag{2.68}$$

可得:

$$\begin{cases} u_d = U_m\cos(\theta - \theta_g) \\ u_q = U_m\sin(\theta - \theta_g) \end{cases} \tag{2.69}$$

令 $\delta = \theta - \theta_g$,稳态时有 $\theta_g \approx \theta$,所以 δ 趋于 0,根据线性逼近原理,式(2.69)中 u_q 可处理为:

$$u_q = U_m\delta \tag{2.70}$$

如果将 u_q 的基准信号 u_q^* 设置为 0,这样 δ 被控制将趋近于 0,这样就会使得 θ_g 趋于 θ 。因此,将相位差通过 PI 调节器的作用,得到频率偏差,作为补偿频率。将频率偏差与初始状态的角频率 ω_0 相加,得到所追踪的电网电压的角频率 ω_g ,对其进行积分便可得到电网的瞬时相位 θ_g。

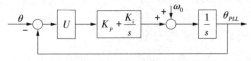

图 2.77　三相锁相环原理

由此可得线性化后的三相锁相环闭环原理如图 2.77 所示。

可见,系统为II型系统。通常情况下,给定值即电网真实相位 θ 为一个斜坡函数,按照自动控制原理,稳定的II系统对斜坡输入具有无静差跟踪能力。在参数整定上,有的文献按"二阶最优"来设计参数,以获得良好的动态特性,能非常好地捕捉相位跃变,在某些测量上是十分必要的。另外,电压幅值 U 在锁相环中相当于一个放大系数,影响环路性能,因此有的文献采用自适应 PI 或者对输入电压信号进行标么化。电网故障时,电网电压中将含有负序分量,锁相环锁定正序分量将会有二倍频扰动,有文献在环路中加入陷波器来滤除扰动,陷波器传递函数其幅频特性是凹陷的,通常不影响系统的稳定性,而且其只对阻断频率附近的系统频率响应特性有影响,一般不影响系统动态性能。

$$H_{(s)} = \frac{s^2 + \omega_g^2}{s^2 + \left(\dfrac{\omega_g}{Q}\right) s + \omega_g} \tag{2.71}$$

三相锁相环的开环传递函数如式(2.72)所示:

$$F_0(s) = \frac{U(K_p s + K_i)}{s^2} = U K_i \frac{\tau_i s + 1}{s^2} \tag{2.72}$$

为了抑制谐波、尖峰等干扰,要求闭环系统有低通特性,相当于一个低通滤波器。在单位负反馈系统中,意味着开环传递函数在高频段有低增益。此外,为了确保闭环系统的稳定性,需要适合的相位裕度,开环 Bode 图中选取以-20 dB/10 倍频过零,并在过零点两侧留大约 5 倍的频宽。实际系统中 $U = 380$,运用频率法设计锁相环系统,取 $K_p = 2/3$,$K_i = 2$,最终锁相环系统的开环波特图如图 2.78 所示。

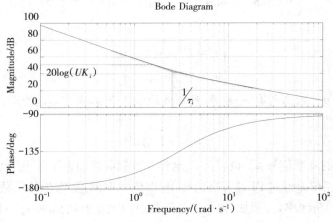

图 2.78　锁相环系统的开环 Bode 图

当大电网发生故障或者计划停电时,微电网需要脱离大电网运行于离网模式,其从并网模式切换到离网模式的过程中,虽然突然失去了大电网的电压和频率的支撑,但是应保证微电网系统电压和频率的稳定性。因此,为了确保离网时微电网系统电压和频率的稳定性,应对离网瞬间的相位进行锁定,保证其连续、稳定性。

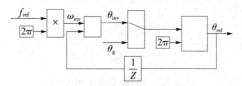

图 2.79　脱网相位锁定框图

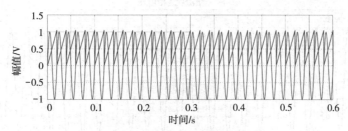

图 2.80　并网转离网时锁相角波形

在微电网处于并网稳定运行时,相位选择开关 S 向下闭合,其输出的相位 θ_{ref} 也就是大电网的相位 θ_g;当微电网系统处于离网稳定运行时,相位选择开关 S 向上闭合,此时输出的相位 θ_{ref} 选择为微电网输出相位 θ_{inv}。 分析结构图可知,微电网离网切换指令发出的瞬间,相位选择开关 S 动作,但此时输出相位 θ_{ref} 仍然是大电网输出的相位,即离网瞬间锁定了大电网的相位,并通过一个反馈调节作用一直保持该输出相位的稳定,从而做到了离网切换瞬间的电压频率仍保持稳定,此时微电网输出电压的波形将不会出现跳变。

在 MATLAB/SIMULINK 仿真环境下,搭建系统的仿真模型如图 2.81 所示。设定在 $t = 0.2\,\text{s}$ 时,系统由并网运行模式切换到离网运行模式,仿真所得逆变器输出 A 相电流电压及电容电压的 dq 轴分量波形分别如图 2.82、图 2.83 和图 2.84 所示。

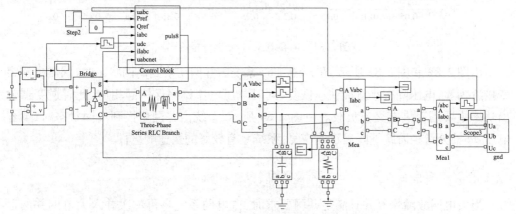

图 2.81　并网/离网切换控制仿真模型

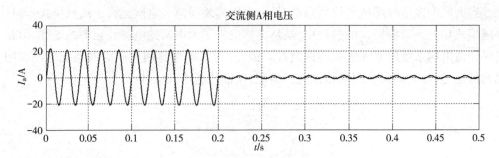

图 2.82　网侧 A 相电流波形

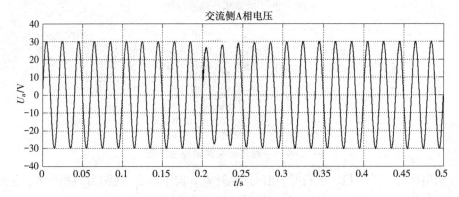

图 2.83　网侧 A 相电压波形

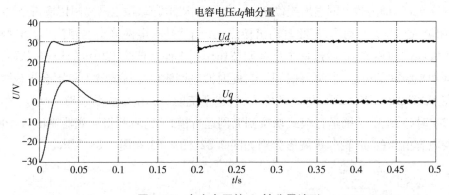

图 2.84　电容电压的 dq 轴分量波形

由图 2.82 和图 2.83 所示,在 $t=0.2\ \text{s}$ 时,系统由并网切换到离网状态时,网侧电流突变接近为零,电压降较小且能快速恢复,同时电压电流始终保持同相位,此时逆变器输出功率主要用于供电交流负载。由图 2.84 所示,系统由并网切换到离网状态时,电容电压 dq 轴分量经阶跃下降后迅速恢复,系统具有较好的快速响应性。

2)离网模式切换至并网模式的暂态分析

当大电网故障恢复并且满足并网要求时,微电网系统将再一次并入大电网并网运行。由微电网离网运行时的下垂特性,其电压、频率存在稳态误差,所以并网瞬间的电压与大电网会产生电势差,线路阻抗很小,所以产生较大的冲击电流会影响微电网系统的稳定性;严重时能造成微电网系统瘫痪。因此,在并网前应对大电网的电压进行跟踪,选取大电网的电压作为逆变器的电压参考值,通过调节器使其逐渐靠近大电网电压。离网运行时,微电网系统输出的电压相位与大电网的电压相位不具有同步性,所以即使微电网系统输出的电压幅值与大电网电压幅值相同,其仍会产生一定的电势差,产生冲击电流。为消除冲击电流,并网前应对大电网的电压相位进行追踪,保证微电网输出电压与大电网电压同步后再进行并网切换,图 2.85 给出了相位与同步的结构框图。

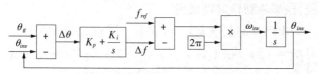

图 2.85　相位预同步控制框图

逆变器输出电压在 q 轴的分量为:

$$U_{qinv} = U_{grid}\sin(\theta_{ref} - \theta_g) = U_{grid}\sin\Delta\theta \tag{2.73}$$

式中, U_{qinv} 为逆变器输出电压的 q 轴分量, θ_{ref}、θ_g 分别为逆变器输出相角与大电网电压相角。微电网电压追踪大电网电压的过程如图所示, $d\text{-}p$ 旋转坐标系以大电网电压角频率 ω_g 旋转。相位追踪过程就是通过使得调整微电网输出电压的角频率 ω_{inv},使得微电网电压相位不断地趋于大电网输出电压的相位 θ_g。 当 U_{qinv} 等于零时,两者实现同步,由上式微电网输出电压在 q 轴上的分量与相位差 $\Delta\theta$ 的关系知,当 $U_{qinv} = 0$ 时, $\Delta\theta = 0$;可通过控制相位差 $\Delta\theta$ 使其不断趋于零来实现两者的相位同步。

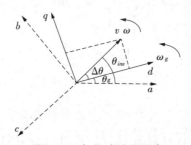

图 2.86　相位追踪预同步

通过求取逆变器输出电压与大电网电压间的相位差 $\Delta\theta$,经过 PI 调节器后,获得补偿频率 Δf。 额定频率 f_{ref} 与补偿频率 Δf 做差,其值作为主逆变器的电压参考频率,此调节过程属于负反馈调节过程,不断改变逆变器输出相位角 θ_{ref},从而使相位差 $\Delta\theta$ 趋于零,完成了主逆变器相位与大电网相位同步的过程,实际过程中需设定一个范围,当相位差在此范围时,便认为预同步完成,即可实现并网。

为保证微电网并网过程的稳定性,现对并网相位预同步控制的稳定性进行分析。

通过差分法对其进行离散化,在 Z 域内构造朱利方程来判断系统稳定性。其中,$z^{-1}f_{ref}$ 为上一周期大电网电压频率值,将其作用于主逆变器输出电压频率,得到关系为:

$$\omega_{inv}(z) = 2\pi(z^{-1}f_{ref} + \Delta f[\Delta\theta(z)]) \tag{2.74}$$

通过 Z 变换,得到相位预同步的闭环传递函数为

$$\theta_{inv} = \frac{2\pi(k_p + k_i)z^2 - 2\pi f k_p z}{D(z)}\theta_g - \frac{2\pi(z-1)}{D(z)}f_{ref} \tag{2.75}$$

其特征方程为

$$D(z) = [2\pi(k_p + k_i) - 1]z^2 + (2 - 2\pi k_p)z - 1 \tag{2.76}$$

构造朱利方程,根据朱利稳定判据得

$$\begin{cases} D(1) = 2\pi(k_p + k_i) - 1 + (2 - 2\pi k_p) - 1 > 0 \\ D(-1) = 2\pi(k_p + k_i) - 1 - (2 - 2\pi k_p) - 1 > 0 \\ |-1| < 2\pi(k_p + k_i) - 1 \end{cases} \tag{2.77}$$

由自控原理知,线性离散控制系统稳定的充要条件是:闭环系统离散特征方程的所有特征根的模均小于1,即闭环脉冲传递函数的极点均位于 Z 平面的单位圆内,故:

$$\begin{cases} -2 < \dfrac{2 - 2\pi k_p}{2\pi(k_p + k_i) - 1} < 2 \\ -1 < \dfrac{-1}{2\pi(k_p + k_i) - 1} < 1 \end{cases} \tag{2.78}$$

综合式(2.74)和式(2.75)可得并网相位预同步的稳定条件为

$$\begin{cases} 0 < k_p < \dfrac{2}{\pi} \\ k_i > 0 \\ k_p + k_i > \dfrac{1}{\pi} \end{cases} \tag{2.79}$$

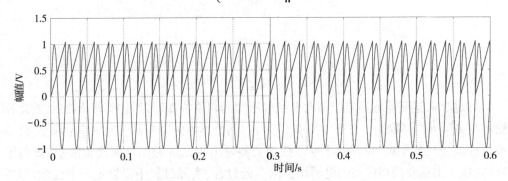

图 2.87 离网转并网时锁相角波形

图 2.87 为并网时相位同步跟踪时锁相角的波形图,从图中可以看出其能准确跟踪大电网电压的过零信息,实现了与大电网的同步。

3) 仿真分析

　　将微电网稳态运行模型与暂态运行模型相结合,构建了一个完整的微电网平滑切换的仿真模型,并验证了该仿真模型在稳态运行时,即并网运行、离网运行时投切负荷时的稳定性;暂态运行时,并网切换、离网切换微电网仿真,结合仿真结果,验证所选取控制策略能满足微电网系统各运行状态的要求。

　　微电网系统主从结构如图 2.88 所示,微电网系统中含有光伏、风力发电以及储能等多种分布式电源,选取储能装置作为直流逆变源,主要是其能提供稳定的功率以及频率,作为参考;风力发电和光伏发电存在不确定性,受外界的环境影响很大,微电网系统离网运行时,失去了大电网的电压与频率的支撑作用,为保证系统继续稳定运行,保证本地负荷不受影响,采用改进的 V/f 下垂控制。由上述章节分析知,稳定的功率可以提供稳定的频率,光伏以及风力发电所提供的功率是随外界环境变化而变化的,需对功率进行跟踪,确保其工作在最大功率时;这样不仅增加了工作量,而且效果难以得到保证。选取储能装置作为主逆变器,储能装置由蓄电池和超级电容构成,由于蓄电池的持续性以及超级电容的快速性,在负载发生突变时,超级电容能迅速作出反应,蓄电池提供长久稳定的电能,这样通过逆变器输出的电能质量稳定,主逆变器为各从逆变器提供频率和电压支撑。各 DG 经过逆变器逆变后,采用公共连接点(Point of Common Coupling, PCC)的方式接入大电网。PCC 处的静态开关可以有效保证当电网故障时,微电网内重要负荷正常工作。采用这样的结构可以有效地减小 DG 的负担,直接获取电网电流,同时在微网负载不稳定时提高了系统的稳定性。

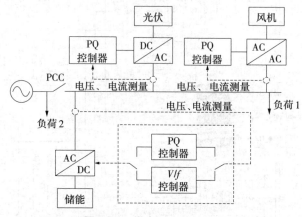

图 2.88　微电网主从结构图

　　由于微电网系统从逆变器的数量对微电网平滑切换控制过程不产生作用,且其始终运行在恒功率 PQ 控制模式下,因此本书的仿真模型采用两台 DG 来模拟主从结构微电网的平滑切换控制,如图 2.89 所示。DG$_1$ 为主控源,DG$_2$ 为从电源,仿真过程中其均由两个恒定直流电压源替代,负荷 1 为重要负荷,负荷 2 为可投切的普通负荷,在微电

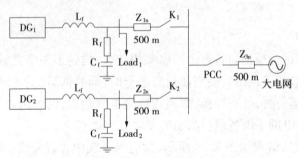

图 2.89　主从结构微电网仿真模型

网离网模式下功率输出不够的情况下可从系统中切除以保证系统稳定运行。

　　本书的研究重点在于微电网系统的切换过程,所以不对各 DG 的特性进行分析,用直流电压源来模拟各 DG,选用两个直流源来模拟主从结构微电网的切换过程。

　　选取 DGm 为主控源,DGs 为从控源,设置两个负荷,其中负荷 1 为重要负荷,要确保其无论是离网还是并网运行的稳定性;负荷 2 为中断负荷,根据情况选择是否切离,主要验证在负荷变化时,微电网系统运行的稳定性。用 MATLAB/Simulink 搭建微电网系统模型如图 2.90 所示。

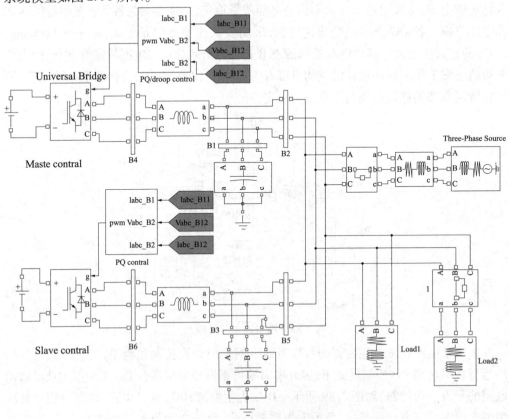

图 2.90　主从控制结构仿真结构

表 2.9　主从控制微电网仿真参数

模块	仿真参数
大电网	三相交流电压 380 V,频率 50 Hz,
逆变器	直流侧电压 600 V,开关频率 10 kHz
LC 滤波器	滤波电感 3.5 mH,滤波电容 55 μF
负载	负载 1 有功功率 P＝40 kW,无功功率 Q＝0 Var 负载 2 有功功率 P＝10 kW,无功功率 Q＝0 Var

　　为了验证控制策略的正确性,分别对微电网两种状态下的运行进行分析,稳态过程:微电网并网运行、微电网离网运行;暂态过程:微电网由并网运行切换为离网运行模式、微电网由离网运行并入大电网并网运行,以及在此过程中可中断负荷的突变状态下的仿真验证,并分别给出其仿真结果。

　　并网运行时,微电网系统的电压、频率由大电网提供,主从控制器均采用 PQ 控制策略,通过切换本地负载来验证微电网并网时系统的稳定性以及抗扰动能力。

表 2.10　并网运行的仿真条件

并网模式	0～0.2 s	0.2～0.4 s	0.4～0.6 s
主逆变器输出功率/kW	15	15	15
负荷 1 消耗功率/kW	40	40	40
负荷 2 消耗功率/kW	0	10	10
从逆变器输出功率/kW	30	30	20

　　仿真条件设置,整个并网过程确保负荷 1 的正常运行,0.2 s 时负荷 2 切入系统,0.4 s 时从逆变器输出功率减小,以此来模拟 DG 输出功率波动,以及负载波动的情况,如图 2.91 所示。

　　从仿真结果中可以看出,0.2 s 前主逆变器和从逆变器输出功率稳定,但所提供的功率满足不仅满足了本地负荷 1 的稳定运行,还有多余的功率,输送给了大电网,可以看出在此阶段大电网输出电压为－5 kW,即表示微电网系统向大电网输入了 5 kW 的能量;0.2～0.4 s 阶段,由于负荷 2 在 0.2 s 的突然加入,此时本地负荷的总消耗功率为 50 kW,而微电网系统所提供的功率为 45 kW。为了保证本地负荷的稳定运行,大电网向其输入了 5 kW 的功率,从大电网的功率波形图可以看出,此阶段大电网输出了 5 kW 的电能;0.4～0.6 s 阶段,本地负荷依然满负荷运行,保持 50 kW 不变,而从逆变器突然在 0.4 s 时,输出功率跌落到了 20 kW。为了保证本地负荷的稳定运行,大电网向其输入所缺失 15 kW 的能量,此时从图中可以看出大电网输出功率为 15 kW。微电网并网运

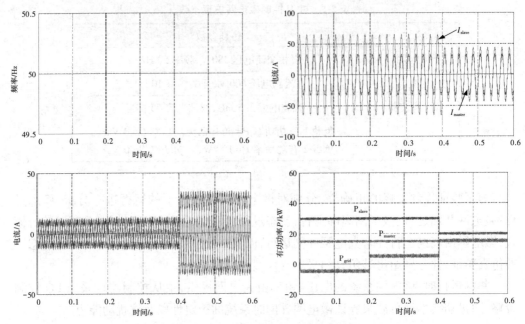

图 2.91　系统并网运行时的仿真结果

行时的仿真过程,包含了负载突变,以及逆变器输出功率突变的情况,从仿真结果和分析中可以看出,整个微电网系统运行稳定,负载稳定正常运行。

微电网系统离网运行时,微电网系统脱离了大电网,失去了大电网对其电压和频率的支撑,为了确保微电网系统稳定运行,主逆变器采用改进的 V/f 下垂控制,其作用类似于大电网,为从逆变器提供电压和频率支撑,因此从逆变器依然采用 PQ 控制。

表 2.11　离网运行时仿真条件

离网模式	0~0.2 s	0.2~0.4 s	0.4~0.6 s
负荷 1/kW	40	40	40
负荷 2/kW	10	0	0
主逆变器输出功率/kW	20	10	−10
从逆变器输出功率/kW	30	30	50

0~0.2 s 阶段,本地负荷都加入,提供一个对比条件,从图中可以看出主、从逆变器输出功率在此阶段稳定,负荷运行正常;0.2~0.4 s 阶段,负荷 2 在 0.2 s 切离,从图中可以看出,主逆变器做出反应,从逆变器继续输出 30 kW 的功率,在此阶段主、从逆变器以及负荷 1 的功率波形图稳定,无明显波动;0.4~0.6 s 阶段,本地负荷保持不变,而从逆变器的输出功率增加至 50 kW,从逆变器所提供的功率不仅能满足本地负荷的正常运行而且还超出了负荷的额定负载,这样就会多出 10 kW,主逆变类似于大电网一样,

吸收了这 10 kW 的功率,从图中可以看出此阶段各系统能稳定正常地运行。

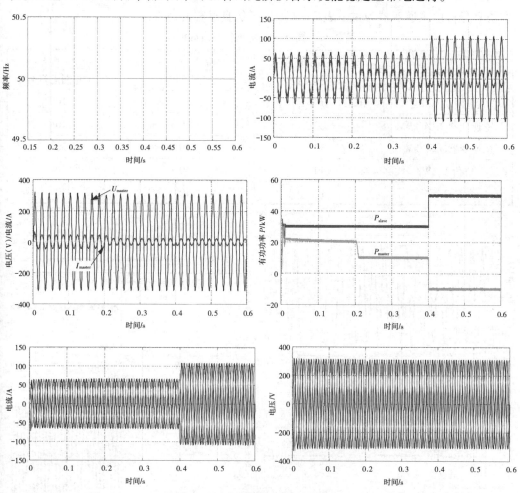

图 2.92　负荷变化时的仿真结果

微电网离网运行的仿真过程,不仅包含了负荷的突变过程,而且加入了微源的突变过程。0.4~0.6 s 阶段,从逆变器输出功率突变,可以理解为此时有一个新的微源加入微电网系统,而主逆变器承担着类似于大电网的作用,吸收了这些多余的电能;系统依然能够稳定地运行,主逆变器输出的电压电流波形如图 2.92 所示,从中可以看出无论是本地负荷的突变,还是新微源的突然加入,主逆变器运行依然稳定。

微电网的暂态过程即并网到离网切换的瞬间以及微电网系统脱离大电网的瞬间,不管是离网过程还是并网过程,都要确保能平滑过渡,不对本地负荷以及大电网系统造成影响,下面就对并网和离网的过程展开分析。

微电网并网指的是微电网从离网模式切入大电网并网运行;分析过程知,并网过程从逆变器的控制方式不变,仍然选用 PQ 控制策略;主逆变器由离网运行时的改进的

V/f 控制策略切换为 PQ 控制策略,由此过程可知,主要的变换是主逆变器的控制策略,本仿真分析以主逆变器为主。表 2.12 给出了仿真过程的条件。

表 2.12　离网转并网过程的仿真条件

离网转并网	0 ~ 0.2 s（离网运行）	0.2 ~ 0.3 s（并网预同步）	0.3 ~ 0.4 s（并网运行）
大电网功率/kW	0	0	10
主逆变器功率/kW	20	20	10
从逆变器功率/kW	30	30	30
负荷 1/kW	40	40	40
负荷 2/kW	10	10	10

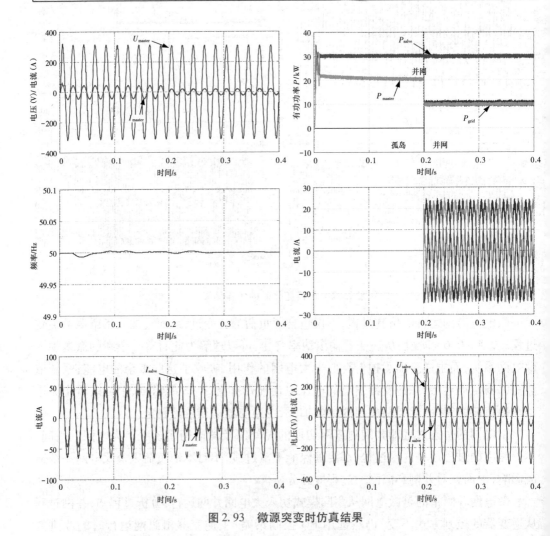

图 2.93　微源突变时仿真结果

从图 2.93 中可以看出,离网运行时,主逆变器和从逆变器输出功率平稳,本地负荷为 50 kW,从逆变器提供 30 kW,主逆变器承担剩余的 20 kW;0.2 s 时并网指令发出,0.2~0.3 s 并网预同步,0.3 s 后并网完成。

从图中可以看出由并网指令发出后,微电网系统的相位追踪至与大电网相位同步的过程,在 0.3 s 时追踪完成,通过 PCC 的闭合实现并网过程,并且主逆变器的控制转为 PQ 控制,由于大电网的存在,主逆变器输出功率降为 10 kW,从逆变器保持 30 kW 运行,大电网为微电网系统的本地负荷提供剩余的 10 kW 的功率,从图中可以看到大电网电流的输出波形,以及主逆变器输出的电压、电流波形。稳态以及暂态过程中,主逆变器的电压、电流无异常波动,冲击较小,并网时微电网频率有一个冲击过程,然后降落至与大电网一致的频率。根据 GB/T 15945—2008《电能质量电力系统频率偏差》规定,电网频率偏差允许值。

微电网系统离网过程,是指微电网系统先与大电网并网运行,后脱离大电网独立自主运行的过程。此过程中,由于脱离大电网独立运行,主逆变器并网时采用的 PQ 控制失去了大电网提供的电压和频率的支撑,改为改进的 V/f 下垂控制。主逆变器类似于大电网,起到了为微电网系统提供支撑电压和频率的作用,则此时从逆变器的控制策略不需要改变,仍然采用 PQ 控制策略;由表 2.13 给出仿真条件。

表 2.13 并网运行转离网运行仿真条件

并网转离网	0~0.2 s（并网运行）	0.2~0.4 s（离网运行）
大电网功率/kW	10	0
主逆变器功率/kW	10	20
从逆变器功率/kW	30	30
负荷1/kW	40	40
负荷2/kW	10	10

离网过程分析,0~0.2 s 阶段,微电网系统并网运行,本地负荷功率由大电网、主逆变器和从逆变器提供,确保本地负荷的稳定运行。0.2 s 时,切除大电网,瞬时完成了切换,0.2 s 后微电网运行于离网模式,由于脱离了大电网,失去了大电网所提供的功率部分。为了确保本地负荷的稳定运行,其功率缺额由主逆变器提供,从图 2.94 中可以看出,在 0.2 s 发生切换时,频率出现跌落,但能迅速稳定,偏差为允许范围,主逆变器输出的电压电流波形稳定,实现了并网到离网过程的平滑切换。

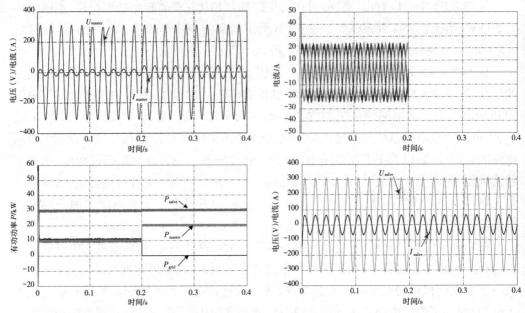

图 2.94 切换仿真结果

第 3 章　风电微网分布式电源

3.1　直驱永磁风力发电机

永磁同步发电机转子上没有励磁绕组,由永磁铁励磁,所以不存在励磁绕组损耗。直驱风电系统的风力机与发电机转子直接连接,省去了容易出故障的齿轮箱,二者转速相等,所以发电机输出的电压和频率随风速的变化而变化。

3.1.1　风速模型

风速具有随机性和间歇性,为了更好地研究风能,就需要根据风速的特点建立可靠的风速模型。目前,国内外较为常用的风速模型是四分量风速模型,即包括基本风 v_{wb}、阵风 v_{wg}、渐变风 v_{wr} 和随机风 v_{wn},具体风速模型如下[152-154]:

$$v = v_{wb} + v_{wg} + v_{wr} + v_{wn} \tag{3.1}$$

1)基本风 v_{wb}

基本风是由风电场的实测数据,然后根据其威布尔分布参数近似确定,用于反映风电场平均风速的变化,为一常量。

2)阵风 v_{wg}

阵风,顾名思义,指某一阵的风,反映的是某一时刻风速突变的特性,根据阵风的变化特性,其数学模型可描述如下:

$$v_{wg} = \begin{cases} 0 & (t < t_g) \\ \dfrac{v_{wg\,\max}}{2}\left[1 - \cos 2\pi\left(\dfrac{t - t_{g1}}{T_g}\right)\right] & (t_g \le t < t_{g1} + t_g) \\ 0 & (t \ge t_{g1} + t_g) \end{cases} \tag{3.2}$$

式中，$v_{wg\,max}$ 为阵风的最大值，t_{g1} 为阵风起动时刻，t_g 为阵风作用周期。

3）渐变风 v_{wr}

根据渐变风的变化特性，其数学模型可描述如下：

$$v_{wr} = \begin{cases} 0 & (t < t_{r1}) \\ v_{wr\,max}\left(1 - \dfrac{t - t_{r2}}{t_{r2} - t_{r1}}\right) & (t_{r1} \leqslant t < t_{r2}) \\ v_{wr\,max} & (t \geqslant t_{r2}) \end{cases} \tag{3.3}$$

式中，$v_{wr\,max}$ 为渐变风的最大值，t_{r1} 为渐变风起始时刻，t_{r2} 为渐变风终止时刻。

4）随机风 v_{wn}

随机风主要反映风的随机性和不确定性，其数学模型如下：

$$v_{wn} = v_{wn\,max}Ram(-1,1)\cos(\omega_i t + \varphi_j) \tag{3.4}$$

式中，$v_{wn\,max}$ 是随机风分量的最大值，$Ram(-1,1)$ 是−1 和 1 之间的均匀分布的随机函数，ω_i 为随机风波动的平均间距（一般取 $0.5\pi \sim 2\pi$ rad/s），φ_j 为 $0 \sim 2\pi$ 间均匀分布的随机变量。

3.1.2 风力机数学模型

风力机是由叶片、轮毂、传动轴等装置把风能转化为机械能，再由机械能带动发电机转动的元件。风力机将风能转化成机械能是一个涉及空气动力学、流体力学的过程。为了便于建立风力机的模型，一般需采用简化的模型对风力机进行建模描述[155,156]。

根据贝兹理论，风力机产生的机械转矩 T_m：

$$T_m = 0.5\rho\pi R^3 v^2 C_p(\beta,\lambda)/\lambda \tag{3.5}$$

风力机从风中吸收的功率为：

$$P_m = T_m\omega_m = \frac{1}{2}\rho\pi R^2 C_p(\beta,\lambda)v^3 \tag{3.6}$$

式中，ρ 为空气密度（kg/m³）；R 为风轮半径（m）；v 表示风速（m/s）；β 是桨距角；λ 是叶尖速比；C_p 为风能利用系数；ω_m 为风轮角速度（rad/s）。

其中，叶尖速比 λ 是指叶片的叶尖线速度与风速之比：

$$\lambda = \frac{\omega_m R}{v} \tag{3.7}$$

而风能利用系数 C_p 反映风力机吸收利用风能的效率，与 λ 和 β 相关。其数学表达式为：

$$C_p = f(\lambda, \beta) = c_1(c_2/\gamma - c_3\beta - c_4)e^{-c_5/\gamma} + c_6\lambda$$

$$\gamma = 1 \Big/ \left(\frac{1}{\lambda + 0.08\beta} - \frac{0.035}{\beta^3 + 1} \right) \tag{3.8}$$

$$c_1 = 0.5176, c_2 = 116, c_3 = 0.4, c_4 = 5, c_1 = 21, c_1 = 0.0068,$$

3.1.3 机械传动系统数学模型

由于 D-PMSG 不含齿轮箱,其传动轴仅由风轮、低速轴和发电机转子 3 个部分组成。在描述 D-PMSG 的机械传动系统模型时,可以把齿轮箱简化为刚性齿轮,将传动轴的惯量等效到发电机转子中,所以机械传动系统的运动方程可以采用一阶惯性环节来描述[157]。

$$\frac{\mathrm{d}\omega_m}{\mathrm{d}t} = \frac{T_e - T_m - B_m\omega_g}{J_{eq}} \tag{3.9}$$

式中,T_e 为电磁转矩,B_m 为转动黏滞系数,J_{eq} 为等效转动惯量,ω_g 为发电机转子的转速。风力机传动轴的转速 ω_m 等于发电机转子的转速 ω_g。

3.1.4 永磁同步发电机数学模型

由于永磁同步发电机采用永磁体励磁,省去了励磁绕组和容易出问题的集电环和电刷,结构较为简单,运行更为可靠。采用稀土永磁后可增大气隙密度,并且能把电机的转速提高到最佳值,从而显著缩小电机体积,提高功率质量比,由于省去了励磁损耗,电机效率得到提高[158]。永磁同步发电机与一般的同步发电机的定子部分相似。定子的电压矢量、电流矢量和磁链矢量之间是高阶、强耦合、非线性的关系。永磁体自身产生磁链,但它本身没有电流,在理想状况下,认为它没有电阻,因此永磁体转子的自感系数和电压方程就可以忽略不计[159]。

由于永磁同步发电机的铁芯饱和以及附加气隙的磁滞损耗,合成的漏磁导和漏磁系数为变量,因此发电机运行时,各矢量的分析比较复杂。在分析直驱的模型时,需作以下基本假设:

①假设三相绕组对称,磁动势沿气隙周围按正弦分布;

②发电机的反电动势是正弦波;

③忽略磁路饱和,不考虑磁滞效应和涡流损耗。

1) ABC 三相静止坐标系下 D-PMSG 的数学模型

永磁同步发电机的三相定子绕组间的轴线互差 120° 电角度,转子绕组逆时针旋转[160]。三相绕组的空间分布如图 3.1 所示。

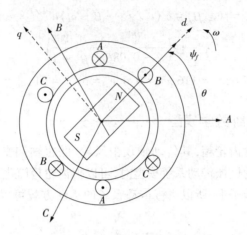

图 3.1   三相绕组分布图

（1）转子磁链方程

$$\begin{bmatrix} \psi_A \\ \psi_B \\ \psi_C \end{bmatrix} = \psi_f \begin{bmatrix} \cos\theta \\ \cos\left(\theta - \dfrac{2}{3}\pi\right) \\ \cos\left(\theta + \dfrac{2}{3}\pi\right) \end{bmatrix} \tag{3.10}$$

式中，ψ_f 为永磁体磁链（Wb），是常数。

（2）定子电压方程

$$\begin{bmatrix} u_A \\ u_B \\ u_C \end{bmatrix} = \begin{bmatrix} R & 0 & 0 \\ 0 & R & 0 \\ 0 & 0 & R \end{bmatrix} \begin{bmatrix} i_A \\ i_B \\ i_C \end{bmatrix} + p \begin{bmatrix} L_A & L_{AB} & L_{AC} \\ L_{BA} & L_B & L_{BC} \\ L_{CA} & L_{BC} & L_C \end{bmatrix} \begin{bmatrix} i_A \\ i_B \\ i_C \end{bmatrix} + p \begin{bmatrix} \psi_A \\ \psi_B \\ \psi_C \end{bmatrix} \tag{3.11}$$

由于永磁发电机的三相绕组是对称的，三个绕组的电感相等，即 $L_A = L_B = L_C = L$，绕组间的电感 $L_{AB} = L_{BC} = L_{CA} = -L/2$，由基尔霍夫电流定律：$i_a + i_b + i_c = 0$，可得：

$$\begin{bmatrix} u_A \\ u_B \\ u_C \end{bmatrix} = \begin{bmatrix} R + \dfrac{3}{2}pL & 0 & 0 \\ 0 & R + \dfrac{3}{2}pL & 0 \\ 0 & 0 & R + \dfrac{3}{2}pL \end{bmatrix} \begin{bmatrix} i_A \\ i_B \\ i_C \end{bmatrix} - \omega_e \psi_f \begin{bmatrix} \sin\theta \\ \sin\left(\theta - \dfrac{2}{3}\pi\right) \\ \sin\left(\theta + \dfrac{2}{3}\pi\right) \end{bmatrix} \tag{3.12}$$

2）dq 同步旋转坐标系下 D-PMSG 的数学模型

一般设永磁体的转子极中心线为 d 轴，超前 d 轴 90°并且沿着转子旋转的为 q 轴，d、q 随着转子同步旋转。如前面的坐标变换公式，进行坐标变换，先将 *ABC* 坐标变换到

αβ0 坐标系,再将 αβ0 坐标变换到 dq0 坐标系。进行坐标变化时,要保持 A 轴与 α 轴一致,永磁发电机的定子电压、电流方程如下:

$$
\begin{bmatrix} u_d \\ u_q \\ u_o \end{bmatrix} = \sqrt{\frac{2}{3}} \begin{bmatrix} \cos\theta & \cos\left(\theta - \frac{2}{3}\pi\right) & \cos\left(\theta + \frac{2}{3}\pi\right) \\ -\sin\theta & -\sin\left(\theta - \frac{2}{3}\pi\right) & -\sin\left(\theta + \frac{2}{3}\pi\right) \\ \sqrt{\frac{1}{2}} & \sqrt{\frac{1}{2}} & \sqrt{\frac{1}{2}} \end{bmatrix} \begin{bmatrix} u_A \\ u_B \\ u_C \end{bmatrix} \tag{3.13}
$$

$$
\begin{bmatrix} i_A \\ i_B \\ i_C \end{bmatrix} = \sqrt{\frac{2}{3}} \begin{bmatrix} \cos\theta & -\sin\theta & \sqrt{\frac{1}{2}} \\ \cos\left(\theta - \frac{2}{3}\pi\right) & -\sin\left(\theta - \frac{2}{3}\pi\right) & \sqrt{\frac{1}{2}} \\ \cos\left(\theta + \frac{2}{3}\pi\right) & -\sin\left(\theta + \frac{2}{3}\pi\right) & \sqrt{\frac{1}{2}} \end{bmatrix} \begin{bmatrix} i_d \\ i_q \\ i_o \end{bmatrix} \tag{3.14}
$$

由于坐标变换为等功率变换,变换后的两相绕组的匝数为三相绕组的 $\frac{\sqrt{3}}{2}$ 倍,整理可得:

$$
\begin{cases} U_d = Ri_d + L_d \dfrac{\mathrm{d}i_d}{\mathrm{d}t} - \omega_e L_q i_q \\ U_q = Ri_q + L_q \dfrac{\mathrm{d}i_q}{\mathrm{d}t} + \omega_e L_q i_d + \omega_e \psi_f \end{cases} \tag{3.15}
$$

式中,U_d、U_q 分别为电压 d、q 轴分量,i_d、i_q 分别为电流 d、q 轴分量,L_d、L_q 分别为 d、q 轴等效电感,R 为定子电阻,ω_e 为电角速度,定子磁链方程如下:

$$
\begin{cases} \psi_d = L_d i_d + \omega_f \\ \psi_q = L_q i_q \end{cases} \tag{3.16}
$$

电磁转矩方程为:

$$
T_e = \frac{3}{2} n_p \left[(L_d - L_p) i_d i_q + \psi_f i_q \right] \tag{3.17}
$$

式中,n_p 为极对数。

令 d 轴和 q 轴电感分量 $L_d = L_q$,电磁转矩方式简化为:

$$
T_e = \frac{3}{2} n_p \psi_f i_q \tag{3.18}
$$

由式(3.19)可以看出,如果 d 轴电流 i_d 为 0,由于 i_q 与电磁转矩 T_e 成正比,可以通过调节 i_q 来调节电磁转矩,进而可以调节转速。

3.1.5 机侧变流器数学模型

直驱永磁风力发电机的变流器采用双 PWM 全功率变流器,先把工频交流电通过整流器转换成直流电源,然后把直流电源转换成电压幅值、频率与电网相等的交流电。全功率变流器系统主要由整流器、直流母线、逆变器及控制系统等部分组成,分为机侧变流部分和网侧变流部分。其中,机侧变流器主要实现最大风能的捕获以及无功调节,而网侧变流器主要实现有功、无功功率的解耦控制以及保证直流电压的稳定[161]。

根据拓扑结构的不同,机侧变流器分为被动整流器和主动整流器。被动整流器是不可控整流加升压斩波电路,主动整流器是三相电压型逆变器电路。被动整流器在控制上无法调节电磁转矩磁链的解耦,并且发电机定子电流的低次谐波含量大。三相电压型整流器取代了不可控整流升压斩波单元,降低了系统的复杂性,并且可以调节发电机的转速[162],因此采用三相电压型整流器,如图 3.2 所示。

列写方程如下:

$$
\begin{cases}
L \dfrac{\mathrm{d}i_a}{\mathrm{d}t} + Ri_a = u_a - (S_a u_{dc} + u_{no}) \\[2mm]
L \dfrac{\mathrm{d}i_b}{\mathrm{d}t} + Ri_b = u_b - (S_b u_{dc} + u_{no}) \\[2mm]
L \dfrac{\mathrm{d}i_c}{\mathrm{d}t} + Ri_c = u_c - (S_c u_{dc} + u_{no})
\end{cases}
\tag{3.19}
$$

式中,u_a、u_b、u_c、i_a、i_b、i_c 分别是三相交流相电压和相电流;U_{dc} 为直流电压,R 为各相的串联电阻,i_L 为负载等效电阻,$S_x(a,b,c)$ 为三相桥臂开关函数,$S_x = 0$ 表示上桥臂关断,下桥臂导通,$S_x = 1$ 表示上桥臂导通,下桥臂关断。

中性点电压为:

$$
u_{no} = -\frac{1}{3} u_{dc}(S_a + S_b + S_c)
\tag{3.20}
$$

把式(3.21)代入公式(3.20),可得

$$
\begin{cases}
L \dfrac{\mathrm{d}i_a}{\mathrm{d}t} + Ri_a = u_a - \left(S_a - \dfrac{S_a + S_b + S_c}{3}\right) u_{dc} \\[2mm]
L \dfrac{\mathrm{d}i_b}{\mathrm{d}t} + Ri_b = u_b - \left(S_b - \dfrac{S_a + S_b + S_c}{3}\right) u_{dc} \\[2mm]
L \dfrac{\mathrm{d}i_c}{\mathrm{d}t} + Ri_c = u_c - \left(S_c - \dfrac{S_a + S_b + S_c}{3}\right) u_{dc}
\end{cases}
\tag{3.21}
$$

所以

$$
C \frac{\mathrm{d}u_{dc}}{\mathrm{d}t} = (S_a i_a + S_b i_b + S_c i_c) - i_L
\tag{3.22}
$$

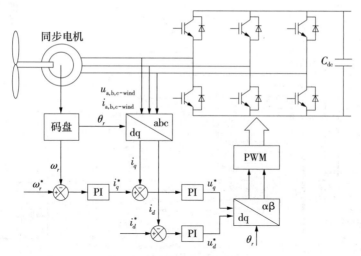

图3.2　机侧整流器控制框图

矩阵表示为：

$$
\begin{bmatrix} \dfrac{\mathrm{d}i_a}{\mathrm{d}t} \\[2mm] \dfrac{\mathrm{d}i_b}{\mathrm{d}t} \\[2mm] \dfrac{\mathrm{d}i_c}{\mathrm{d}t} \end{bmatrix} = -\frac{R}{L}\begin{bmatrix} i_a \\ i_b \\ i_c \end{bmatrix} - \frac{u_{dc}}{L}\begin{bmatrix} \dfrac{2}{3} & -\dfrac{1}{3} & -\dfrac{1}{3} \\[2mm] -\dfrac{1}{3} & \dfrac{2}{3} & -\dfrac{1}{3} \\[2mm] -\dfrac{1}{3} & -\dfrac{1}{3} & \dfrac{2}{3} \end{bmatrix}\begin{bmatrix} S_a \\ S_b \\ S_c \end{bmatrix} + \frac{1}{L}\begin{bmatrix} u_a \\ u_b \\ u_c \end{bmatrix} \quad (3.23)
$$

$$
\frac{\mathrm{d}u_{dc}}{\mathrm{d}t} = \frac{1}{C}\begin{bmatrix} S_a & S_b & S_c \end{bmatrix}\begin{bmatrix} i_a \\ i_b \\ i_c \end{bmatrix} - \frac{i_L}{C} \quad (3.24)
$$

将 *ABC* 三相静止坐标系变换到 *dqO* 坐标系：

$$
\begin{bmatrix} \dfrac{\mathrm{d}i_d}{\mathrm{d}t} \\[2mm] \dfrac{\mathrm{d}i_q}{\mathrm{d}t} \\[2mm] \dfrac{\mathrm{d}u_{dc}}{\mathrm{d}t} \end{bmatrix} = \begin{bmatrix} -\dfrac{R}{L} & \omega & -\dfrac{S_d}{L} \\[2mm] -\omega & -\dfrac{R}{L} & -\dfrac{S_q}{L} \\[2mm] \dfrac{S_d}{C} & \dfrac{S_q}{C} & 0 \end{bmatrix}\begin{bmatrix} i_d \\ i_q \\ u_{dc} \end{bmatrix} + \begin{bmatrix} \dfrac{1}{L} & 0 & 0 \\[2mm] 0 & \dfrac{1}{L} & 0 \\[2mm] 0 & 0 & \dfrac{1}{L} \end{bmatrix}\begin{bmatrix} u_d \\ u_q \\ i_L \end{bmatrix} \quad (3.25)
$$

3.1.6　仿真分析

在 MATLAB/SIMULINK 仿真环境下搭建直流母线型小型直驱永磁风力发电机,模型如图3.3 所示。

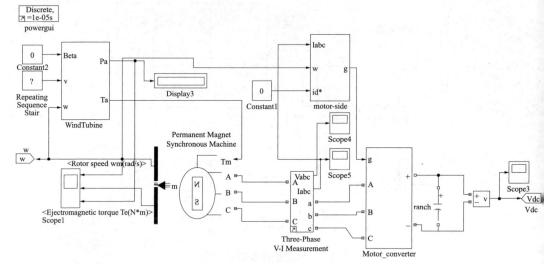

图 3.3　小型直驱风机仿真模型

模型具体参数见表 3.1。

表 3.1　风力机与永磁同步发电机参数

风力机参数		永磁同步发电机参数	
风轮直径	3.2 m	额定功率	2 000 W
叶片数量	3 片	极对数	6 对
启动风速	2.5 m	额定转速	300 rad/min
额定风速	12 m	功率因数	0.9
安全风速	45 m		

根据四分量模型确定风速波形如图 3.4 所示。

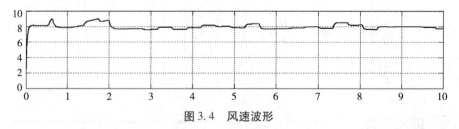

图 3.4　风速波形

对该模型进行仿真分析,得到输出有功功率和直流母线电压波形分别如图 3.5、图 3.6 所示。

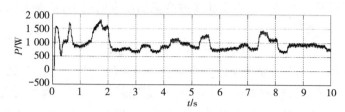

图 3.5 机侧有功功率波形

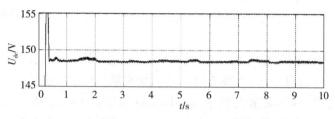

图 3.6 直流母线电压波形

根据仿真结果分析,可以发现,随着风速的波动变化,机侧有功功率波形随之变化,且能快速地跟随风速变化,另外,直流母线电压虽输入风速的变化略有波动,但波动较小,仅 2 V 左右,直流母线电压总体维持稳定。

3.2 风电微网辅助光伏阵列

目前,太阳能的利用率普遍不高,加之成本较高,从光伏阵列中最大限度地提取太阳能,成为广大用户的目标。这就需用到 MPPT 算法。光伏最大功率跟踪方法中,最常用的有扰动观察法(perturb & oberserve algorithms,P&O)和增量电导法(incremental conductance algorithms,INC)。这两种方法的优势是实现简单,不需要对系统的特性进行研究和建模。其中,P&O 法在硬件实现方面,相比 INC 法更具优势。

文献中针对 P&O 法的研究,按照控制量及其特点大致可分为四类:

第一类,传统定步长扰动法(ΔV 法)[166]。这类方法通常以光伏阵列输出电压指令值 V_{pv_ref} 或输出电流 I_{pv_ref} 为扰动量,扰动始终朝着使光伏阵列输出功率增大的方向进行。原理基于光伏阵列输出功率 P_{pv} 和端口电压 U_{pv} 之间的关系,典型的原理表达式如下:

$$V_{pv\_ref}(k) = V_{pv\_ref}(k-1) \pm \Delta V \qquad (3.26)$$

其中,$V_{pv\_ref}(k)$ 和 $V_{pv\_ref}(k-1)$ 分别为 k 时刻和其上一时刻的电压指令值,ΔV 为某一固定的扰动步长。

第二类,改进型定步长扰动法(ΔD 法)[167]。根据光伏阵列输出功率 P 和占空比 D

之间的关系,可以通过直接改变占空比来改变输出功率的大小,从而实现最大功率点的追踪。原理表达式如下:

$$D(k) = D(k-1) \pm \Delta D \tag{3.27}$$

其中,$D(k)$ 和 $D(k-1)$ 分别为 k 时刻和其上一时刻的占空比。ΔD 为某一固定值。相比于第一类方法,这类方法省去了一个电压/电流控制环,控制实现上大大简化。

第一类和第二类方法,控制简单,但均存在着跟踪快速性和稳定性之间的矛盾,即步长越大,跟踪速度越快,但是在最大功率点附近功率的稳态震荡较大且具有系统依赖性,即参数的选取依赖于特定的系统。为此,后面两类方法提供了相应的解决途径——变步长跟踪法。

第三类,变步长电压/电流扰动观察法。这类方法与第一类相比,不同之处在于 ΔV 不再是某一固定值,而是一个可调节的变量。如文献[168]中根据 P-V 曲线的斜率对扰动步长进行设置,在远离最大功率点(Maximum Power Point, MPP)处,曲线斜率较大,设置较大的扰动步长,保证跟踪的快速性;在 MPP 附近,曲线斜率较小或近似为零,此时扰动步长较小,从而减少了 MPP 附近的功率振荡。文献[159]中采用牛顿迭代法对最大功率点进行逼近,扰动步长和周期均非固定值,跟踪速度快且找到最大功率点后能够稳定在该点运行。

第四类,变步长占空比扰动法。这类方法是在第二类方法上的改进,原理上与第三类方法近似。比较典型的算法有 $\Delta D(k) = M |\Delta P| / D(k-1)$,$\Delta D(k) = M |\Delta P| / \Delta D$,$\Delta D(k) = M |\Delta P| / \Delta V$ 等。其中 $\Delta D(k)$ 为 k 时刻的占空比,M 为比例因子。

这两种方法较好地解决了前两种方法存在的问题,但也往往存在计算量大、参数整定复杂等缺点。

不论采用何种方法,一种好的 MPPT 方法总体来说应该满足以下四点要求[170-172]:

①快速性——能够快速跟踪最大功率点。

②稳定性——在最大功率点附近稳定、持续地工作;高控制带宽。

③鲁棒性——在各种天气场合或外界环境(如光照强度、温度等)剧烈变化的条件下仍能实现最大功率点的快速跟踪。

④高效率——追踪精确,功率稳态震荡小,功率损耗小。

3.2.1 光伏发电最大功率点跟踪控制策略

1)光伏阵列的特性

光伏阵列的等效电路图如图 3.7 所示。

光伏阵列的输出电流 I_{pv} 和输出电压 U_{pv} 之间满足关系式[173]:

$$I_{pv} = I_{ph} - I_s (e^{\frac{U_{pv} + R_s * I_{pv}}{nkT}} - 1) - \frac{U_{pv} + R_s * I_{pv}}{R_{sh}} \tag{3.28}$$

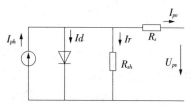

图 3.7　单个光伏电池等效电路图

其中, I_{ph} 为光生电流, I_s 为二极管饱和电流, R_s 为串联电阻, R_{sh} 为分流电阻, n 为二极管排放系数, k 为波尔兹曼常数, T 为电池温度。其中, I_s 与 T 有关, I_{ph} 与光照强度 S 和 T 均有关。

在温度不变的情况下, 以 $T = 25\ ℃$ 为例, 改变光照强度, 光伏阵列的输出电流-电压曲线 (I_{pv}-U_{pv}) 及输出功率-电压曲线 (P_{pv}-U_{pv}) 如图 3.8 所示。

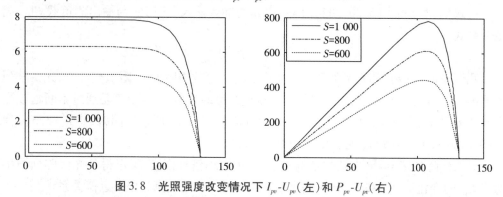

图 3.8　光照强度改变情况下 I_{pv}-U_{pv} (左) 和 P_{pv}-U_{pv} (右)

从图 3.8 可以看到, 光伏阵列的短路电流与光照强度 S 成正比, S 越大, 短路电流越大, 且光伏阵列输出功率也随之增大。图 3.9 为 $S = 1\ 000\ W/m^2$, 温度改变情况下, 系统的短路电流和输出功率随光伏阵列端电压的变化曲线。可以看到, 温度对光伏阵列的开路电压有明显的影响, 温度越高, 开路电压越小。同时也可以看出, 光伏阵列的输出功率大小受光照强度的影响变化比较明显, 而最大功率点的位置受温度的影响比较大。

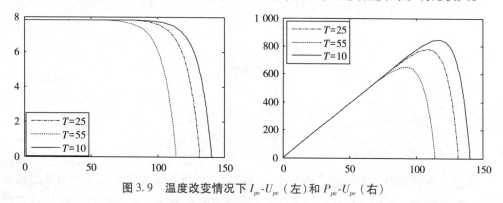

图 3.9　温度改变情况下 I_{pv}-U_{pv} (左) 和 P_{pv}-U_{pv} (右)

2）光伏阵列 MPPT 的基本原理

所研究的光伏发电系统为升压变换器接逆变器的两级变换结构。前级 Boost 电路可专门负责 MPPT 算法,后级则实现能量的逆变,具有控制简单、容易实现等特点。

在 Boost 升压电路中,输出电压 U_o 和输入电压 U_i 满足:

$$\frac{U_o}{U_i} = \frac{1}{(1-D)} \tag{3.29}$$

在稳态情况下,忽略功率损耗的情况下,输出功率等于输入功率,则输出电流 i_o 和输入电流 i_i 之间满足关系式:

$$\frac{i_o}{i_i} = 1 - D \tag{3.30}$$

由式(3.29)和式(3.30)可得 Boost 电路的等效输入电阻 R_{in} 与输出侧负载 R_{load} 满足关系式:

$$R_{in} = (1-D)^2 R_{load} \tag{3.31}$$

我们知道,当 R_{in} 和光伏阵列最大功率点处的等效内阻 R_{MPP} 阻值相等时,光伏阵列的输出功率最大。因此,光伏阵列最大功率点跟踪的过程,实际上就是通过不断地改变占空比 D 使 R_{in} 与 R_{MPP} 相匹配的过程。原理图如图 3.10 所示。同时,将式(3.31)代入(3.29)中,可以得到 I_{pv} 与占空比 D 之间的关系式。

对光伏阵列接 Boost 电路的结构来说,分析其小信号模型,可以得到光伏阵列输出功率 P_{pv} 的变化量 ΔP 和 Boost 电路占空比改变量 ΔD 之间满足以下近似关系[177]:

$$\Delta P = -\frac{\Delta U_{pv}^2}{R_{MPP}} \approx -\frac{\mu^2 \Delta D^2}{R_{MPP}} f(T_a) \tag{3.32}$$

其中,$f(T_a)$ 为采样时间 T_a 的函数,μ 为 Boost 电路的输出电压 U_o 的相反数。

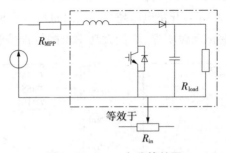

图 3.10　Boost 电路等效图

3）变步长 MPPT 控制策略

通过对各类 MPPT 方法的总结与比较,我们知道,要想解决光伏最大功率点跟踪中存在的快速性和功率振荡损耗之间的矛盾,最好的解决方法是采用变步长的扰动观察法。在既有的方法中,有些方法存在计算量大$^{[178,179]}$,控制实现复杂,有些参数需要预设等问题。

根据输出功率的变化率与占空比扰动量的关系式(3.32),可以通过选取合适的占空比扰动量 ΔD 和采样时间 T_a 来进行功率追踪。同时,为了加快追踪的速度,加入了变步长扰动控制,即当检测到的光伏阵列输出电压 U_{pv} 在某一范围(U_{low},U_{high})内时,采用小步长进行扰动;在这一范围之外采用较大步长进行扰动。

在一定温度下光伏阵列最大功率点所在的电压分布在一个固定值附近$^{[180]}$,这也是恒电压控制法的原理。由此,测取光伏阵列的开路电压 U_{oc},获得此固定值(约为 0.8 U_{oc})。U_{low}、U_{high} 的选取以此为中心值,上下做适当延伸。在这里,对两者的取值没有精确的要求,目的是在 MPP 附近确定一个大致的范围。

控制框图如图 3.11 所示。控制算法中,两个主要参数 ΔD 和 T_a 的取值是关键。ΔD 取值小,可以减少在 MPP 附近震荡引起的稳态功率损耗,但是在天气变化较快的情况下可能引起算法失效。采样时间 T_a 应该大于某一阈值,以避免算法的不稳定性,减少稳态时在 MPP 处的振荡幅度,否则可能会因整个系统的暂态响应而造成错误从而错

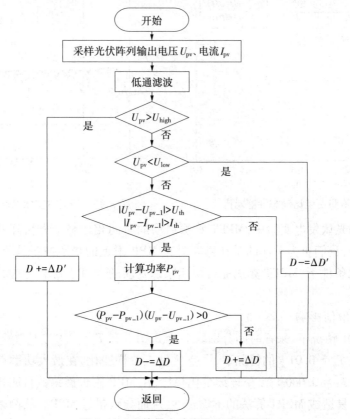

图 3.11　光伏最大功率跟踪法流程图

过此时的 MPP。两者的取值需综合考虑光伏阵列和变换器的动态性能。$\Delta D'$ 的取值相比于 ΔD 可适当增大,以加快追踪的速度。

同时,为了减小测量误差带来的影响,需注意两点:

①采样的数值需经过低通滤波环节,然后进行计算和相应的判断。

②对 U_{pv} 和 I_{pv} 的增量进行判断,只有在其增量分别大于 U_{th} 和 I_{th} 的情况下,再进行功率值的更新和工作区域(MPP 左侧或右侧)的判断。

下面将针对 ΔD 和 T_a 的取值对 MPPT 效果的影响通过仿真进行分析,以选取合适的 ΔD 和 T_a。

(1) ΔD 的取值

$T_a = 0.001$ s 情况下,对 $\Delta D = 0.005$ 和 $\Delta D = 0.01$ 两种情况下 MPPT 的追踪效果做对比。由图 3.12 可以看到 ΔD 越大,追踪速度越快,但稳态时功率振荡越大,见图 3.13。$t = 0.3$ s,光照强度 S 从 1 000 W/m^2 突减至 800 W/m^2,可以看到这两种扰动步长均能很快追踪到新的最大功率点。

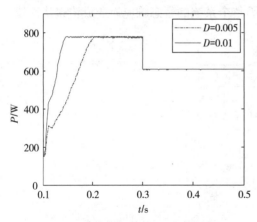

图 3.12 不同占空比动态性能对比

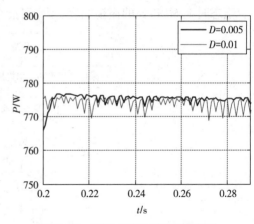

图 3.13 不同占空比稳态性能对比

在实际的光伏发电实验中,MPPT 算法启动的时间相比整个光伏阵列的工作时间几乎可以忽略,我们更为关注的是在稳态时在 MPP 附近的功率振荡是否足够小,以及光照强度变化条件下,MPPT 算法能否快速跟踪到新的 MPP。综合考虑,ΔD 取 0.005 更为合适。

(2) T_a 的取值影响

$\Delta D = 0.01$ 情况下,采样时间分别取 $T_a = 0.01$ s 和 $T_a = 0.000\ 1$ s 情况下占空比的改变情况。在 $T_a = 0.01$ s 的情况下,占空比呈三阶梯变化,在最大功率点左右来回扰动;相比而言 $T_a = 0.000\ 1$ s,呈连续变化趋势,在 MPP 附近震荡数目明显增多。这是由于 T_a 过小,易造成 MPPT 算法的不稳定性,从而导致错过 MPP。从两幅图的对比可以看出,T_a 的取值不宜太小。

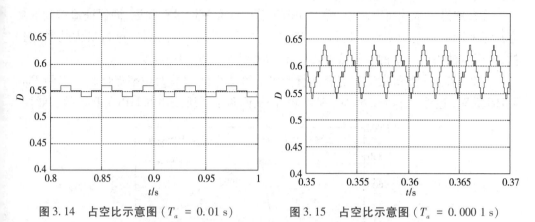

图 3.14　占空比示意图（$T_a = 0.01\ \text{s}$）　　　图 3.15　占空比示意图（$T_a = 0.000\ 1\ \text{s}$）

以上就 ΔD 和 T_a 的取值对 MPPT 追踪效果的影响进行了定性分析，并通过仿真初步确定了 ΔD 和 T_a 的选取原则。在实验中，考虑到光伏阵列的时间常数等实际参数，需要选取多组数值进行实验分析与对比，最终获得合适的取值。

4）光伏最大功率点跟踪

图 3.16 为硬件采样及控制框图，通过采样模块对 I_{pv} 和 U_{pv} 进行采样，然后通过 MPPT 算法得到相应的占空比，驱动开关管 T。

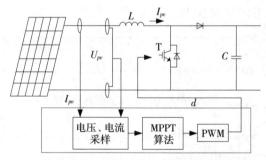

图 3.16　光伏 MPPT 控制框图

单块太阳能电池板的实验参数在表 3.2 中给出，实验中所采用的光伏阵列由 6 块这样的电池板 3 串 2 并组成。

表 3.2　单块太阳能电池板参数

参数	数值
最大功率点电流（I_{MPP}）	5.0 A
最大功率点电压（V_{MPP}）	36 V
短路电流（I_{SC}）	5.30 A
开路电压（V_{OC}）	43.9 V

在开展进一步的研究之前,先对 MPPT 算法的有效性进行验证,即保证追踪到的功率点是实际的最大功率点。运行 MPPT 算法之前的一段时间内先进行最大功率点扫描,实现方法为以一定的步长改变占空比,实验中取 $\Delta D = 0.005$。

图 3.17 为实测最大功率点和运行 MPPT 算法得到的最大功率点比较。实测 P_{MPP} = 769.3 W,追踪 $P_{\text{MPP}} \approx 765$ W,基本吻合,从而验证了所采用的 MPPT 算法的有效性。

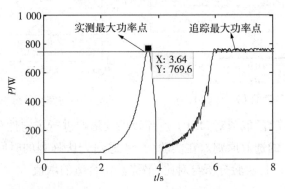

图 3.17 MPPT 算法有效性验证

接下来对不同占空比下的 MPPT 控制效果做一下对比实验,图 3.18 分别为 ΔD = 0.005 和 $\Delta D = 0.01$ 情况下,MPPT 的起动和稳态性能效果图。从中可以看到 ΔD = 0.01 时追踪时间为 $t_1 = 0.3$ s,稳态功率振荡 20 W 左右;$\Delta D = 0.005$ 情况下,追踪时间为 $t_2 = 1$ s,稳态功率振荡不到 10 W。

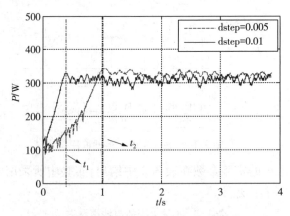

图 3.18 不同占空比下 MPPT 效果图

最后对 MPPT 算法进行实验验证。实验在某日下午 5 时进行,天气状况为阴天。取 $T_a = 0.01$ s,$\Delta D = 0.005$,$\Delta D' = 0.02$。低通滤波环节选取一阶低通滤波器,截止频率取 100 Hz。追踪效果如图 3.19 所示,从图中可以看出,经过 0.3 s 追踪到最大功率点,且稳态震荡较小,从而验证了所提 MPPT 控制算法的有效性。

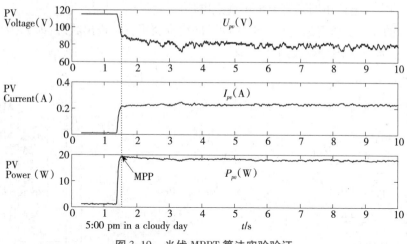

图 3.19　光伏 MPPT 算法实验验证

3.2.2　光伏阵列逆变器模型预测控制策略

1)二极管钳位型三电平拓扑结构

当并网电压较大时,逆变装置功率器件承受不住易被击穿,则传统体系不能满足要求,需要将原拓扑进行重新设计,确保在功率开关耐压等级不变的情况下,能够输出更大的电压,而 NPCs 结构是一种提出时间比较长的改进结构,图 3.20 为 NPCs 电路。

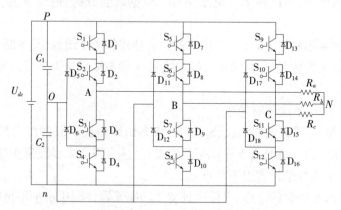

图 3.20　NPCs 电路拓扑结构

图中 U_{dc} 为直流输入电压, C_1、C_2 为直流母线电容,在理想情况下 $C_1 = C_2 = C$,两端电压相等,均为直流输入电压的一半,O 点为直流侧中性点。A、B、C 三项桥臂构成整个逆变系统,其中以 A 为例,A 桥臂由 4 个功率开关($S_1 \sim S_4$)、4 个续流二极管($D_1 \sim D_4$)、2 个钳位二极管($D_5 \sim D_6$)构成。Snubber 二极管的作用主要为电流提供反向导通回路,与功率开关反向并联连接。两个钳位二极管的中点与直流侧中性点相连,目的是将桥臂上的中点电位钳回到直流侧中性点电位。

NPCs 的任一项桥臂通过功率开关的不同组合获得三个输出状态,即 P、O、N 状态,同样以 A 桥臂举例,输出状态如图 3.21 所示。

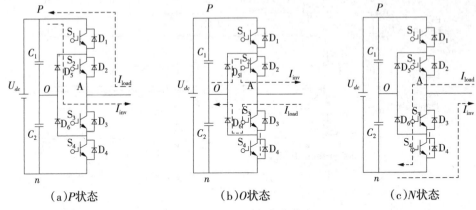

（a）P状态　　　　　　　（b）O状态　　　　　　　（c）N状态

图 3.21　A 相桥臂输出状态

"P"状态表示三相逆变系统 a 相桥臂上的上两个开关管在同一时刻导通,下两个开关管也在此时刻一同关断,逆变装置输出电压相对于直流母线电容中性点的电势为 $u_a = E/2$;"O"状态表示中间两个开关管同时闭合,最上与最下的两个开关管同时关断,此时 $u_a = 0$;"N"状态表示 a 桥臂上下两个器件同时导通,上两个器件同时关断,a 相输出相对于直流母线中点电势为 $u_a = -E/2$。b、c 相桥臂输出电压原理与 a 相一致。因此得出三个输出电平,所以称为三电平拓扑。根据以上分析,桥臂 A 控制应包括以下几种规律:

①不论何种输出状态,桥臂上的功率器件总是相邻两个闭合,其余断开。

②为保证开关次数最低,P 状态直接切换到 N 状态被设定为违反规则,中间必须经由 O 状态过渡。

③开关 S_1 与 S_4 不能同时导通。

④开关 S_1 与 S_3 状态始终相反,S_2 与 S_4 状态始终相反。根据以上控制规律,三电平输出的相电压可以合成具有 5 个电平的线电压,从直观上来看波形正弦度更好。

NPCs 较传统拓扑结构有以下优点:

①NPCs 可承受较大的电压,大限度处置了功率元器件耐压水平不足的问题。在此拓扑结构中,功率器件承受的断开电压为传统的三相电路中承载直流回路电压的 1/2,因此 NPC 型拓扑结构可应用于中高压大容量变频器。

②NPCs 逆变装置输出的电压正弦拟合度高,电流所含谐波分量少,同时较传统拓扑结构有效地减少了器件开闭频率,减少了系统损耗,且电压上升率 dv/dt 冲击小。

NPCs 较传统拓扑结构有以下缺点:

①相同桥臂上的 4 个功率开关管在一个电压周期内的导通关断频次不一样,正中

央两个管的开时间比外侧两个长,进而开关元器件会出现承载负荷不同的状况,最终导致器件使用率不同。

②在一个电压周期内,流入输入端并联的两个电容的电流与流出的值可能不一样,进而导致电容总在充电或总在放电,造成电容电压不平衡,进而系统输出电平不对称,并网电压的谐波含量增加,影响整个系统运行。

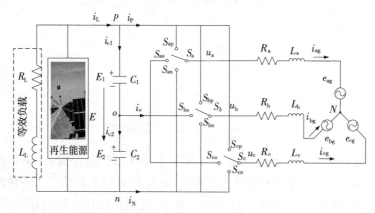

图 3.22　三电平并网逆变器等效简化电路

图 3.22 为 NPC 简化等效电路。该系统由光伏、风力等清洁能源,二极管钳位型逆变器、滤波环节、用户侧等效负载组成。通过直流侧再生能源输入电流/功率,实现所要达到的模型预测控制。E 为主要由再生能源产生的直流母线电压,E_1、E_2 为直流侧上下两个串联电容的电压(正母线电压、负母线电压),i_{c1},i_o,i_{c2} 为正母线电容电流、母线中点电流、负母线电容电流,R_L、L_L 为用户侧等效负载(呈阻性与容性),i_L 为负载电流,C_1、C_2 为直流电容($C_1 = C_2 = C$),i_p、i_n 正负端直流母线输入电流,R_a、R_b、R_c 为等效网侧线路电阻,L_a、L_b、L_c 为网侧滤波电感,e_{xg} 为三相逆变输出电流($x = a,b,c$)输出电压,e_{xg} 为电网三相电压($x = a,b,c$)。

三电平 NPCs 的 FCS-MPC 控制策略的基本原理首先是通过 3/2 变换,在 α-β 坐标系下通过系统数学模型充分利用整流器、逆变器的离散化特征进行预测算法设计。变换公式可表示为:

$$[\alpha \quad \beta]^T = T_{3/2} [a \quad b \quad c]^T \tag{3.33}$$

$$T_{3/2} = \frac{2}{3} \begin{bmatrix} 1 & -\frac{1}{2} & -\frac{1}{2} \\ 0 & \frac{\sqrt{3}}{2} & -\frac{\sqrt{3}}{2} \end{bmatrix} \tag{3.34}$$

式中,$T_{3/2}$ 为变换矩阵。

三电平 NPCs 的 a,b,c 相所对应的桥上均有三种通断情况,控制信号 S_a、S_b、S_c 决定导通函数为:

$$S_x = \begin{cases} 1, & S_{xp} \text{ 导通} \\ 0, & S_{xo} \text{ 导通} \\ -1, & S_{xn} \text{ 导通} \end{cases} \tag{3.35}$$

式中,$x = a, b, c$。

则根据开关函数 S_a、S_b、S_c,逆变器输出三相电压可以描述为:

$$\begin{bmatrix} u_a \\ u_b \\ u_c \end{bmatrix} = \frac{E}{2} \begin{bmatrix} S_a \\ S_b \\ S_c \end{bmatrix} \tag{3.36}$$

式中,$\alpha = e^{j\frac{2\pi}{3}}$,逆变系统输出电压矢量 u 为:

$$u = \frac{2}{3}(u_a + \alpha u_b + \alpha^2 u_c) \tag{3.37}$$

对于 NPCs 输出电压空间矢量是由 a,b,c 三相输出状态合成的,而每相桥臂上有三种开关管开闭情况,即在三相桥臂上共有 $3^3 = 27$ 种导通关断状态,27 种情况所对应产生的 27 种 SVPWM 分布如图 3.23 所示。其中,针对该拓扑结构的任何一相桥臂,不同的开关组合可以得到三种开关状态即"+""0""-"状态,分别表示开关函数值"1""0""-1"。以 a 相桥臂举例说明:"+"状态表示三相逆变系统 a 相桥臂上两个开关管在同一时刻导通,下两个开关管也在此时刻一同关断,逆变装置输出电压相对于直流母线电容中性点的电势为 $u_a = E/2$;"0"状态表示中间两个开关管同时闭合,最上与最下的两个开关管同时关断,此时 $u_a = 0$;"-"状态表示 a 相桥臂上下两个开关同时导通,上两个开关同时关断,a 相输出相对于直流母线中点电位为 $u_a = -E/2$。b、c 相桥臂输出电压

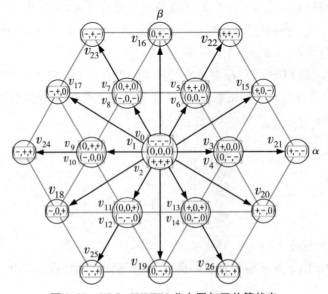

图 3.23　NPCs SVPWM 分布图与开关管状态

原理与 a 相一致。分布图中存在冗余,实际不同矢量为 19 个。

为了便于 NPCs 数学模型推导,假定三相逆变系统平衡,电网电压正弦且对称,并网电流矢量 i 和电网电压矢量 e 可以分别定义为:

$$i = \frac{2}{3}(i_{ag} + \alpha i_{bg} + \alpha^2 i_{cg}) \tag{3.38}$$

$$e = \frac{2}{3}(e_{ag} + \alpha e_{bg} + \alpha^2 e_{cg}) \tag{3.39}$$

则连续时域内并网电流动态方程为:

$$u = R_x i + L_x \frac{\mathrm{d}i}{\mathrm{d}t} + e \tag{3.40}$$

式中, $x = a, b, c$。

2)并网逆变器节能供电质量优化控制

模型预测控制(model predictive control, MPC)是通过逆变系统的数学模型设计闭环优化控制策略,算法的核心就是通过式(3.33)预测系统未来的电流,形成一个动态跟踪的模型,将不同开关状态所得的电压矢量代入到动态模型中进行在线滚动优化计算,在整个调控周期中滚动实施 MPC 进行反馈校正,最后达成入网电流零误差的目标。

将式(3.40)代入式(3.38)离散化推导:

$$i(k+1) = \frac{T_s}{L_x}(u - e) + \left(1 - \frac{R_x T_s}{L_x}\right) i(k) \tag{3.41}$$

式中, $i(k)$ 为第 k 时刻并网电流, $i(k+1)$ 为逆变器预测 $k+1$ 时刻并网电流。

为了进一步表明算法的工作原理,图 3.24 为系统在时间和空间矢量上的控制行为。图中 $x^*(t)$ 为并网参考值, $x(t)$ 为控制系统输出的并网实际值,通过选择开关状态矢量 S_n 使逆变器输出的实际值快速向参考值逼近。三相两电平逆变系统存在 7 种不同控制信号,将 k 时刻 $x(t)$ 及所有可能控制信号代入预测公式可以得到 $k+1$ 时刻所有可能输出的预测值。然而,必须选取距离参考值最近的控制信号才可达到期望的最优控制,此时需要设计系统的评估函数,即令评估函数最小的开关状态就是所期望的

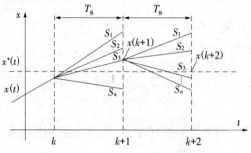

图 3.24　模型预测控制原理

最优控制状态,将该状态作用于 $k+1$ 时刻逐渐逼近参考值,以此循环推进优化计算并以滚筒化的方式反复进行最终实现控制目标。在 k 时刻控制信号 S_3 所对应的 $x(t)$ 距离参考值 $x^*(t)$ 最近,应被选为该时刻系统行为,在 $k+1$ 时刻选择由 S_3 对应的 $x(k+1)$ 以同样的方式进行下一时刻选举。

随着新能源利用普及,并网逆变器常被应用于高压大功率工业领域,而正是在该领域中开关管不必要的换相次数带来了过高开关频率问题。过高开关频率将会导致功率器件局部温度过高,进而容易造成器件局部损坏、降低系统效率及稳定性。MPC 算法可通过控制一个评估函数对每一种开关行为及针对应用对象所设计的优化控制项实行评估,最终选择最优的功率器件开闭状态组合,实现对逆变器的调控目的。

在线评估函数设计过程中,根据不同的控制目标可以在目标函数中加入不同的约束条件,如转矩脉动最小、开关损耗最小、功率跟踪等。为了同时解决过高开关频率导致耗能问题及器件局部损坏、系统效率低下导致电能质量低的问题,本书提出了一种 L-MPDCC 策略。该策略在评估函数中引入低开关频率函数,在兼顾传统 MPC 性能的同时保证了功率管的运行安全。改进的评估函数为:

$$g = \left| i_\alpha^*(k+1) - i_\alpha(k+1) \right| + \left| i_\beta^*(k+1) - i_\beta(k+1) \right| + \lambda_f N_s \tag{3.42}$$

$$N_S = \sum_{i=a}^{b,c} \left| v_s^k(S_i) - v_s^{k-1}(S_i) \right| \tag{3.43}$$

式中,λ_f 为低频权重系数,N_S 为总换相次数。$v_s^k(S_i)$ 和 $v_s^{k-1}(S_i)$ 分别代表 i 相($i=$ a,b,c)当前时刻 k 与前一时刻 $k-1$ 的开关状态。$i_\alpha^*(k+1)$ 和 $i_\beta^*(k+1)$ 为 $k+1$ 时刻逆变系统输出 $\alpha\text{-}\beta$ 静止坐标系下给定电流。

在系统采样接近瞬时的情况下:

$$i^*(k+1) \approx i^*(k) \tag{3.44}$$

其中 $i^*(k)$ 为 k 时刻给定电流。

对评估函数中 k 时刻低频控制目标项举例说明,假设作用在三相桥臂当前时刻 k 的开关状态为 $v_s^k(S_i) = v_0(0,0,0)$,作用在前一时刻 $k-1$ 的开关状态为 $v_s^{k-1}(S_i) = v_2(1,1,0)$,则 $v_s^k(S_a) = 0, v_s^k(S_b) = 0, v_s^k(S_c) = 0; v_s^{k-1}(S_a) = 1, v_s^{k-1}(S_b) = 1, v_s^{k-1}(S_c) = 0$。代入式(3.43):

$$N_s = \left| 0 - 1 \right| + \left| 0 - 1 \right| + \left| 0 - 0 \right| \tag{3.45}$$

平均开关频率公式为:

$$f_{avg} = \frac{\sum_{i=1}^{2}(f_{ai} + f_{bi} + f_{ci})}{6} \tag{3.46}$$

式中,f_{avg} 为 6 个功率器件的平均开关频率,f_{xi} 对应 x 相桥臂上依次串联的 2 个器件,其中 $x=$ a,b,c。

低开关频率测量采集、调控结构框图如图3.25所示。光伏输入端给定一个恒定的电压经过 PI 控制可以计算出预先规定作为标准的电流的幅值,通过与锁相环技术锁相后得到的相位 φ_g 相结合可得到系统的给定参考电流 $i^*(k)$,经过坐标变换以及拉格朗日外推法后可得 $i_\alpha^*(k+1)$ 和 $i_\beta^*(k+1)$。同时,根据系统模型预测出下一时刻的实际电流值,通过评估函数进行优化计算选取最优控制行为作用于逆变器开关。L-MPDCC 算法流程图如图3.26所示。

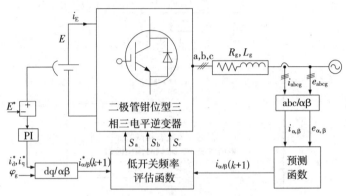

图 3.25　低开关频率控制结构图

为研究上述 L-MPDCC 算法的控制性能,搭建传统 FCS-MPC 与所提算法的 Matlab 仿真模型,对比检验两者的控制效果,参数见表3.3。

表 3.3　FCS-MPC 装置参数表

参数	数值
直流母线电压 E/V	500/650
电网电压 e_g/V	100
滤波电感 L/mH	10
负载电阻 R/Ω	0.1
直流侧等效负载电阻 R_L/Ω	40
采样频率 f_s/kHz	40

传统 MPC 仿真动态结果选取逆变系统从启动至 2 s 的波形,主电路直流侧电压由开始的 500 V 在 1 s 时升至 650 V。平均开关频率是依据计算功率开关管的动作次数计算而来,即低电平变为高电平时,存储开关管动作次数,并通过式(3.46)计算获得。为此,传统方式的平均开关频率为 2 022 Hz,改良方式的平均器件开闭频率为 1 134 Hz,这是由于将降低器件开闭频率目标项引入到评估函数,为此,通过调节权重因子(本书选

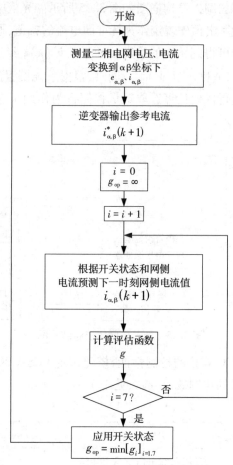

图 3.26　低频率开关控制算法流程图

取的权重因子为 0.03)可以大大降低功率开关管的平均开关频率,从而避免开闭频率
过高,导致器件换向的损失消耗及系统能耗增大的问题。如图 3.27(a)所示,传统 MPC
在动态过程中,有功功率具有较好的动态特性,视在功率始终近似于有功功率,功率脉
动很小。如图 3.27(b)所示,当直流侧电压发生改变时,网侧电流正弦度较好,0.5 s 与
1.5 s 时 THD 分别为 1.81% 和 1.42%,总谐波畸变率不足 5%,符合 IEEE 新能源并网
相关技术标准。同时,图 3.27(c)表明在该控制策略下母线电压跟踪误差小,暂态响应
速度快。当参考母线电压发生突变时,实际母线电压能够快速跟踪给定电压值,无超调
现象。图 3.28 为传统 MPC 在稳态过程中电网供电电压与逆变装置输出电流波形,0.5
s 至 0.6 s 时入网电流总 THD 为 1.81%,输出电流幅值与参考量相同,频相与电网供电
电压一致。图 3.29 为并网逆变器输出并网电流谐波分析图,结果表明模型预测电流控
制具有快速的电流调节能力,逆变装置输出电流变化平稳,谐波含量少,满足工业技术
标准。

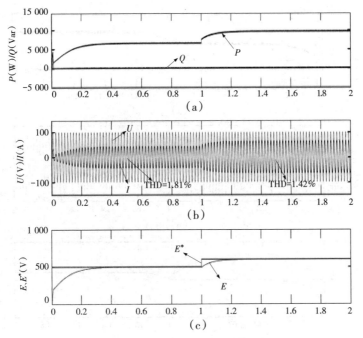

图 3.27　传统 FCS-MPC 仿真波形

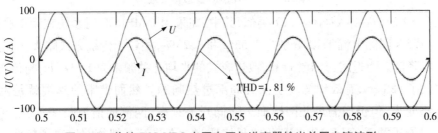

图 3.28　传统 FCS-MPC 电网电压与逆变器输出并网电流波形

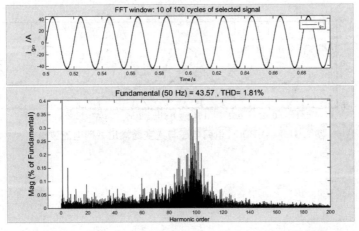

图 3.29　传统 FCS-MPC 逆变器输出并网电流 THD 分析图

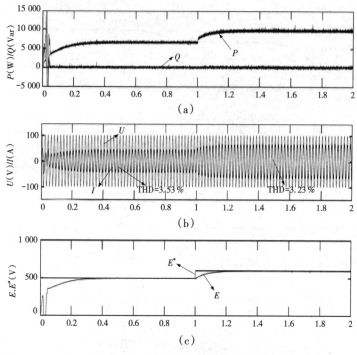

图 3.30 L-MPDCC 暂态仿真波形

图 3.30 的仿真结果与图 3.27 类似,其中,在采用 L-MPDCC 时系统在动态过程中,0.5 s 与 1.5 s 网侧电流 THD 分别为 3.53% 和 3.23%,相较于传统方式略大,但开关频率却大幅降低。通过式(3.46)计算,改进方式的平均开关频率为 1 134 Hz,与传统方式相比降低了 888 Hz,有效地解决了开关局部过热问题。然而带来的弊端就是网侧谐波畸变率变大,但仍旧满足并网标准。降低开关频率,网侧的谐波畸变率就会变大,这是一对矛盾关系,而 L-MPDCC 策略很好地将二者进行了权衡并取得了较好的控制效果。

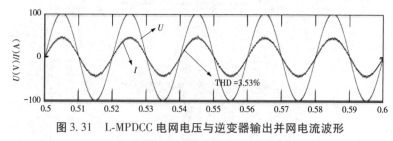

图 3.31 L-MPDCC 电网电压与逆变器输出并网电流波形

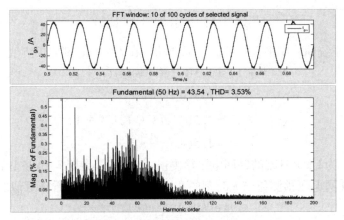

图 3.32　L-MPDCC 逆变器输出并网电流 THD 分析图

3）三电平并网逆变器模型预测控制

若采样周期 T_s 足够小，将式（3.40）离散化推导可得：

$$i(k+1) = \frac{T_s}{L_x}(u - e) + \left(1 - \frac{R_x T_s}{L_x}\right) i(k) \tag{3.47}$$

式中，$i(k)$ 为第 k 时刻并网电流，$i(k+1)$ 为逆变器预测 $k+1$ 时刻并网电流。

流经 NPC 直流母线侧的两个电容电流为：

$$i_{c1} = i_L - i_p \tag{3.48}$$

$$i_{c2} = i_{c1} - i_o = i_L - i_p - i_o \tag{3.49}$$

同时，由上述建立的开关函数以及并网电流 i_{xg} 可得直流侧母线中性点电流：

$$i_p = \sum_{x=a,b,c} (S_x == 1) i_x$$

$$i_o = \sum_{x=a,b,c} (S_x == 0) i_x \tag{3.50}$$

为了避免电容均压问题输出电平不对称、并网谐波增大，损坏整个逆变系统等问题，需将直流母线中性点电位平衡控制设为控制目标，实现两电容能量均衡，直流母线电流 $i_L = 0$，同时将式（3.48）、式（3.49）、式（3.50）联立得：

$$i_{c1} = - \sum_{x=a,b,c} (S_x == 1) i_x \tag{3.51}$$

$$i_{c2} = - \sum_{x=a,b,c} (S_x = 1) i_x - \sum_{x=a,b,c} (S_x = 0) i_x \tag{3.52}$$

根据式（3.51）和式（3.52）易知逆变器输出电流与流过母线的两个电容电流相关，这样就避免了直接测量母线正负端电流。同理，假定离散化的步长为 T_s，母线电容电压预测值为：

$$E_1(k+1) = E_1(k) + \frac{T_s}{C_1} i_{c1}(k) \tag{3.53}$$

$$E_2(k+1) = E_2(k) + \frac{T_s}{C_2}i_{c2}(k) \tag{3.54}$$

假设逆变系统 abc 相平衡,并网有/无功功率在 $k+1$ 时刻的预测值分别为:

$$P_g(k+1) = 1.5\text{Re}\{e(k+1)\bar{i}(k+1)\}$$

$$= 1.5(e_\alpha i_\alpha + e_\beta i_\beta) \tag{3.55}$$

$$Q_g(k+1) = 1.5\text{Im}\{e(k+1)\bar{i}(k+1)\}$$

$$= 1.5(e_\beta i_\alpha - e_\alpha i_\beta) \tag{3.56}$$

其中,$e(k+1)$ 为 $k+1$ 时刻的并网电压预测值,如果采样周期 T_s 足够小,在采样周期中 $k+1$ 时刻的并网电压预测值与 k 时刻的并网电压测量值可以看作近似的一个点,即:

$$e(k+1) = e(k) \tag{3.57}$$

在线评估函数设计过程中,根据不同的控制目标可以在目标函数中加入不同的约束条件,如转矩脉动最小、开关损耗最小、功率跟踪等。由于控制目标种类多体现了模型预测算法的柔性。而在本书中要实现 4 个目标。第一目标:实现对给定电流的精准快速跟踪进而对并网电流的进行优化控制,此目标为模型预测算法最基本也是最主要的目标。第二目标:并网有功功率跟踪控制。第三目标:并网无功功率跟踪控制。第四目标:实现母线电容中性点电压平衡。针对以上四种控制目标建立两种不同形式的目标函数,从而完成相应的控制策略。

方式 1:

电流跟踪控制评估函数:

$$g_i = |i_\alpha^*(k+1) - i_\alpha(k+1)| + |i_\beta^*(k+1) - i_\beta(k+1)| + \lambda_v|\Delta E_{12}(k+1)| \tag{3.58}$$

$$\Delta E_{12}(k+1) = E_1(k+1) - E_2(k+1) \tag{3.59}$$

式中,λ_v 为评估函数电容中性点电压控制权重系数,$\Delta E_{12}(k+1)$ 为 $k+1$ 时刻电容电压预测值之间的误差,$i_\alpha^*(k+1)$ 和 $i_\beta^*(k+1)$ 为 $k+1$ 时刻给定逆变系统输出 α-β 坐标系下电流。采用线性插值中的拉格朗日外推定理可以有效地提高预测精度,其值可由 $k-3,k-2,k-1,k$ 时刻得到:

$$i_\alpha^*(k+1) = 4i_\alpha^*(k) - 6i_\alpha^*(k-1) + 4i_\alpha^*(k-2) - i_\alpha^*(k-3) \tag{3.60}$$

$$i_\beta^*(k+1) = 4i_\beta^*(k) - 6i_\beta^*(k-1) + 4i_\beta^*(k-2) - i_\beta^*(k-3) \tag{3.61}$$

方式 2:

功率跟踪控制评估函数:

$$g_P = |P_g^*(k+1) - P_g(k+1)| + |Q_g^*(k+1) - Q_g(k+1)| + \lambda_v|\Delta E_{12}(k+1)| \tag{3.62}$$

式中,$P_g^*(k+1)$、$Q_g^*(k+1)$ 为 $k+1$ 时刻的预测并网功率参考值。同理设计预测公式为:

$$P_g^*(k+1) = 4P_g^*(k) - 6P_g^*(k-1) + 4P_g^*(k-2) - P_g^*(k-3) \tag{3.63}$$

$$Q_g^*(k+1) = 4Q_g^*(k) - 6Q_g^*(k-1) + 4Q_g^*(k-2) - Q_g^*(k-3) \tag{3.64}$$

为研究三电平并网逆变器快速有限控制集模型预测电流/功率控制算法的控制性能,根据算法搭建 Matlab 仿真模型,参数见表 3.4。仿真及分析结果如图 3.33—图 3.34 所示。

表 3.4 仿真参数

参数	数值
直流母线电压 E/V	550/650
直流母线滤波电容 $C_1 = C_2$/μF	4 400
电网电压 e_g/V	100
滤波电感 L/mH	10
负载电阻 R/Ω	8
直流侧等效负载电阻 R_L/Ω	40
采样频率 f_s/kHz	40

图 3.33(a)为在静止 $\alpha\text{-}\beta$ 坐标系下采用有限集模型预测电流控制并网实际电流

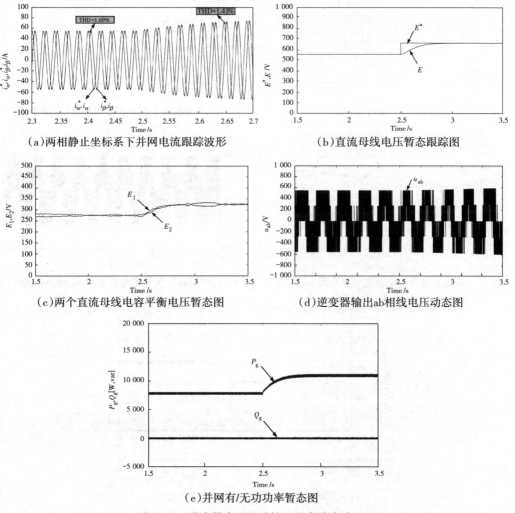

(a)两相静止坐标系下并网电流跟踪波形   (b)直流母线电压暂态跟踪图

(c)两个直流母线电容平衡电压暂态图   (d)逆变器输出ab相线电压动态图

(e)并网有/无功功率暂态图

图 3.33 逆变器电流跟踪控制仿真输出波形

i_α, i_β 跟踪给定预测参考电流 i_α^*, i_β^* 的仿真波形以及并网电流突变前后 THD；图 3.33
（b）为实际直流母线电压 E 跟踪给定预测参考值 E^* 的暂态仿真波形；图 3.33（c）为直
流母线两个电容平衡电压 E_1, E_2 的暂态仿真图；图 3.33（d）为 NPCs 装置输出 ab 相线
电压 u_{ab} 的暂态仿真图；图 3.33（e）为并网有/无功功率的暂态仿真波形。

图 3.34（a）为在静止 α-β 坐标系下采用有限控制集模型预测功率控制并网实际电
流 i_α, i_β 的暂态仿真波形以及并网电流突变前后谐波畸变率；图 3.34（b）为母线实际电
压 E 跟踪给定参考值 E^* 的暂态仿真波形；图 3.34（c）为直流侧两个母线电容电压 E_1，
E_2 的仿真图；图 3.34（d）为并网 ab 相线电压 u_{ab} 的动态仿真波形；图 3.34（e）为并网
有/无功功率暂态仿真波形。

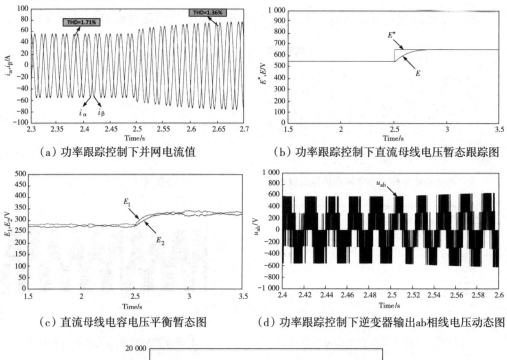

（a）功率跟踪控制下并网电流值　　　　（b）功率跟踪控制下直流母线电压暂态跟踪图

（c）直流母线电容电压平衡暂态图　　　（d）功率跟踪控制下逆变器输出ab相线电压动态

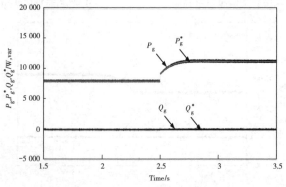

（e）并网有/无功功率跟踪给定功率暂态图

图 3.34　逆变器功率跟踪控制仿真输出波形

图 3.34(a)中,THD 分别为 1.71% 和 1.36%。功率控制下并网电流具有同样出色的动态特性,总谐波含量与电流控制基本持平。图 3.34(b)对照两种调控算法下的逆变器系统在直流侧发生变化(光照强度增大、风力增大等)时,实际母线电压皆具有较快的跟踪能力,跟踪时间相差无几并且无超调、性能稳定。同时,图 3.34(c)表明两个母线电容电压维持在 $\frac{E}{2}$,验证了在评估函数中添加约束条件(电压偏移量)较好地控制了电容中点电位波动,进而有效抑制了中位点不平衡导致输出电流谐波增加问题,提高了装置的使用寿命,达到了预期控制目标。图 3.34(d)表明发生突变时功率控制下输出电压同样无跳变。图 3.34(e)表明,功率控制并网过程中,有功功率与无功功率能够快速跟踪参考功率值,在保证良好动态性能的同时也实现解耦。

4)简化模型预测控制及扇区判断方法

传统有限集模型预测控制策略在每一个采样周期要对具有三电平拓扑结构的逆变器进行电流、电压、评估函数在线计算,而三相三电平 NPC 具有 27 种特定电压矢量,所以针对每个变量的计算都要进行 27 次,计算量巨大。同时,计算量会随着拓扑结构以及评估函数中的控制目标的增加而增长。为此,本书提出了一种在线简化的 FCS-MPC 策略,该方法通过坐标变换构建 α-β 坐标系下 NPCs 的预测模型,通过将系统离散化的方式计算出 $t+1$ 时采样的对照电流、有功功率、无功功率值,以此来推算对照电压,而后通过融入 SVPWM 效用相同转换法,利用给定值所在相应扇形区域时所采用的判定手段,解得 NPCs 输出侧的给定电压矢量,从其所处相关扇区的开关状态子集中选取以目标函数 $\frac{g_i}{g_p}$ 最优的开关状态并直接作用于并网变换器,从而可以有效减少模型预测控制所需的循环计算和预测值计算次数,而无须使用复杂的坐标变换、电流滞环以及脉宽调制模块。具体控制系统框图如图 3.35、图 3.36 所示。

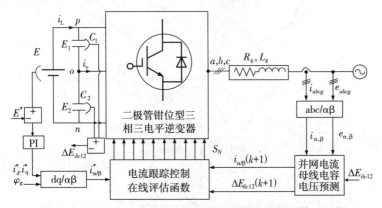

图 3.35　三相三电平逆变器模型预测电流跟踪控制策略结构

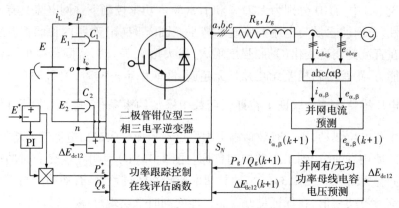

图 3.36　三相三电平逆变器模型预测功率跟踪控制策略结构

由图 3.36 可知,一些开关组合状态存在冗余,实际的 19 个不同大小的电压矢量可以被分成四组:零、小、中、大矢量。零矢量为图 3.37 分布图中的 $\alpha\beta$ 坐标轴原点,此时幅值为零,输出零矢量的开关情况有 3 种,对中性点电压无效;小矢量的幅值为 $E/3$,位于平面原点与外边缘之间的中间层上的 6 个点,分为正负两种状态;中矢量为 $\sqrt{3}E/3$,位于图形外边缘 6 条边的中点,6 个矢量只对应一种开关状态,处于该状态时逆变器的输出中有一相与中性点相连,影响电容平衡;大矢量为 $2E/3$ 位于图形外部顶点,也只对应一种状态,6 种矢量均不与母线中性点相连,因此不影响中性点电压。以顶点矢量 v_{21} 为起点,逆时针 60° 旋转,每转 60° 标记为一个扇形区域,整个分布图可被分为 6 个扇区,如表 3.5 所示。

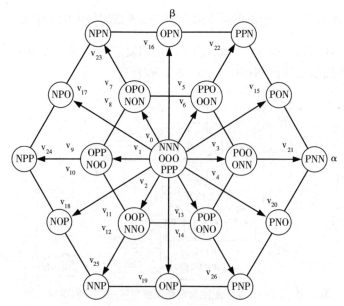

图 3.37　NPCs SVPWM 分布图与开关管状态

表 3.5　候选电压矢量子集

候选扇区	候选电压矢量									
第一扇区	v_0	v_1	v_2	v_3	v_4	v_5	v_6	v_{15}	v_{21}	v_{22}
第二扇区	v_0	v_1	v_2	v_5	v_6	v_7	v_8	v_{16}	v_{22}	v_{23}
第三扇区	v_0	v_1	v_2	v_7	v_8	v_9	v_{10}	v_{17}	v_{23}	v_{24}
第四扇区	v_0	v_1	v_2	v_9	v_{10}	v_{11}	v_{12}	v_{18}	v_{24}	v_{25}
第五扇区	v_0	v_1	v_2	v_{11}	v_{12}	v_{13}	v_{14}	v_{19}	v_{25}	v_{26}
第六扇区	v_0	v_1	v_2	v_3	v_4	v_{13}	v_{14}	v_{20}	v_{21}	v_{26}

　　减小计算量的首要任务就是确定参考电压矢量所在的区域,通过在线评估函数易知,远离参考矢量的电压矢量一定会导致评估函数结果较大,因此在线计算可不考虑这些电压矢量。区域分配以及一扇区所包含的参与计算矢量如图 3.38 所示。在线减少计算量的 MPDC/MPPC 算法流程图,如图 3.39 所示。从流程图可以看出,当根据参考电压矢量扇区判断方法确定应用区域时,只需使用该扇区内 10 个电压空间矢量参与在线计算,算法循环流程从传统的 $i = 26$ 减为 $i = 9$,控制系统的性能大大提高。对照的 SVPWM,能够根据预先推测体系的 $k + 1$ 时刻对照电流、有/无功功率值求得:

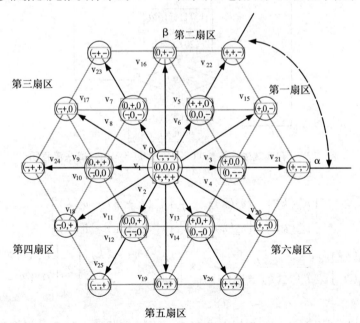

图 3.38　扇区分配与第一扇区参与计算 SVPWM

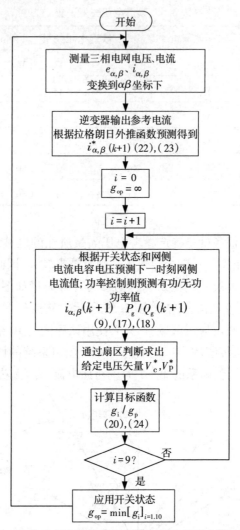

图 3.39 在线减少计算量 FCS-MPDC/FCS-MPPC 算法流程图

$$\begin{bmatrix} v_{c\alpha}^*(k) \\ v_{c\beta}^*(k) \end{bmatrix} = \begin{bmatrix} e_\alpha(k) \\ e_\beta(k) \end{bmatrix} - \frac{L}{T_s} \begin{bmatrix} i_\alpha^*(k+1) - i_\alpha(k) \\ i_\beta^*(k+1) - i_\beta(k) \end{bmatrix} \tag{3.65}$$

$$\begin{bmatrix} v_{p\alpha}^*(k) \\ v_{p\beta}^*(k) \end{bmatrix} = \begin{bmatrix} e_\alpha(k) \\ e_\beta(k) \end{bmatrix} - \frac{L}{T_s(e_\alpha^2(k) + e_\beta^2(k))} \times \begin{bmatrix} e_\alpha(k) & e_\beta(k) \\ e_\beta(k) & -e_\alpha(k) \end{bmatrix} \times \begin{bmatrix} P_g^*(k+1) - P_g(k) \\ Q_g^*(k+1) - Q_g(k) \end{bmatrix} \tag{3.66}$$

　　伴随新能源利用普及,中/高压大功率多电平逆变装置在更多的场合被推广使用,而正是这种场合中开关管不必要的换相次数带来了高开关频率问题,高开关频率将会导致功率器件局部温度过高,降低系统效率,甚至造成损坏。同时,控制中性点钳位电压平衡是该逆变拓扑控制的基本目标。因此,一种双管齐下、根除问题的改进 LSF-MPC 策略在本书被提出。该策略将低频函数引入评估体系,实现传统 MPC 性能与功率器件安全运行的两全。控制结构如图 3.40 所示。

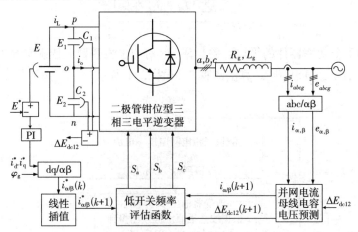

图 3.40　低频率开关控制结构图

新评估函数为:

$$g = \left| i_\alpha^*(k+1) - i_\alpha(k+1) \right| + \left| i_\beta^*(k+1) - i_\beta(k+1) \right| + \lambda_v \left| \Delta E_{12}(k+1) \right| + \lambda_f N_S \tag{3.67}$$

$$N_S = \sum_{i=a}^{b,c} \left| v_s^k(S_i) - v_s^{k-1}(S_i) \right| \tag{3.68}$$

式中, λ_v , λ_f 分别为电位偏移和低频的权重系数, N_S 为总换相次数。为了获取高性能的控制效果,需要设计合适的权重系数,然而,权重系数的选择仍然根据其经验与仿真方法。本书根据其对应优化指标重要程度进行配置,即, λ_v 越大,则整体优化目标更侧重于电容电压平衡控制; λ_f 越大,则整体优化目标更侧重于降低功率器件开闭频率控制;因此,增大 λ_f 的值能够有效降低器件频率,从而根据需求增大 λ_f ,即可满足控制目标。 $v_s^k(S_i)$ 和 $v_s^{k-1}(S_i)$ 分别代表 i 相($i = $ a,b,c)当前时刻 k 与前一时刻 $k-1$ 的开关状态。

$i_\alpha^*(k+1)$ 和 $i_\beta^*(k+1)$ 为 $k+1$ 时刻给定逆变系统输出 α-β 坐标系下给定电流。可采用线性插值法有效地提高预测精度,其值可由 $k-2$, $k-1$, k 时刻得到:

$$i_\alpha^*(k+1) = 3i_\alpha^*(k) - 3i_\alpha^*(k-1) + i_\alpha^*(k-2) \tag{3.69}$$

$$i_\beta^*(k+1) = 3i_\beta^*(k) - 3i_\beta^*(k-1) + i_\beta^*(k-2) \tag{3.70}$$

对评估函数中 k 时刻低频控制目标项举例说明,假设作用在三相桥臂当前时刻 k 的开关状态为 $v_s^k(S_i) = v_{16}(0,1,-1)$,作用在前一时刻 $k-1$ 的开关状态为 $v_s^{k-1}(S_i) = v_{22}(1,1,-1)$,则 $v_s^k(S_a) = 0, v_s^k(S_b) = 1, v_s^k(S_c) = -1$; $v_s^{k-1}(S_a) = 1, v_s^{k-1}(S_b) = 1,$ $v_s^{k-1}(S_c) = -1$ 。代入式(3-71):

$$N_s = |0 - 1| + |1 - 1| + |(-1) - (-1)| \qquad (3.71)$$

平均开关频率公式为:

$$f_{\text{avg}} = \frac{\sum_{i=1}^{4}(f_{ai} + f_{bi} + f_{ci})}{12} \qquad (3.72)$$

式中, f_{avg} 为12个功率器件的平均开关频率, f_{xi} 对应 x 相桥臂上依次串联的4个功率器件,其中 $x = a, b, c$。LSF-MPC 算法流程图如图 3.41 所示。

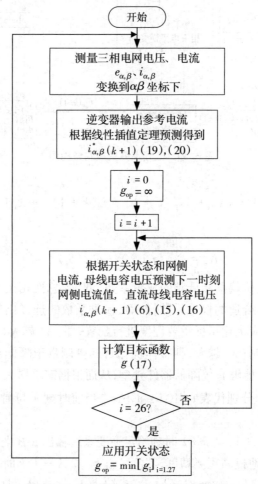

图 3.41 低频率开关控制算法流程图

将微电网稳态运行模型与暂态运行模型相结合,通过分析传统算法与改进算法的仿真结果,验证了该逆变装置系统稳态及暂态运行结果稳定;暂态过程即并网输入端电压增大瞬间微电网仿真分析,结合仿真结果,验证所改进控制算法能满足微电网系统并网运行要求,并优于传统控制。

为研究上述 LSF-MPC 算法的控制性能,搭建传统 FCS-MPC 与所提算法的 Matlab 仿真模型,对比检验两者的控制效果,参数见表3.6。仿真及分析结果如图3.42、图3.43 所示。

表 3.6 LSF-MPC 功率控制装置参数表

参数	数值
直流母线电压 E/V	550/650
直流母线滤波电容 $C_1 = C_2/\mu F$	4 400
电网电压 e_g/V	100
滤波电感 L/mH	12
负载电阻 R/Ω	8
直流侧等效负载电阻 R_L/Ω	40
采样频率 f_s/kHz	33

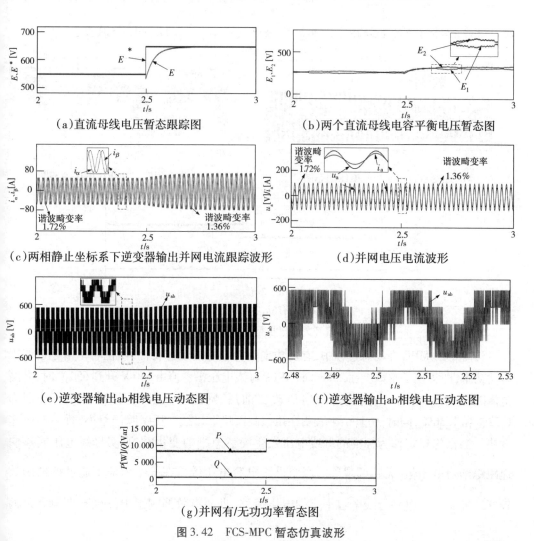

(a)直流母线电压暂态跟踪图

(b)两个直流母线电容平衡电压暂态图

(c)两相静止坐标系下逆变器输出并网电流跟踪波形

(d)并网电压电流波形

(e)逆变器输出ab相线电压动态图

(f)逆变器输出ab相线电压动态图

(g)并网有/无功功率暂态图

图 3.42 FCS-MPC 暂态仿真波形

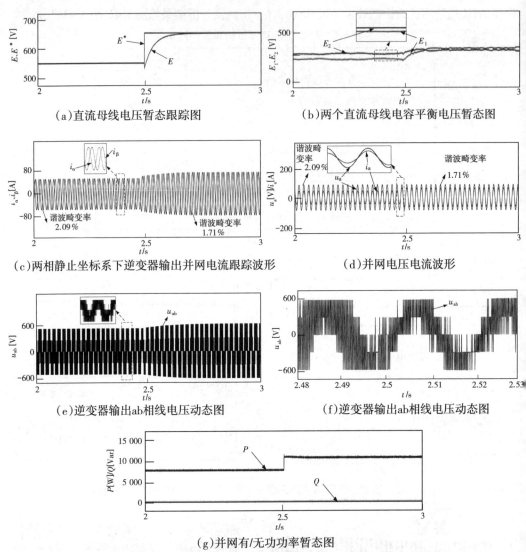

（a）直流母线电压暂态跟踪图

（b）两个直流母线电容平衡电压暂态图

（c）两相静止坐标系下逆变器输出并网电流跟踪波形

（d）并网电压电流波形

（e）逆变器输出ab相线电压动态图

（f）逆变器输出ab相线电压动态图

（g）并网有/无功功率暂态图

图3.43　低开关频率模型预测控制暂态仿真波形

　　传统 FCS-MPC 在动态过程中,有功功率具有较好的动态特性,视在功率始终近似于有功功率,即实现了解耦。在 2.5 s 时,NPCs 母线电压参考值由 550 V 升到 650 V 时,并网电流随之发生改变。当直流母线电压改变前后,网侧电流正弦度较好,THD 分别为 1.72% 和 1.36%,同时,仿真结果表明在该控制策略下母线电压跟踪误差小,暂态响应速度快。当预先规定作为标准的母线电压发生突然急剧的变化时,真实母线电压能够快速跟踪给定电压值,无超调现象。两个母线电容电压维持在 $\dfrac{E}{2}$,验证了通过评估函数较好地控制了三电平母线电容中点的电压偏移,进而有效抑制了中位点不平衡导致输出电流谐波增加问题,达到了预期控制目标。传统方式的平均开关频率为 2 945 Hz。

图 3.43 的仿真结果与图 3.42 类似,其中,在采用 LSF-MPC 时系统在动态过程中,网侧电流 THD 分别为 3.09% 和 1.71%,相较于传统方式略大,然而开关频率却有所降低,通过式(3-72)计算,改进方式的平均开关频率为 2 439 Hz,与传统方式相比降低了 506 Hz。但带来的弊端就是网侧 THD 上升。降低开关频率,网侧的谐波畸变率就会变大,这是一对矛盾关系,而 LSF-MPC 策略很好地将二者进行了权衡并取得了较好的控制效果。

3.3　风电微网电源优化配置

对微电网进行优化配置以提高供电可靠性、经济性已成为微电网规划的研究热点,微电网优化配置主要包括微电源和储能装置的选型、定容及选址问题。其优化目标涉及经济性、可靠性、环保性等方面,是一个动态、多变、非平衡、开放耗散的"非结构化"系统。迄今为止,微电网的优化配置无论是理论研究还是实际应用都还存在着许多待完善的地方,研究微电网优化配置理论与方法具有重要的理论和现实意义[185-187]。

3.3.1　分布式电源输出功率不确定性

一个典型的微电网结构如图 3.44 所示,微电网中光伏阵列通过 DC/DC 变换器连

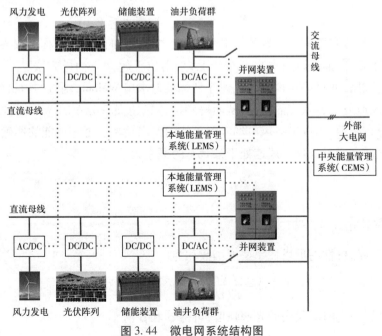

图 3.44　微电网系统结构图

接到微电网直流母线上,直驱式风力发电机通过 AC/DC 变换器接到直流母线上,光伏阵列和直驱式风机都工作在 MPPT 模式下。储能装置通过双向 DC/DC 变换器连接到直流母线上,通过吸收/释放能量来平抑微电网的功率波动。直流母线通过逆变器连接到交流母线,也可直接连接直流负载。DC/DC 变换器、AC/DC 变换器、双向 DC/DC 变换器、逆变器均在能量管理系统(EMS)控制下实现系统的协调运行。交流母线通过断路器,经由升压变压器与大电网连接,也可直接接交流负载。

1) 风力发电机输出功率不确定性

微电网系统一般采用直驱式风力发电机,由图 3.44 可知,风力发电机的输出三相交流电经 AC/DC 变换器转换成直流电,与系统母线连接。描述风速概率分布的双参数威布尔函数可写为:

$$\begin{cases} f_{WT}(v) = \dfrac{k}{c}\left(\dfrac{v}{c}\right)^{k-1} \exp\left[-\left(\dfrac{v}{c}\right)^{k}\right] \\ F(v) = 1 - \exp\left[-\left(\dfrac{v}{c}\right)^{k}\right] \end{cases} \tag{3.73}$$

可根据实际气象资料和运行数据,求出 k 和 c。根据风力发电机的输出功率 P_{WT} 随风速 v 的变化关系,可得风机输出电功率 $P_{WT}(v)$ 为:

$$P_{WT}(v) = \begin{cases} 0 & 0 \leqslant v \leqslant v_{ci} \quad \text{或} \quad v \geqslant v_{co} \\ \dfrac{v^3 - v_{ci}^3}{v_r^3 - v_{ci}^3} P_r & v_{ci} \leqslant v \leqslant v_r \\ P_r & v_r \leqslant v \leqslant v_{co} \end{cases} \tag{3.74}$$

由于风能具有随机性,为了分析风力发电机的输出功率,采用双参数威布尔(Weibull)分布[188]描述风速概率分布情况,采用拉丁超立方抽样方法[189,190]抽取实际现场的风速数据,通过平均风速和风速序列标准差求出 Weibull 函数的形状参数和尺度参数,计算风速处于各状态的概率,从而得到描述风速概率分布的 Weibull 概率密度函数和概率分布函数,用以描述风电场实际可能的输出功率。考虑风能的不确定性,将风机输出功率做多变量处理。风速处于某状态的概率为:

$$P_{WT\_w} = \int_{v_{w1}}^{v_{w2}} f_{WT}(v)\,\mathrm{d}v \tag{3.75}$$

2) 光伏列阵输出功率不确定性

描述光照随机性的贝塔概率密度函数和为:

$$f_{PV}(s) = \frac{\Gamma(\alpha + \beta)}{\Gamma(\alpha)\Gamma(\beta)} s^{\alpha-1}(1-s)^{\beta-1} \tag{3.76}$$

通过计算一定时间段内的光照强度,可得 α 和 β 值。

光伏阵列的输出功率 P_{PV} 受光照强度、环境温度等多个方面的影响,可用式(3.77)表示:

$$P_{PV} = P_{STC} \frac{G_c}{G_{STC}} [1 + k(T_c - T_{STC})] \tag{3.77}$$

式中,P_{STC} 为光伏阵列标准条件下输出功率,G_c 为光照强度,G_{STC} 为标准光照强度,T_c 为光伏阵列表面温度,T_{STC} 为光伏阵列表面标准温度。

光伏列阵的发电量与太阳能分布情况密切相关,而太阳能的分布也具有一定的随机性,拟采用贝塔(Beta)概率密度函数描述光照的随机行为[191],通过计算一定时间段内的光照强度平均值和方差进而得出 Beta 分布的形状参数和尺度参数。将光伏组件的功率输出作多变量处理,根据光照强度的上下限将连续概率密度函数划分成多个状态,计算光照强度处于各状态的概率。

在一定的时段内,太阳辐照度近似为 Beta 分布:

$$\begin{cases} f(r) = \dfrac{\Gamma(\alpha + \beta)}{\Gamma(\alpha) \Gamma(\beta)} \left(\dfrac{r}{r_{\max}}\right)^{\alpha-1} \left(1 - \dfrac{r}{r_{\max}}\right)^{\beta-1} \\ \alpha = \left(\dfrac{\mu\beta}{1 - \mu}\right) \\ \beta = (1 - \mu)\left[\dfrac{\mu(1 - \mu)}{\sigma^2} - 1\right] \end{cases} \tag{3.78}$$

其中,r 为光照辐射强度,$r_{\max}$ 为光照辐射强度最大值[192],μ 为光照辐射强度概率的平均值,σ 为光照辐射强度概率的标准差,α 和 β 为 Beta 分布形状参数,$\Gamma(\cdot)$ 为 Gamma 函数。光伏发电系统的出力也呈 Beta 分布,其概率密度函数为:

$$f(P_{PV}) = \frac{\Gamma(\alpha + \beta)}{\Gamma(\alpha) \Gamma(\beta)} \left(\frac{P_{PV}}{P_{PV\max}}\right)^{\alpha-1} \left(1 - \frac{P_{PV}}{P_{PV\max}}\right)^{\beta-1} \tag{3.79}$$

其中,$P_{PV\max}$ 为光伏发电系统的最大输出功率。

由光照概率密度函数式可以推导出,光伏阵列输出功率 P_{PV} 的期望值 $E(P_{PV})$ 和方差 $D(P_{PV})$ [193]分别为:

$$\begin{cases} E(P_{PV}) = \dfrac{\alpha}{\alpha + \beta} P_{PV\max} \\ D(P_{PV}) = \dfrac{\alpha\beta}{(\alpha + \beta)^2 (\alpha + \beta + 1)} P_{PV\max}^2 \end{cases} \tag{3.80}$$

式中,$P_{PV\max}$ 为光伏阵列最大输出功率。

3)复合储能配比

以超级电容和蓄电池组成混合储能系统,以平抑可再生能源波动、平滑微电网功率输出、提升电能质量。超级电容和蓄电池的配比跟以下几方面密切相关:

①为了防止过充过放,在标准负荷情况下,蓄电池容量 SOC 和超级电容电压 E_{UC} 的限制条件为:

$$SOC_{\min} \leqslant SOC_i \leqslant SOC_{\max}$$

$$E_{UC,\min} \leqslant E_{UC,i} \leqslant E_{UC,\max} \tag{3.81}$$

②储能装置的吸收/释放功率必须满足微电网系统功率波动的要求[194],储能装置最大输出功率也必须满足负荷最大功率波动的要求,通过求取下一控制周期超级电容和蓄电池的存储能量决定储能配比。在控制周期 T 内,超级电容能量 E_{uc} 和蓄电池下一时刻储能 SOC 的关系为:

$$\begin{cases} E_{uc,\ i+1} = E_{uc,i} + \Delta E_{uc,i} = E_{uc,i} + P_{uc,i}T \\ SOC_{i+1} = SOC_i + \dfrac{\Delta E_{bat,i}}{nE_k} = SOC_i + \dfrac{P_{bat,i}T}{nE_k} \\ \Delta E_{uc,i} + \Delta E_{bat,i} = \Delta E_i \end{cases} \tag{3.82}$$

式中,E_{bat} 为电池电压,E 为母线电压,P_{bat} 为蓄电池功率。

③为防止不确定负荷中电机启动等引起电能质量骤降,导致大功率突然缺失,复合储能输出的总功率必须大于最大瞬时功率缺失,这是决定配比的关键。

复合储能装置发出的总功率必须不小于最大瞬时功率缺失 $\Delta P_{\max}$:

$$P_{uc,i} + P_{bat,i} \geqslant \Delta P_{\max} \tag{3.83}$$

超级电容的储能量 P_{uc} 和蓄电池的储能量 P_{bat} 限制为:

$$\begin{cases} P_{uc,\min} \leqslant P_{uc,i} \leqslant P_{uc,\max} \\ P_{bat,\min} \leqslant P_{bat,i} \leqslant P_{bat,\max} \end{cases} \tag{3.84}$$

在任一时刻,都应保证微电网中的功率平衡:

$$P_{uc,i} + P_{bat,i} + P_{PV,i} + P_{WT,i} = P_{L,i} + P_{loss,i} \tag{3.85}$$

其中,$P_{uc,i}$、$P_{bat,i}$、$P_{PV,i}$、$P_{WT,i}$ 分别为某台超级电容、蓄电池、光伏板和风机的输出功率,$P_{L,i}$ 为某台负载功率,$P_{loss,i}$ 位功率损失。

3.3.2　风电微网向量序优化配置模型

以负荷功率因素、设备投资成本、运行成本与可靠性等目标函数作为待优化目标,考虑负荷平衡、分布式电源输出功率、成本、储能装置电量等约束条件,建立多目标优化配置模型。

1)目标函数

在确定性条件下,负荷功率因素 $C_\lambda(s)$、设备投资成本 $C_D(s)$、运行成本 $C_O(s)$ 与可靠性 $C_R(s)$ 等目标函数可描述为:

$$\begin{cases} \min C_{\lambda}(s) = \sum_{t=1}^{T} \sum_{i=1}^{N_L} \left[(a_{i,2} P_{Li,t,s}^2 + a_{i,1} P_{Li,t,s} + a_{i,0}) I_{Li,t} \right] \\ \min C_D(s) = \sum_{i=1}^{N_{WT}} b_{i,1} D_{WTi,t,s} I_{WTi,t} + \sum_{i=1}^{N_{PV}} c_{i,1} D_{PVi,t,s} I_{PVi,t} + \sum_{i=1}^{N_B} d_{i,1} D_{Bi,t,s} I_{Bi,t} \\ \min C_O(s) = \sum_{t=1}^{T} \sum_{i=1}^{N_L} a_{i,1} E_{i,t,s} I_{Li,t} - \sum_{t=1}^{T} \sum_{i=1}^{N_{WT}} b_{i,1} E_{WTi,t,s} I_{WTi,t} - \sum_{t=1}^{T} \sum_{i=1}^{N_{PV}} c_{i,1} E_{PVi,t,s} I_{PVi,t} \\ \max C_R(s) = \sum_{t=1}^{T} \sum_{i=1}^{N_L} a_{i,1} X_{Li,t,s} I_{Li,t} + \sum_{t=1}^{T} \sum_{i=1}^{N_{WT}} b_{i,1} X_{WTi,t,s} I_{WTi,t} + \sum_{t=1}^{T} \sum_{i=1}^{N_{PV}} c_{i,1} X_{PVi,t,s} I_{PVi,t} + \\ \qquad\qquad \sum_{t=1}^{T} \sum_{i=1}^{N_B} d_{i,1} X_{Bi,t,s} I_{Bi,t} \end{cases}$$

$$(3.86)$$

在此基础上,考虑源荷不确定性对目标函数的影响,则微电网的优化配置问题的数学描述可以看作混合整数非线性规划问题。该描述中,包含功率等连续变量、微电源数量等离散变量、多目标约束具有非线性。在源荷不确定性条件下重构上述目标函数,再对其在约束集合上求最优解。

2) 约束条件

确定条件下负荷平衡、微电源输出功率、投资成本等约束条件分别为:

$$\begin{cases} \sum_{i=1}^{N_{L,t}} P_{Li,t,s} I_{Li,t} = \sum_{i=1}^{N_{WT,t}} P_{WTi,t,s} I_{WTi,t} + \sum_{i=1}^{N_{PV,t}} P_{PVi,t,s} I_{PVi,t} + \sum_{i=1}^{N_{B,t}} P_{Bi,t,s} I_{Bi,t} + P_{Gridt,s} I_{Gridt,s} \\ P_{DG\min} \leqslant \sum_{i=1}^{N_{DG,t}} P_{DGi,t,s} I_{DGi,t} \leqslant P_{DG\max} \\ C_{g\max} \geqslant \sum_{i=1}^{N_{WT,t}} C_{WTi,t,s} I_{WTi,t} + \sum_{i=1}^{N_{PV,t}} C_{PVi,t,s} I_{PVi,t} + \sum_{i=1}^{N_{B,t}} C_{Bt,t,s} I_{Bi,t} \end{cases}$$

$$(3.87)$$

微电网向量序优化配置模型的目标函数和约束条件具有强烈的非线性,采用混合整数规划往往存在局部最优。在求解过程中,采用场景法处理源荷的不确定性。对预测场景进行划分,从其 Pareto 最优解集中选取折衷最优解,建立转移约束条件,使得所建模型和求解算法在处理源荷不确定性对优化结果的影响方面具有较强的鲁棒性。

3) 算法求解

向量序优化[195,196](VOO)是通过目标软化将多目标优化问题划分为 Flat、Neutral 及 Steep 型 3 类,可用 3 条序曲线(OPC)曲线进行描述,如图 3.45 所示。再对所求解多目标优化问题的序曲线进行比较,求取满足所有约束条件的足够好解。根据各优化目标函数,建立评估模型,对集合中各可行解进行快速评估并排序分层,每一层上的解互为非劣。

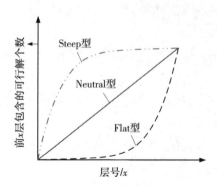

图 3.45　多目标优化问题序曲线

获取微电网电源优化配置的 OPC 曲线后,确定每条曲线的所属类型,再依据相关原则求取符合条件的解。具体求解过程如图 3.46 所示。

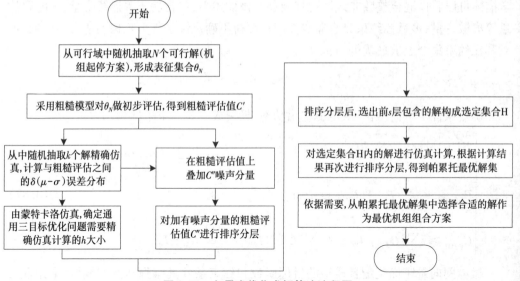

图 3.46　向量序优化求解算法流程图

其中,最优层数为 s ,构成的选定集合为 S 中至少以 $\alpha\%$ 的概率包含 k 个足够好的解,如式(3.88)。

$$\Pr\left\{\,|\,S\cap P\,|\geqslant k\right\}=\Pr\left\{\left|\left(\cup_{i=1}^{s}\hat{L}_{i}\right)\cap\left(\cup_{j=1}^{p}L_{i}\right)\right|\geqslant k\right\}\geqslant\alpha\% \qquad (3.88)$$

4)评价方法

针对多目标函数子目标函数权重系数的确定,采用目标函数适应度偏差排序法,以风电、光伏输出功率的波动性,负荷的波动性,以及功率不平衡度为变量,构建一个函数,作为微电网电源优化的评价指标。并以此为依据,对微电网多目标优化结果进行进一步优化。

为了定量描述微电网的优化效果,采用负荷有功功率波动系数 h_1 和供求平衡系数 h_2 作为储能多目标优化的评价指标[194]。

$$\begin{cases} h_1 = \dfrac{\displaystyle\sum_{i=t_1}^{t_n} \left| P_{\text{load},i} - P_{DG,i} \right|}{\displaystyle\sum_{i=t_1}^{t_n} P_{DG,i}} \\[2em] h_2 = \dfrac{\displaystyle\sum_{i=t_1}^{t_n} \left| P_{\text{load},i} - P_{DG,i} - P_{\text{grid},i} \right|}{\displaystyle\sum_{i=t_1}^{t_n} P_{\text{grid},i}} \end{cases} \tag{3.89}$$

h_1 越小,系统波动越小,微电网输出对负荷波动的抑制效果越明显,系统运行越平滑。供求平衡系数 h_2 表示负荷功率与微电网输出功率之间的平衡关系,h_2 越小,表示微电网越能满足负荷的需求,微电网供电的可靠性越高,即负荷所需功率基本上由微电网提供。

3.3.3　案例分析

1)沙漠油井风电微网系统

新疆沙漠油井采用游梁式采油机进行采油,由交流异步电动机拖动[197,198]。处于发电状态时,负荷的无功功率将增加[199,200]。加之沙漠油井工作地点分散,供电线路长,采用“单井单变压器单异步电动机”供电模式。变压器容量的选择为电动机额定功率的 3 倍以上,造成油田电网的平均功率因数过低,电动机能量损耗较大,电网损耗较大[201,202]。变压器容量的选择为电动机额定功率的 3 倍以上,造成油田电网的平均功率因数低,电动机能量损耗大,电网损耗大[203,204]。

采油机周期性负荷[205,206]的特点是:变化范围大,周期快,存在能量反馈,处于发电状态时系统的功率因数低[201,202],电机长期处于非额定功率状态,能量损耗大[207]。采油机普遍存在的功耗不平衡、效率低等现象导致电费开支占采油系统费用支出的 60% 以上[208],表 3.7 为吐哈油田的温吉桑油井能耗状况。

表 3.7　温吉桑油井能耗状况

电机电压/V	井数/口	井均日产油/t	单井日耗电/kW	平均系数效率/%	日耗电大于300 kW 井数/口	单机效率小于5% 井数/口
1 140	60	23	240.2	26.24	3	5

续表

电机电压/V	井数/口	井均日产油/t	单井日耗电/kW	平均系数效率/%	日耗电大于300 kW 井数/口	单机效率小于5% 井数/口
380	45	20	260.5	17.5	13	7
合计	105	21	250.6	22.36	16	12

新疆沙漠地区丰富的风能和太阳能受天气影响较大,具有一定波动性、随机性,直接将风力发电、光伏发电接入沙漠油井微电网做电源,会影响微电网电能质量和系统稳定性,需要加装储能装置。可采用风/光/储混合微电网对沙漠油井进行节能改造[209,210],以提高沙漠油井的用电效率。

沙漠油井微电网中,微电源和负荷功率均具有不确定性是沙漠油井微电网与普通微电网的最大区别。源荷不确定条件下[211],微电网具有以下特点:

①单台采油机负荷是周期性的,在某一供电区域内,微电网总负荷表现为不确定性(负荷不确定性);

②风能发电和光伏输出功率受自然因素的影响而呈现随机性和波动性,因此预测结果存在较大的不确定性(微源不确定性)。

本书从沙漠油井单台采油机周期性负荷入手,构建微电网特定供电区域内总负荷的不确定性模型;考虑风力发电、光伏发电随机性,构建微电网分布式电源输出功率的不确定性模型;在源荷不确定性条件下,建立沙漠油井微电网优化配置混合整数非线性优化(MINLP)模型,研究矢量序优化(VOO)算法对该问题的求解;并研究优化性能指标对配置结果进一步优化的影响。沙漠油井微电源优化配置过程如图3.47所示。

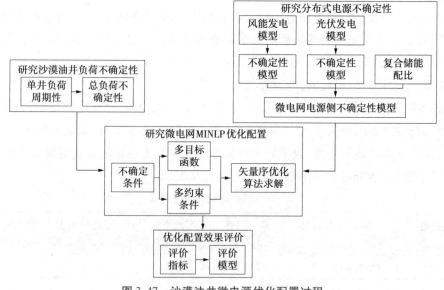

图 3.47　沙漠油井微电源优化配置过程

2) 源荷不确定性问题求解

图 3.48 为油田系统认可的采油机工作扭矩变化曲线,图 3.49 为采油机交流异步电机的电压变化曲线[212,213]。

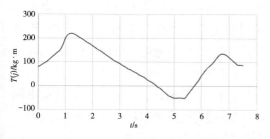

图 3.48　采油机输出转矩曲线

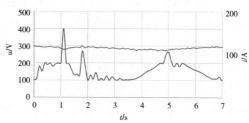

图 3.49　电机电压、电流变化曲线

采油机总负荷包括:抽油杆重负荷 P_{bar}^*、油管内的油柱重负荷 P_{oil}^*、冲击载荷、震动载荷、惯性载荷以及井下摩擦力共 6 种载荷。构建采油机负荷约束条件:

$$\begin{cases} P_{bar}^* = S_{bar}L(\rho_{bar} - \rho_{oil})g \\ P_{oil}^* = (S_{oil} - S_{bar})h_{oil}\rho_{oil}g \end{cases}$$

$$\begin{cases} m_{bar} = S_{bar}L\rho_{bar} \\ m_{oil} = (S_{oil} - S_{bar})L\rho_{oil} \end{cases} \quad (3.90)$$

可进一步将负荷统一划分为静、动两种载荷的上、下两种状态考虑,则采油机负荷约束条件可改写为:

$$\begin{cases} P_{s-up} = P_{bar}^* + P_{oil}^* \\ P_{s-down} = P_{bar}^* \\ P_{d-up} = (m_{bar} + m_{oil})a_c \\ P_{d-down} = m_{bar}a_c \end{cases} \quad (3.91)$$

根据式(3-90)和式(3-91),可得单台采油机负荷曲线如图 3.50 所示。

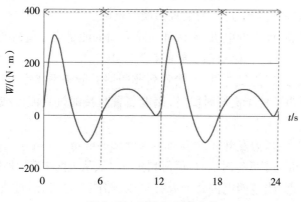

图 3.50　采油机负荷曲线

在研究单台采油机负荷特性的基础上,研究特定微电网供电区域内总负荷的特性。由于采油条件不同,各台采油机的机械性能不同,造成各采油机的工作周期不同且不同步,加之工作状态不同,因此,其总负荷具不确定性。对现场数据进行分析,得出负荷的概率密度函数,并通过模拟仿真,对其进行校正。

温吉桑油田的部分油井相对分布位置如图 3.51 所示,其中, load1 为 1 140 V 供电的油井, load2 为 380 V 供电的油井。由于沙漠油井供电系统的特殊性,设计了一套沙漠油井微电网系统。由于沙漠油井供电系统的负荷具有波动性,普通电网难以支撑,在油井附近建立光伏阵列和直驱式风力发电机组,用以平抑油井负荷波动对大电网的冲击。由于光伏和风电本身也具有随机性,因此沙漠油井微电网是一个源、荷均为随机波动的微电网系统,系统中必须加入储能装置。由于沙漠油井微电网的建设成本和运营成本都比较高,因此必须严格配置微电网中光伏、风机、储能的容量和位置,以满足建设成本、运行成本、系统稳定性、可靠性等多方面的要求。因此要对沙漠油井微电网系统进行优化配置。

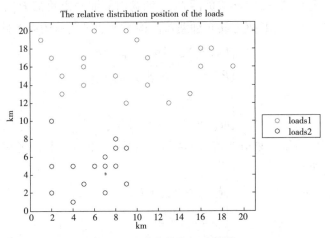

图 3.51　油井分布相对位置

系统有如下几种工作状态:

①能量馈网状态:风力发电机、光伏阵列及回馈的能量满足负荷的需求且电价处于高峰时段时,将多余的能量通过并网装置回馈给电网。

②离网储能状态:风力发电机、光伏阵列及回馈的能量满足负荷的需求且电价处于低谷时段,系统储能不足时,则对系统储能装置充电。

③储能补充状态:风力发电机、光伏阵列及回馈的能量不能完全满足负荷的需求,但系统储能充足且电价处于高峰时段时,储能装置直接通过直流母线给负荷提供所需补足的电能。

④市电补充状态:风力发电机、光伏阵列及回馈的能量不能完全满足负荷的需求,但系统储能充足且电价处于低谷时段时,负荷侧交流母线从电网中获取所需补足的电能。

⑤市电储能状态:当电网电价处于低谷阶段,储能不足时,通过直流母线直接给系

统储能装置充电。

⑥市电运行状态:风力发电机、光伏阵列及回馈的能量完全不能满足负荷的需求且储能不足时,负荷侧通过断路器直接从电网中获取所需的全部电能。

根据沙漠油井长期运行数据统计,沙漠油井供电系统 10 kV 主变压器的小时平均供电参数如图 3.52 所示。图中显示了 10 kV 主变压器输出功率的有功功率、无功功率和功率因素变化情况。系统中单台油井负荷的平均功率因素仅为 0.67。

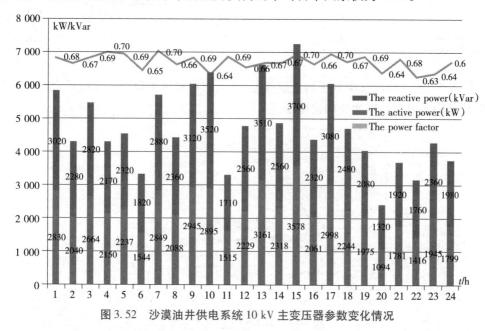

图 3.52　沙漠油井供电系统 10 kV 主变压器参数变化情况

根据新疆鄯善气象局历年的平均气象数据,温吉桑油田所在附近的相关气象资料如表 3.8 所示。

表 3.8　油井附近气象资料

月份	月平均气温/℃	日平均太阳辐射量 /(kWh·m⁻²·D)	风力密度 /(W·m⁻²)	风速 /(m·s⁻¹)
1	-6.6	2.14	435	6.1
2	0.80	3.17	541	7.8
3	10.4	4.28	605	9.1
4	19.6	5.36	640	8.0
5	26.3	6.41	421	8.9
6	30.9	6.70	493	7.4
7	32.5	6.51	431	6.8
8	30.7	5.97	397	7.3

续表

月份	月平均气温/℃	日平均太阳辐射量 /(kWh·m⁻²·D)	风力密度 /(W·m⁻²)	风速 /(m·s⁻¹)
9	24.3	4.88	410	7.6
10	14.4	3.62	522	7.0
11	3.90	2.40	637	8.1
12	-5.00	1.81	691	7.1
平均值	15.18	4.44	512	7.6

图 3.53 为该地区常年月平均光照气象资料,图中显示了跟光伏发电量密切相关的常年月平均气温和月平均光照强度变化情况。

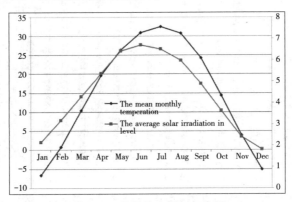

图 3.53 月平均光照气象资料

图 3.54 为该地区常年月平均风力气象资料,图中显示了跟风力发电量密切相关的常年月平均风功率密度和风速变化情况。

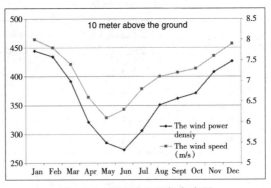

图 3.54 月平均光照气象资料

图 3.55 为该地区常年日平均风力气象资料,图中显示了离地面 10 m 处的日平均风速变化情况和日平均光照变化情况,可见风能和太阳能具有很强的互补性。

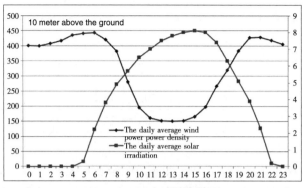

图 3.55　日平均气象资料

　　根据图 3.53—图 3.55 的气象数据资料,采用拉丁超立方抽象法对高维度数据进行分类。在选择的场景中,预期的功率曲线如图 3.56 所示。

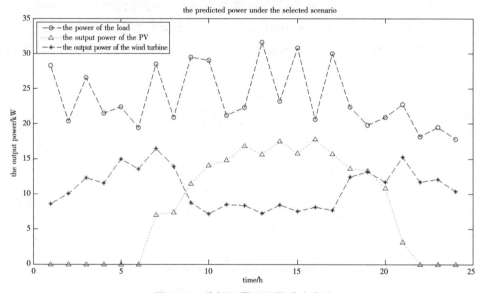

图 3.56　选择场景下预期功率曲线

　　微电网微电源的市场调研价格如表 3.9 所示,表中列出了永磁同步风力发电机、单晶硅太阳能电池、超级电容、蓄电池的参考价格。

表 3.9　电源参考价格

设备	型号	单价/元
永磁同步风机	10 kW/380 V	70 200
	20 kW/380 V	11 700
单晶硅太阳能电池	100 W/12 V	525
	300 W/36 V	1 275

续表

设备	型号	单价/元
超级电容	165 F/48 V	4 670
	330 F/48 V	8 460
蓄电池	200 Ah/12 V	2 025
	100 Ah/12 V	1 080

沙漠油井微电网系统由若干个单元组成,包括光伏阵列、储能装置、沙漠油井负荷群、并网装置、交直流母线、本地能量管理(LEMS)、中央能量管理(CEMS)以及断路器等,其结构如图 3.44 所示。

根据当地的风光气象资料、采油机的运行特点,以及微电源的建设和运营成本,采用向量序优化方法对图 3.51 所示的沙漠油井微电网进行优化配置后,得到了如表 3.10 所示的 4 种不同的可选择优化配置结果,综合考虑评价系数 h_1 和评价系数 h_2,选择场景 S_3 作为优化配置的结果,该场景的建设成本最低并且评价系数最优,根据场景 S_3 得到的微电源地理相对位置如图 3.57 所示。

表 3.10　不同场景下的优化配置结果

场景	成本/元	评价系数 h_1	评价系数 h_2
S_1	170 500	0.021	0.013
S_2	181 000	0.025	0.011
S_3	165 000	0.022	0.010
S_5	190 000	0.028	0.019

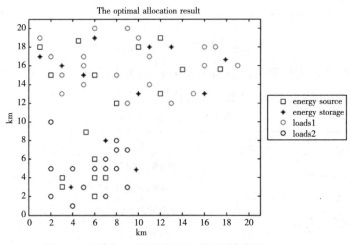

图 3.57　微电网优化配置结果

第4章 风电微网储能系统

4.1 储能单元能量转换机制

新疆的风力发电和太阳能发电都在全国名列前茅,新疆也是我国最早开展风能、发电技术研究及产业化推广的省区之一。根据 2016 年新疆维吾尔自治区人民政府下发的《关于扩大新能源消纳促进新能源持续健康发展的实施意见》的文件,为有效扩大风能、光伏等新能源消纳能力,促进新疆新能源产业的持续健康发展,新疆陆续开始了"电化新疆""电能替代""风光储能示范工程""新能源扶贫"等项目的实施。这为新疆的可再生能源发电及储能技术发展带来了重大机遇。

现阶段常用的储能装置有蓄电池、锂电池、抽水蓄能、超级电容、超导储能、飞轮储能、压缩空气储能等[214]。不同的储能装置在能量密度、功率密度、使用寿命和价格等方面均相差很大。

4.1.1 储能装置的等效模型

1)铅酸蓄电池的等效电路模型

铅酸蓄电池充放电过程是一个十分复杂的化学变化,要想对铅酸蓄电池的充放电特性进行分析,就需要搭建铅酸蓄电池的等效电路模型,并对其进行分析研究[216]。图 4.1 所示为最基本的铅酸蓄电池等效电路。

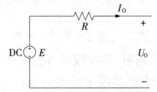

图 4.1 基本的铅酸蓄电池等效电路

该电路是将理想电压源串联一个电阻看作蓄电池,E 是理想直流电压源的电压,R 是蓄电池的等效内阻,U_0 是蓄电池的开路电压,I_0 是流过蓄电池的电流。

$$I_0 = \frac{U_0 - E}{R} \tag{4.1}$$

虽然该模型较为简单,但其没有考虑蓄电池的荷电状态,不能准确反映蓄电池的实际工作状态。文献[217]提出了改进的蓄电池模型,如图 4.2 所示。

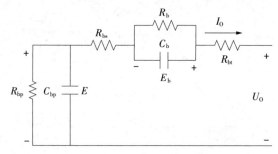

图 4.2　改进的蓄电池电路模型

这种改进的蓄电池电路模型,用电阻 R_{bp} 和电容 C_{bp} 的并联来代替理想的电压源 E,表示蓄电池内部的电压。R_{bs} 是蓄电池的等效内阻,R_b、C_b 表示蓄电池充放电过程中的等效电阻和极化电容,R_{bt} 是线路等效电阻。

$$U_0 = I_0(R_{bs} + R_{bt}) + E_b + E \tag{4.2}$$

$$I_0 = C_b \frac{dE_b}{dt} + \frac{E_b}{R_b} = C_{bp} \frac{dE_0}{dt} + \frac{E_0}{R_{bp}} \tag{4.3}$$

该模型可以准确反映出蓄电池充放电的动态特性,但是随着蓄电池状态的改变,模型中参数的确定变得比较困难。

2) 超级电容的等效电路模型

对于超级电容的等效电路模型,国内外学者都进行了大量研究,经常应用的是利用一阶线性 RC 电路来表征超级电容的充放电过程[218]。等效电路图如图 4.3 所示。

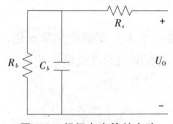

图 4.3　超级电容等效电路

图中,R_s 是超级电容的等效内阻,在超级电容充放电时,内阻的变化将会产生电压波动;R_b 是等效并联电阻,用来表征其漏电情况。该模型能够准确地表示超级电容充放电过程,且电路中参数的测定比较方便,在仿真和实际工程中运用十分广泛。

3）锂电池等效电路模型

对锂电池的工作特性研究首先需要对其建立标准的数学模型,等效电路模型作为目前研究应用最广的蓄电池数学模型主要包含线性（Rint）模型、戴维南（Thevenin）模型、PNGV 模型和多阶 RC 环路模型四种[219-222]。

由于以上电路模型在对电池表述过程中存在结构和计算之间的冲突,可采用折中方法,锂电池的充放电曲线[223] 充放电曲线用二阶 RC 等效模型描述,如图 4.4 所示。

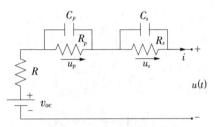

图 4.4　锂电池等效电路

二阶电路模型 v_{oc} 表示电池的开路电压,本书应用开路电压与电池剩余容量之间的关系。其中,本电路没有研究温度和电池健康状态对电池 SOC 的影响。R 表示由电池材料和电解液以及其他电阻组成的电池内阻,通常很小。用两个 RC 环节叠加表示电池的极化过程,模拟电池放电结束后电压变化的过程。$U(t)$ 表示锂电池的端口电压。i 表示电池的充放电电流。其中,端口电压和充放电电流可以检测到。

根据电路理论中的基尔霍夫电压和电流定律,可以得到式(4.4)：

$$\begin{cases} i_p = \dfrac{u_p}{R_p} + C_p \dfrac{\mathrm{d}u_p}{\mathrm{d}t} \\[2mm] i_s = \dfrac{u_s}{R_s} + C_s \dfrac{\mathrm{d}u_s}{\mathrm{d}t} \\[2mm] v_{oc} = u_p + u_s + iR + u(t) \end{cases} \tag{4.4}$$

对式(4.4)进行拉普拉斯变换,可得式(4.5)：

$$\begin{cases} \dfrac{U_p(s)}{I(s)} = \dfrac{\dfrac{1}{C_p}}{s + \dfrac{1}{C_p R_p}} \\[4mm] \dfrac{U_s(s)}{I(s)} = \dfrac{\dfrac{1}{C_s}}{s + \dfrac{1}{C_s R_s}} \\[4mm] V_{oc}(s) = U_p(s) + U_s(s) + I(s)R + U(s) \end{cases} \tag{4.5}$$

对式(4.5)进行 z 变换,可以得到式(4.6):

$$\begin{cases} \dfrac{U_p(z)}{I(z)} = \dfrac{R_p(1-\alpha_p)z^{-1}}{1-\alpha_p z^{-1}}, \alpha_p = e^{-\frac{T}{C_p R_p}} \\[3mm] \dfrac{U_s(z)}{I(z)} = \dfrac{R_s(1-\alpha_s)z^{-1}}{1-\alpha_s z^{-1}}, \alpha_s = e^{-\frac{T}{C_s R_s}} \\[3mm] V_{oc}(z) = U_p(z) + U_s(z) + I(z)R + U(z) \end{cases} \tag{4.6}$$

其中 T 为系统采样周期。

由 z 变换式(4.6)可以得到系统的离散方程:

$$\begin{cases} \begin{bmatrix} u_p(k) \\ u_s(k) \end{bmatrix} = \begin{bmatrix} \alpha_p & 0 \\ 0 & \alpha_s \end{bmatrix} \begin{bmatrix} u_p(k-1) \\ u_s(k-1) \end{bmatrix} + \begin{bmatrix} \beta_p & 0 \\ \beta_s & 0 \end{bmatrix} \begin{bmatrix} i(k-1) \\ u(k-1) \end{bmatrix} + \begin{bmatrix} w_p(k) \\ w_s(k) \end{bmatrix} \\[5mm] v_{oc}(k) = \begin{bmatrix} 1 & 1 \end{bmatrix} \begin{bmatrix} u_p(k) \\ u_s(k) \end{bmatrix} + \begin{bmatrix} R & 1 \end{bmatrix} \begin{bmatrix} i(k) \\ u(k) \end{bmatrix} + v(k) \\[5mm] \alpha_p = e^{-\frac{T}{C_p R_p}}, \alpha_s = e^{-\frac{T}{C_s R_s}}, \beta_p = R_p(1-e^{-\frac{T}{C_p R_p}}), \beta_s = R_s(1-e^{-\frac{T}{C_s R_s}}) \end{cases} \tag{4.7}$$

$u*(k)$ 和 $u*(k-1)$ 分别表示 k 时刻和 $k-1$ 时刻相应的电压;$i(k)$ 和 $i(k-1)$ 分别表示 k 时刻和 $k-1$ 时刻电池的充放电电流;$u(k)$ 和 $u(k-1)$ 分别表示 k 时刻和 $k-1$ 时刻电池输出电压;$v_{oc}(k)$ 和 $v_{oc}(k-1)$ 分别表示 k 时刻和 $k-1$ 时刻电池的开路电压;w 和 v 分别代表相应的误差。

4.1.2 储能系统双向 DC/DC 变换器的工作原理

储能装置接双向 DC/DC 变换器,既可以工作在充电状态,又可以工作在放电状态,示意图如图4.5 所示。

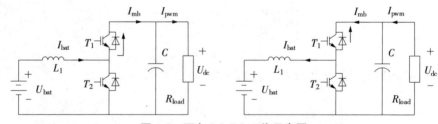

图 4.5 双向 DC/DC 工作示意图

在储能装置放电的时候,T_1 管关断(视为二极管),整个变流器相当于一个 Boost 电路。以蓄电池恒流放电为例,以电感电流 I_{bat} 为状态变量,列写状态方程。

$$L_1 \frac{\mathrm{d}I_{bat}}{\mathrm{d}t} = U_{bat} - (1-D)U_{dc} \tag{4.8}$$

其中,L_1 为滤波电感,U_{bat} 为蓄电池端电压,U_{dc} 为输出侧电压,D 为 Boost 电路的占空

比。根据上式可以计算出电流环的控制方程,求出 D:

$$D = \frac{(K_{p1} + K_{i1}/s)(I_{bat\_ref} - I_{bat}) + U_{dc} - U_{bat}}{U_{dc}} \qquad (4.9)$$

式中,I_{bat_ref} 为蓄电池电流指令值,K_{p1}、K_{i1} 为电流调节器比例积分系数。控制框图如图 4.6 所示。

在蓄电池或超级电容充电的时候,T_2 管关断(视为二极管),整个变流器相当于一个 buck 电路,同理,可以推出充电状态下的控制方程(仍以图 4.6 中左图所标注的方向为参考方向):

$$D = \frac{-(K_{p1} + K_{i1}/s)(I_{bat\_ref} - I_{bat}) + U_{bat}}{U_{dc}} \qquad (4.10)$$

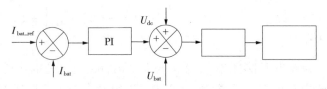

图 4.6　Boost 恒流放电控制框图

除了工作在恒流充放电状态,蓄电池还可以工作在恒压充放电模式。以蓄电池恒压充电为例,U_{bat} 为状态变量,列写状态方程如下:

$$C_{bat} \frac{dU_{bat}}{dt} = I_{bat} \qquad (4.11)$$

其中,C_{bat} 为蓄电池两端并联的电容。电压外环的控制方程为

$$(K_{p2} + K_{i2}/s)(U_{bat\_ref} - U_{bat}) = I_{bat\_ref} \qquad (4.12)$$

式中,U_{bat_ref} 为蓄电池端电压的指令值,K_{p2}、K_{i2} 为电压调节器比例积分系数。根据上式得出恒压充电控制框图如图 4.7 所示。

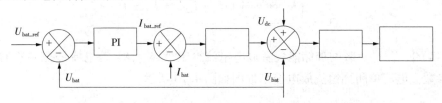

图 4.7　蓄电池恒压充电控制框图

储能装置工作在充电状态时,采用电流单闭环的 PI 控制方式,控制电感电流实现恒流充电,控制方程为:

$$D_1 = \frac{\left(K_{p1} + \dfrac{K_{i1}}{s}\right)(i_{L1}^* - i_{L1}) + U_1}{U_2} \qquad (4.13)$$

式(4.13)中,U_1 是储能装置端电压,U_2 是直流母线电压,i_{L1}^* 是负载减小时储能单元的

充电电流给定量；K_{p1}、K_{i1} 是电流环控制器的比例积分参数。电流单闭环恒流充电控制框图如图 4.8 所示。

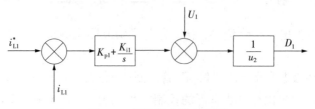

图 4.8　恒流充电控制框图

储能单元也可采取恒压充电控制方式，即内环为电流环，外环为电压环的双闭环控制方式，则储能装置的恒压充电控制方程为：

$$D_1' = \frac{\left(K_{pi} + \dfrac{K_{ii}}{s}\right)\left[\left(K_{pu} + \dfrac{K_{iu}}{s}\right)(U_{ref} - U_1) - i_{L1}\right] + U_1}{U_2} \tag{4.14}$$

式（4.14）中，U_{ref} 为充电时储能单元端电压指令值，K_{pu}、K_{iu} 是电压外环比例积分常数，K_{pi}、K_{ii} 是电流内环比例积分常数，由此式可以得到储能单元恒压充电的控制框图如图 4.9 所示。

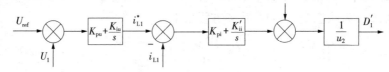

图 4.9　恒压充电控制框图

储能装置工作在放电状态时，采用电流单闭环的 PI 控制方式控制电感电流实现恒流放电，控制方程为

$$D_2 = \frac{\left(K_{p2} + \dfrac{K_{i2}}{s}\right)(i_{L2}^* - i_{L2}) + U_2 - U_1}{U_2} \tag{4.15}$$

式（4.15）中，i_{L2}^* 是负载增加储能装置放电电流给定量；K_{p2}、K_{i2} 是电流环控制器的比例积分参数。电流单闭环恒流放电控制框图如图 4.10 所示。

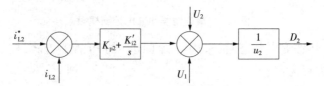

图 4.10　恒流放电控制框图

同样储能单元也可采取恒压放电，控制方程为：

$$D'_2 = \dfrac{\left(K'_{pi} + \dfrac{K'_{ii}}{s}\right)\left[\left(K'_{pu} + \dfrac{K'_{iu}}{s}\right)(U'_{ref} - U_1) - i'_{L2}\right] + U_2 - U_1}{U_2} \qquad (4.16)$$

式(4.16)中，U'_{ref} 为放电时储能单元端电压指令值，K'_{pu}、K'_{iu} 是电压外环比例积分常数，K'_{pi}、K'_{ii} 是电流内环比例积分常数。由此式可以得到蓄电池和超级电容恒压放电时的控制框图，如图 4.11 所示。

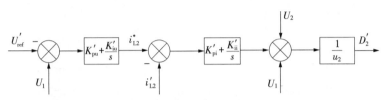

图 4.11　恒压放电控制框图

在混合储能系统中，储能装置在不同的功率条件下工作在恒流充放电状态或恒压充放电状态，但超级电容一般不工作在恒压放电状态[224]。所以本书不采用恒压充放电控制。

4.1.3　储能装置的充放电控制

电池单体与双向 DC/DC 变换器相连，变换器、电池以及充电母线构成的电路拓扑如图 4.12 所示。电池单体的电压相对较低，接在电压较低的一侧，另外一侧为高电压侧，与其他双向 DC/DC 变换器串联然后与直流母线连接。在单独对双向 DC/DC 电路进行分析时，把高压侧抽象成一个大容量电容。

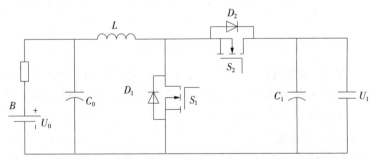

图 4.12　光伏微电网拓扑结构

其中电池电压为 U_1，内阻为 r_b，C_0、L 分别为双向 DC/DC 降压侧的滤波电容、电感，开关管 S_1，S_2 分别反并联续流二极管为电路提供换流功能，C_1 为变流器串联时的均压和稳压电容。C 为高压侧等效的电容。该电路能进行充放电的任意切换。此种拓扑结构的双向 DC/DC 换流器具有以下几种优点[225]：

①利用电感传输能量而省去一个大容量电容。

②需要的开关管和二极管耐压和耐流等级小。

③开关管导通损耗小,转化率高。

降压模式:

当对退役动力电池进行充电时,双向 DC/DC 变流器工作在降压(Buck)模式,此时 S_1 处于关断状态,S_2 进行开关控制,实现电池侧的电压和电流调节,此时能量从母线侧流向电池侧。其降压等效电路如图 4.13 所示。

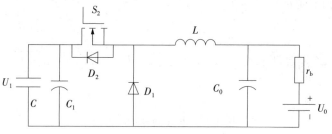

图 4.13　降压电路模型

升压模式:

当电池处于放电状态时,双向 DC/DC 变流器工作在升压(Boost)模式,此时 S_2 处于关断状态,S_1 进行开关控制,实现 C 侧电压和电流调节,此时能量从电池流向母线侧。其降压等效电路如图 4.14 所示。

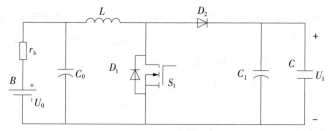

图 4.14　升压电路模型

储能接入微电网,必须进行合理的控制,控制的前提就是要对双向 DC/DC 进行数学模型的建立。目前有很多建模方法,但不同的建模方法针对不同的控制背景,本书采用传递函数方法来分析电路的模型并进行闭环控制,则采用状态空间平均法对双向 DC/DC 电路进行小信号建模[266]。

状态空间平均法是由电路不同拓扑状态下的状态空间不同而列出相应的状态方程,然后再进行"平均化-小信号扰动-线性化"处理,得出的小信号模型再进行拉普拉斯变换即能求出相应的电力电子电路的传递函数。

第一步:假设电路工作电流连续的状态下,根据开关管的状态列写状态方程。

开关管导通状态:

$$\begin{cases} \dot{\boldsymbol{x}} = A_1 \boldsymbol{x} + B_1 u \\ \dot{y} = C_1 \boldsymbol{x} \end{cases} \quad 0 \leqslant t \leqslant T_{on} \tag{4.17}$$

开关管关闭状态：

$$\begin{cases} \dot{\pmb{x}} = A_2\,\pmb{x} + B_2 u \\ \dot{y} = C_2\,\pmb{x} \end{cases} \qquad T_{on} \leqslant t \leqslant T \qquad (4.18)$$

式中，$\pmb{x}$ 为状态变量，$\dot{\pmb{x}} = \dfrac{\mathrm{d}\pmb{x}}{\mathrm{d}t}$；$u$ 为输入变量；y 为输出变量；T_{on} 为开关管开通时间，T 为开关管开关周期；A_1、B_1、C_1、A_2、B_2、C_2 为系统的系数矩阵。

第二步：平均化。

在一个开关周期内对式（4.13）和式（4.14）进行平均化，得出变流器的平均状态方程：

$$\begin{cases} \bar{\dot{x}} = (dA_1 + d'A_2)\bar{x} + (dB_1 + d'B_2)\bar{u} \\ \bar{y} = (dC_1 + d'C_2)\bar{x} \end{cases} \qquad 0 \leqslant t \leqslant T \qquad (4.19)$$

其中导通时间与开关周期的比值为占空比 $d = \dfrac{T_{on}}{T}$，$d' = 1 - d$。

第三步：小信号干扰模型。

设定电路工作在稳定工作点附近，引入小信号干扰，则其瞬时值为稳定量与扰动量共同作用的结果：

$$d = D + \hat{d}, d' = D' - \hat{d}, u = U + \hat{u}, x = X + \hat{x}, y = Y + \hat{y}, D + D' = 1$$

将其代入式（4.19）可得：

$$\begin{cases} \mathrm{d}(X + \hat{x})/\mathrm{d}t = A(X + \hat{x}) + B(U + \hat{u}) + [(A_1 - A_2)X + (B_1 - B_2)U]\hat{d} + \\ \qquad (A_1 - A_2)\hat{d}\hat{x} + (B_1 - B_2)\hat{d}\hat{u} \\ Y + \hat{y} = C(X + \hat{x}) + (C_1 - C_2)(X + \hat{x})\hat{d} \end{cases} \qquad (4.20)$$

其中参数矩阵为：

$$A = DA_1 + D'A_2$$
$$B = DB_1 + D'B_2$$
$$C = DC_1 + D'C_2$$

根据式（4.20）可分离出稳态方程和动态小信号方程。

稳态方程：

$$\begin{cases} 0 = AX + BU \\ Y = CX \end{cases} \qquad (4.21)$$

小信号方程：

$$\begin{cases} \dot{\hat{x}} = A\hat{x} + B\hat{u} + [(A_1 - A_2)X + (B_1 - B_2)U]\hat{d} + \\ \qquad (A_1 - A_2)\hat{d}\hat{x} + (B_1 - B_2)\hat{d}\hat{u} \\ \hat{y} = C\hat{x} + (C_1 - C_2)X\hat{d} + (C_1 - C_2)\hat{x}\hat{d} \end{cases} \qquad (4.22)$$

第四步:线性化。

忽略二阶小信号,则小信号方程可化为:

$$\begin{cases} \dot{\hat{x}} = A\hat{x} + B\hat{u} + \left[(A_1 - A_2)X + (B_1 - B_2)U \right]\hat{d} \\ \hat{y} = C\hat{x} + (C_1 - C_2)X\hat{d} \end{cases} \tag{4.23}$$

第五步:拉普拉斯变换。

对式(4.23)进行拉式变换,并进行整理得

$$\begin{cases} \hat{x}(s) = (sI - A)^{-1}B\hat{u}(s) + (sI - A)^{-1}\hat{d}(s)\left[(A_1 - A_2)X + (B_1 - B_2)U \right] \\ \hat{y}(s) = C(sI - A)^{-1}B\hat{u}(s) + (sI - A)^{-1}\hat{d}(s)\left[(A_1 - A_2)X + (B_1 - B_2)U \right] + \\ \qquad \hat{d}(s)(C_1 - C_2)X \end{cases} \tag{4.24}$$

对式(4.24)进行整理,可得传递函数:

$$\begin{cases} \dfrac{\hat{x}(s)}{\hat{u}(s)}\Big|_{\hat{d}(s)=0} = (sI - A)^{-1}B \\[2mm] \dfrac{\hat{x}(s)}{\hat{d}(s)}\Big|_{\hat{u}(s)=0} = (sI - A)^{-1}\left[(A_1 - A_2)X + (B_1 - B_2)U \right] \\[2mm] \dfrac{\hat{y}(s)}{\hat{u}(s)}\Big|_{\hat{d}(s)=0} = C(sI - A)^{-1}B \\[2mm] \dfrac{\hat{y}(s)}{\hat{d}(s)}\Big|_{\hat{u}(s)=0} = (sI - A)^{-1}\left[(A_1 - A_2)X + (B_1 - B_2)U \right] + (C_1 - C_2)X \end{cases} \tag{4.25}$$

(1)降压模式下小信号模型

根据图4.13所示,可设状态变量为电容电压和电感电流,即 $x = \begin{bmatrix} x_1 & x_2 \end{bmatrix}^{\mathrm{T}} = \begin{bmatrix} i_L(t) & u_{c_0}(t) \end{bmatrix}^{\mathrm{T}}$,系统输入量为输入电压 $u = u_{in}(t)$,系统输出量为输出电压 $y = u_o(t)$。

根据基尔霍夫电压和电流定律可写出相应的方程,可得相应的参数矩阵为:

$$A = \begin{bmatrix} 0 & \dfrac{-1}{L} \\[2mm] \dfrac{1}{C_o} & \dfrac{-1}{r_b C_o} \end{bmatrix} \quad B = \begin{bmatrix} \dfrac{d}{L} \\[2mm] 0 \end{bmatrix} \quad C = \begin{bmatrix} 0 & 1 \end{bmatrix}$$

可以推导出

$$G_{u_o d} = \dfrac{\hat{u}_o(s)}{\hat{d}(s)}\Big|_{\hat{u}_1 = 0} = \dfrac{u_1}{LC_o s^2 + \dfrac{L}{r_b}s + 1} \tag{4.26}$$

$$G_{i_L d} = \dfrac{\hat{i}_L(s)}{\hat{d}(s)}\Big|_{\hat{u}_1 = 0} = \dfrac{\dfrac{u_1}{u_{pwm}}}{s} \tag{4.27}$$

其中，u_1 为 Buck 电路高电压处电压，L、C_o 是 Buck 输出侧的滤波电感和电容。电池模型用一个电压源和一个小电阻串联，r_b 为电池等效内阻，u_{PWM} 为 PWM 载波电压。

（2）升压模式下小信号模型

根据图 4.14 所示，可设状态变量为电容电压和电感电流，即 $x = \begin{bmatrix} x_1 & x_2 \end{bmatrix}^T = \begin{bmatrix} i_L(t) \\ u_{c_1}(t) \end{bmatrix}^T$，系统输入量为输入电压 $u = u_1(t)$，系统输出量为输出电压 $y = u_1(t)$。

根据 KCL 和 KVL 可写出相应的方程，则相应的参数矩阵为：

$$A = \begin{bmatrix} 0 & \dfrac{-(1-d)}{L} \\ \dfrac{1-d}{C_1} & \dfrac{-1}{RC_1} \end{bmatrix} \quad B = \begin{bmatrix} \dfrac{1}{L} \\ 0 \end{bmatrix} \quad C = \begin{bmatrix} 0 & 1 \end{bmatrix}$$

可以推导出：

$$G_{u_1 d} = \left. \frac{\hat{u}_1(s)}{\hat{d}(s)} \right|_{\hat{u}_0 = 0} = \frac{u_0 \left(1 - \dfrac{Ls}{RD'^2} \right)}{LC_1 s^2 + \dfrac{L}{R} s + D'^2} \tag{4.28}$$

其中 R 是直流母线侧等效电阻。

4.2　风电微网混合储能系统及其控制策略

混合储能系统是微电网中不可缺少的环节。以蓄电池和超级电容组成混合储能单元在充放电时可达到优势互补的效果。典型储能设备的优缺点进行总结对比，如表 4.1 所示。

表 4.1　常用储能装置性能对比

储能装置	优点	缺点
抽水蓄能	大容量,低成本	受地理条件限制
压缩空气	大容量,低成本	受地理条件限制
飞轮储能	功率密度高	能量密度低,技术需改善
铅酸蓄电池	低成本,大容量,技术成熟	寿命短,污染环境
锂电池	能量密度高,污染小	大规模待研究
超导储能	功率高,响应速度快	高成本
超级电容	效率高,功率密度高,寿命长	能量密度低

通过上表可以看出,没有一种储能装置能够具有高能量密度、高功率密度、使用寿命长、效率高、无污染、剩余容量计算方便、成本低等全部优点,因此在选择储能装置时往往是看重某一方面优点的折中选择。将两个具有优势互补的储能装置组成一个混合储能系统,是一种很好的解决办法。

铅酸蓄电池的成本较低,容量也比较大,控制技术成熟,是最常用的一种储能装置,但蓄电池的充放电循环次数少,频繁进行充放电会缩短其寿命。而超级电容理论上的充放电次数是无限次,充电和放电的效率都比较高,且无污染但价格昂贵,容量一般较小。将铅酸蓄电池和超级电容组成混合储能系统,可以发挥它们各自的优势,实现扬长避短[227]。

4.2.1 风电微网混合储能系统拓扑结构

蓄电池和超级电容的并联方式主要分为无源式结构和有源式结构两大类[228]。无源式结构一般包括两者直接并联或者通过电感等无源器件并联等形式,如图 4.15 所示。这种并联方式结构简单,但是存在的缺点是电容不能完全吸收功率中的高频分量,且两者电压的选择受到限制[229]。

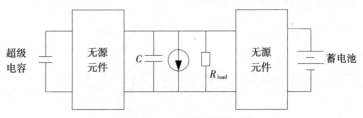

图 4.15　无源式结构

有源式结构指的是两者通过电力电子变换器连接到一起。一种典型的结构如图 4.16 所示,两种储能装置均通过 DC/DC 变换器和直流母线及功率源相连接。

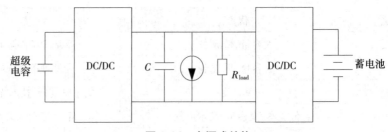

图 4.16　有源式结构

有源式结构在整个系统的设计上灵活性大大提高,如对两种储能装置的电压没有特殊要求,并且更能充分地利用两者的特性,提高混合储能系统的控制性能[230]。本章研究的混合储能系统将基于有源式结构,蓄电池和超级电容均通过双向 DC/DC 变换器和直流母线相接。

图 4.17 是光伏微电网系统的整体拓扑结构[175]，图中左半部是直流部分，右侧为交流部分。左侧的光伏阵列通过 BOOST 电路连接到直流母线，蓄电池和超级电容相互并联，利用 DC/DC 双向变换器连接到直流母线上，直流负载直接与直流母线相连。交流部分包括逆变器和 LC 型滤波器，在并网时可与大电网相连，在离网时直接与交流负载相连。

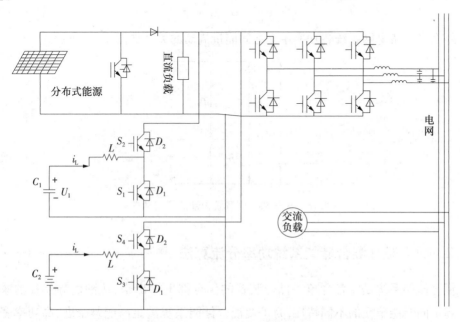

图 4.17　光伏微电网系统拓扑结构

系统中包含的能量单元主要有：光伏阵列、混合储能单元、直流负载、交流负载以及大电网[231]。在系统运行过程中，要对各个能量单元进行协调控制，达到以下控制效果：

①光伏阵列工作在 MPPT 状态下，实现光伏电池板的最大利用。

②保证直流母线电压的稳定，为直流负载提供所需电能。

③实现蓄电池和超级电容功率、容量的最大化利用，且不出现过充、过放等危害储能装置寿命的状况。混合储能系统对光伏微电网系统中的功率波动起到平抑效果。

④孤岛模式下，满足交流负载对电压、频率等的要求。

⑤并网运行时，满足大电网对电能质量的需求，给大电网提供相应的有功和无功功率。

在光伏微电网系统中，系统需要输出的功率 P_o 应该要满足各种直流负载和逆变器的需要，即

$$P_o = P_{dc} + P_{inv} \tag{4.29}$$

P_{dc}、P_{inv} 分别为直流负载和逆变器所需功率。而维持整个微网系统功率的平衡是通过光伏阵列和混合储能单元一起完成的,系统的输出功率 P_o 等于光伏阵列释放功率 P_{pv} 与储能装置释放或吸收功率 P_{sto} 之和。

$$P_o = P_{pv} + P_{sto} \qquad (4.30)$$

混合储能单元承担的功率是通过蓄电池释放或吸收的功率 P_{bat} 和超级电容释放或吸收的功率 P_{sc} 共同来完成。

$$P_{sto} = P_{bat} + P_{sc} \qquad (4.31)$$

整个光伏微电网系统各功率单元之间能量流动的关系如图4.18所示。

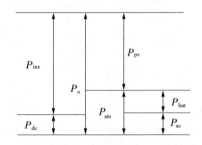

图4.18 光伏微电网系统内部能量流动关系

4.2.2 风电微网混合储能系统功率分流算法

混合储能系统是将各种单一储能装置的优点都发挥出来,达到优势互补的效果。考虑到不同储能单元的不同特性,为了使混合储能系统满足高能量密度、高功率密度、使用寿命长、储能效率高、无污染、成本低等特点,需对系统波动功率进行分配,分别由蓄电池和超级电容负责吸收或释放,维持直流母线电压稳定,保证光伏微电网系统中各个单元之间的能量保持平衡,这就是功率分流算法。

1)功率分流算法考虑的因素

将蓄电池和超级电容组成混合储能系统,功率分流算法的目的是在保证整个光伏微电网系统功率平衡的前提下,使各个储能单元之间能够更好地协调配合,优化各个储能装置的充放电曲线,使混合储能系统的功率、容量得到充分利用,降低整个系统的成本。根据蓄电池和超级电容各自的特点,以它们为对象的功率分流算法,主要考虑的是二者的频率特性,但为了达到长寿命、低成本的优点,储能装置的容量和荷电状态也应该成为考虑因素。

从储能元件频率特性的角度看,蓄电池承受高频功率的能力比较差,长时间吸收或释放高频功率会对蓄电池造成大的损害,从而影响到它的使用寿命,同时对于变化较快的功率指令,蓄电池的反应速度较慢。超级电容恰好可以弥补蓄电池的这些不足之处,超级电容可以承担各个频率段的功率分量,且能够满足快速反应的要求。因此,结合蓄电池能量密度高、超级电容功率密度高的特点,在设计功率分流算法时让超级电容吸收或释放高频功率分量,而蓄电池承担低频分量。

从储能装置寿命的角度看,蓄电池循环使用的寿命短,一般只有数百次到数千次,且随着使用时间的延长,其充放电效率在不断降低。超级电容几乎可以实现无限次数的循环使用,充放电效率不受循环使用次数的影响,也可以进行深度的充放电而不影响其寿命。在功率分流算法中,为了提升储能系统的工作效率,应该让超级电容承担更多能量,同时为了延长蓄电池的使用寿命,应该避免其频繁地充放电。

从储能系统成本的角度考虑,虽然超级电容在功率特性、寿命等方面有着较大的优势,但其能量密度低、价格昂贵,出于对成本的考虑,在实际工程中不能大规模使用。蓄电池的制造技术十分成熟,容量可以做到很大,价格也比较低。所以,在设计储能系统时应该以蓄电池为主要的储能单元,超级电容则起到辅助作用。在设计功率分流算法时,应该充分利用超级电容的容量,避免容量的浪费。

2)低通滤波器算法

在蓄电池和超级电容功率分配的实际应用中,最简单的方法就是采用低通滤波器将混合储能系统所需吸收或释放的功率分为高频和低频两部分,超级电容承担高频分量,低频分量则由蓄电池负责承担[232]。

一阶低通滤波器的拓扑结构如图 4.19 所示,U_i 为电路输入电压,U_o 为输出电压。

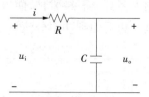

图 4.19　一阶低通滤波器拓扑结构

分析电路原理,可以得出其微分方程,如式(4.32):

$$U_i = U_o + RC \frac{\mathrm{d}U_o}{\mathrm{d}t} \qquad (4.32)$$

式(4.32)中,RC 是滤波时间常数,可令其等于 τ,写成传递函数的形式:

$$G(s) = \frac{1}{\tau s + 1} \qquad (4.33)$$

则蓄电池吸收或释放的功率分量 P_{bat} 为

$$P_{bat} = \frac{1}{\tau s + 1} P_{sto} \qquad (4.34)$$

超级电容所需承担的功率分量 P_{sc} 为：

$$P_{sc} = P_{sto} - P_{bat} \qquad (4.35)$$

滤波时间常数 τ 的大小决定了蓄电池所补偿的功率分量的多少，τ 取值越大，蓄电池所要补偿的功率分量的范围就越大。

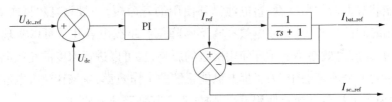

图 4.20　低通滤波器法控制框图

图 4.20 是低通滤波器法控制框图，比例积分控制器将直流母线电压给定值和实际值之间的差转化成储能单元充放电电流指令值。再设置合适的低通滤波常数，分别得到蓄电池和超级电容的充放电电流指令值。

4.2.3　基于模糊控制的混合储能控制策略

传统低通滤波器法只考虑了各个储能单元的频率特征，没有考虑它们的荷电状态，这就会导致储能元件的容量无法得到充分利用，甚至会出现过度充放电的现象，影响储能装置循环使用的次数。针对低通滤波器算法存在的明显缺点，需要提出一种把储能元件荷电状态作为考虑因素的算法来提高储能元件容量的利用率。

低通滤波器法中的滤波时间常数、储能元件的荷电状态等许多因素都没有具体阈值，且功率分流算法的指导原则大多都具有经验性，而模糊控制对于这类系统有其独到的优势，所以本书就将模糊控制思想运用到功率分流算法中。

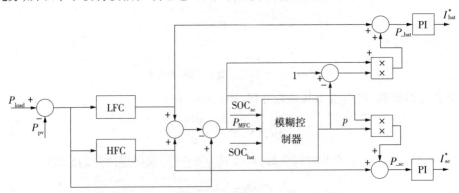

图 4.21　运用模糊控制的功率分流算法控制框图

如图 4.21 所示，光伏微电网系统中功率波动的变化量经过低通和高通滤波器，将系统中的功率波动分为低频、中频和高频三个分量。低频部分直接由蓄电池承担，高频部分由超级电容承担,而中频部分则进入模糊控制器。模糊控制器有两个输入,分别是中频功率分量 P_{MFC} 和超级电容荷电状态 $\mathrm{SOC_{sc}}$,输出值是超级电容对低频功率的分担系数 p,则蓄电池对低频功率的分担系数为 $1-p$。p 的值可以小于 0,也可以大于 1,分别表示充电、放电两种不同的工作方式。蓄电池和超级电容最终需要承担的功率分量为

$$\begin{cases} P_{\mathrm{bat}} = P_{\mathrm{LFC}} + P_{\mathrm{MFC}}(1-p) \\ P_{\mathrm{sc}} = P_{\mathrm{HFC}} + P_{\mathrm{MFC}}p \end{cases} \tag{4.36}$$

　　模糊控制计算前要先对其输入量进行模糊化,计算后再对其输出量作清晰化处理,而模糊化和清晰化都需要建立相关变量的隶属度函数[233]。图 4.22 是模糊控制器输入和输出变量的隶属度函数。

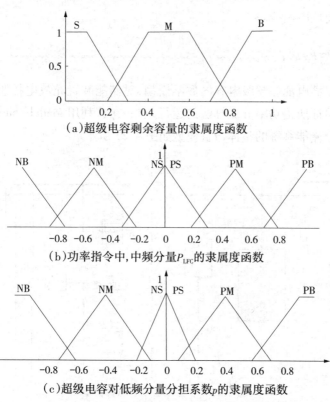

（a）超级电容剩余容量的隶属度函数

（b）功率指令中,中频分量 P_{LFC} 的隶属度函数

（c）超级电容对低频分量分担系数 p 的隶属度函数

图 4.22　模糊控制算法的隶属度函数

　　模糊控制的关键是模糊规则的建立。模糊规则首先要保证超级电容的荷电状态在安全范围以内,避免出现过度充、放电。其次,在超级电容剩余容量充足的情况下,应尽量让超级电容承担中频功率分量。在满足上述两个基本原则的基础上,当超级电容剩余容量减少时,减小超级电容对中频功率分量的分担系数 p,当超级电容剩余容量增大

时,p 也随之增大。模糊控制算法的规则如表4.2所示。

表4.2　模糊控制算法的规则

超级电容对中频功率分量的分担系数 p		中频功率分量 P_{MFC}					
		NB	NM	NS	PS	PM	PB
超级电容荷电状态 SOC_{sc}	S	NS	NS	NS	PS	PS	PS
	M	NM	NM	NM	PM	PM	PM
	B	NB	NB	NB	PB	PB	PB

　　根据上述规则设计的模糊推理规则既可以保证超级电容的容量得到安全、充分地利用,节约了混合储能系统的成本,同时也会适当减少蓄电池深度充放电的次数,优化各储能装置的充放电曲线。

4.2.4　仿真与结果分析

　　前文介绍了蓄电池和超级电容的数学模型,对储能装置充放电控制策略也做了深入阐述。为了验证所提功率分流算法的运行效果,在这利用 Matlab/Simulink 软件建立仿真模型。混合储能系统的整体仿真模型如图4.23所示。

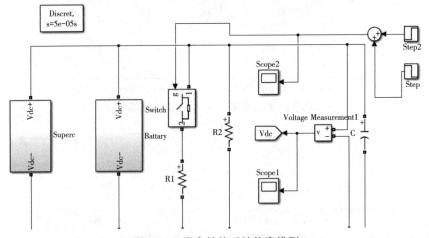

图4.23　混合储能系统仿真模型

　　系统整体仿真模型包含有蓄电池仿真模块和超级电容仿真模块。在仿真运行时,直流母线上电阻值的改变可以模拟系统直流侧功率指令的变化。蓄电池模块的仿真模型如图4.24所示。

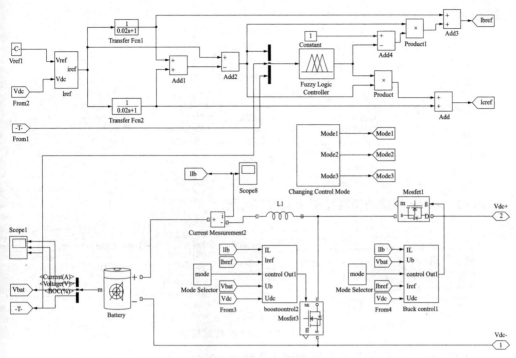

图 4.24　蓄电池仿真模型

　　图 4.24 的上半部分是基于模糊控制的功率分流算法的仿真模型,通过高、低通滤波器和模糊控制器的作用,得到蓄电池和超级电容各自承担的功率指令。

　　超级电容的仿真模型如图 4.25 所示。

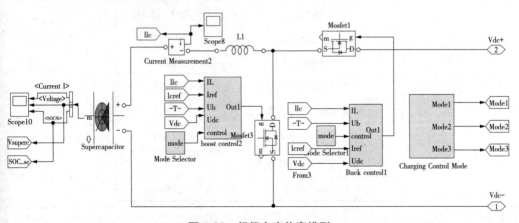

图 4.25　超级电容仿真模型

　　蓄电池模块 battery 和超级电容模块 Supercapacitor 都是 Simulink 模块库中自带的,只需对其参数进行设置。BOOST 和 BUCK 电路中使用的开关管为 MOSFET,其控制模块分别为 BOOST Control 和 BUCK Control。其中,BOOST Control 模块的仿真模型如图

4.26 所示。

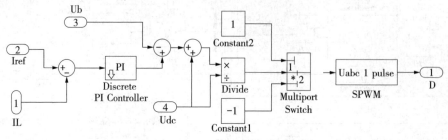

图 4.26　BOOST Control 仿真模块

BUCK Control 模块的仿真模型如图 4.27 所示。

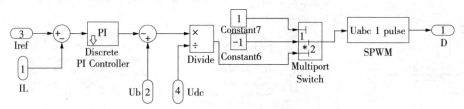

图 4.27　BUCK Control 仿真模块

设置各个模块具体的仿真参数如表 4.3 所示。

表 4.3　系统仿真参数

仿真参数	数值
直流母线电压 U_2	150 V
蓄电池	70 V,65 AH
超级电容	70 V,75 F
储能侧电感 L	10 mH
恒流充电 PI 控制器 K_{p1}	100
恒流充电 PI 控制器 K_{i1}	0.1
恒流放电 PI 控制器 K_{p2}	200
恒流放电 PI 控制器 K_{i2}	0.2
采样时间	0.000 01 s

　　仿真运行时间为 0.6 s,系统初始时刻直流负载为 100 Ω 电阻。在 $t=0.2$ s 时,负载两端并联 200 Ω 电阻,加大系统直流负载功率,得到系统直流母线电压波形,蓄电池、超级电容电流波形和超级电容的荷电状态曲线,如图 4.28 所示。直流母线电压在 $t=0.2$ s 时发生小幅度下降,之后很快维持稳定状态。蓄电池充电电流缓慢地从 4 A 减小到 2

A,减少了高频功率波动分量对蓄电池的冲击。超级电容瞬间放电电流达到 2 A,之后又接近于零。放电使超级电容的荷电状态在减少,减少的幅度较大,但在安全范围以内。

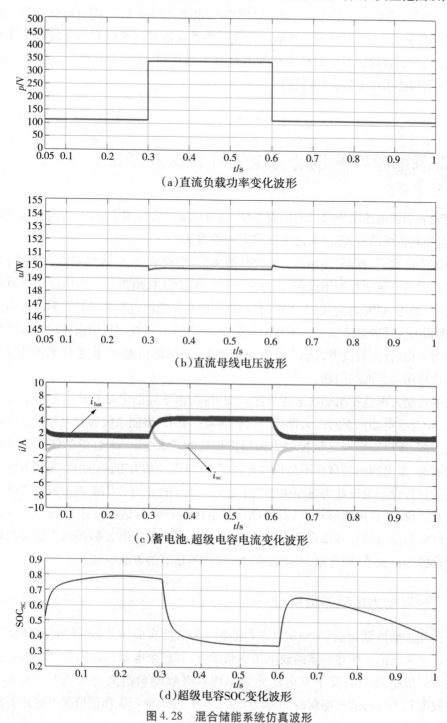

（a）直流负载功率变化波形

（b）直流母线电压波形

（c）蓄电池、超级电容电流变化波形

（d）超级电容SOC变化波形

图 4.28　混合储能系统仿真波形

在 $t = 0.4\,s$ 时又减去这 200 Ω 电阻,使系统直流负载功率回到初始状态。系统直流母线电压在小幅度上升后依然维持着较为稳定的状态,蓄电池充电电流缓慢地由 2 A 增大到 4 A,超级电容充电电流瞬间达到 3 A,很快又趋近于零,荷电状态在安全范围内出现迅速回升,之后又出现了跌落。由此看出蓄电池和超级电容的充放电曲线得到了优化,这对混合储能系统的稳定性和寿命都十分有利,且充分利用了超级电容的容量,使整个储能系统更具有经济性。

4.3 风电微网退役动力电池异构储能系统

实验表明锂电池用于微电网储能系统,既可以满足容量的需求,又可满足快速性的需求,但是其价格昂贵,无法满足大规模应用的需求。

我国工信部、科技部、环保部、交通部、商务部、质检总局、能源局联合发布了《新能源汽车动力蓄电池回收利用管理暂行办法》[234],该办法提出要加大对电动汽车退役电池的回收、利用、研究力度,以人为本,将环境问题和新能源汽车的发展问题统筹结合起来,促进相关行业的健康发展。国家电网公司在 2018 年科技项目中也将动力电池梯次利用作为一项,旨在解决退役动力电池 SOH 估算、动态阻抗检测、快速状态评估以及规模化梯次应用等方面的问题。

将退役动力电池重组梯次运用于光伏微电网,由于储能电站充放电基本上每天循环一次,相对于电动汽车两三天循环一次充电频率更大,储能系统容量也相比于电动汽车要大很多,所以需要对电池控制方面提出更高的要求[235]。大容量的储能系统对电池要求更高,微电网的容量在不是很大的情况下,将退役动力电池运用于光伏微电网具有一定的可行性。退役动力电池由于汽车运行状况和批次等原因造成参数具有严重的不一致性。所以,在重组过程中,首先就应对电池进行参数估计筛选和剩余容量 SOC 检测。SOC 对能量管理和稳定性举足轻重,锂电池不像超级电容那样剩余容量和端电压有明确的函数关系,锂电池 SOC 需要用间接预测估算的方法得到。

4.3.1 退役动力电池参数辨识

美国先进电池联合会(USABC)在《电动汽车电池实验手册》将蓄电池剩余电量(SOC)定义为电池工作在一定的放电倍率状况下,其剩余电量与相同条件下额定容量的比值。一般把某一温度下蓄电池充到不能再吸收能量定义为充满电,即 SOC 为100%,放电到不能再放出能量时 SOC 为 0%。SOC 在电池不工作的情况下也并不是固定不变的,其受自放电、温度变化、老化以及充放电倍率的变化而变化。

由于锂电池电化学反应相对复杂,则锂电池 SOC 计算相较于超级电容 SOC 计算更加困难。目前,安时积分法[236]、开路电压法[237]、内阻法[238]、线性模型法[239]、卡尔曼滤波器法[240-243]及其他方法[244,245]是计算蓄电池 SOC 常用的方法。

1)安时积分法

目前最常用的计算蓄电池剩余容量方法是安培积分法,其中,电池的 SOC 定义也是由安时积分法得到,在仅考虑充放电过程时,其定义由式(4.37)表达。

$$SOC = 100\left(1 - \frac{1}{Q_{额定}}\int_0^t i(t)\,dt\right) \tag{4.37}$$

其中,$Q_{额定}$ 为锂电池的充满电时蓄电池额定电荷量,$i(t)$ 是电池的充电或放电电流,充电电流符号为负,放电电流符号为正。

当电池初始状态不在充满电和考虑充放电过程中有能量损失情况下,其可以改写成

$$SOC = SOC_0 + \frac{1}{Q_{额定}}\int_0^t (i_t - i_{loss})\,dt \tag{4.38}$$

其中,SOC_0 为蓄电池的初始剩余容量,i_{loss} 为充放电过程中损失的部分。

安时积分法对电流传感器的要求比较高,如果电流采样有误差,则会导致 SOC 计算不太准确,在充放电过程中也有能量损失。其中,i_{loss} 取值在充电和放电情况下也不同。充电过程中,电能也会在电池内阻、电极上消耗而没有作为电能存在电池内。放电过程中,电池内阻、电极上的耗能全部来源于电池内部,且受充放电电流值的影响较大。i_{loss} 由于和很多因素有关,测试也相对困难,在损失精度的情况下,通常将其设定成一个常数。但由于安时积分法对采样精度要求很高,则会造成成本增加,对传感器噪声也会进行累积,造成 SOC 计算结果存在一定的偏差。

2)开路电压法

锂电池在静置一段时间后,其开路电压和 SOC 具有一定的近似线性函数关系,在静置情况下通过开路电压去估算蓄电池 SOC 相对比较准确。但是静置状态电池是不工作的,且时间较长,一般为半个小时以上,这段时间电池内部电化学反应稳定。但是该方法不能用于储能系统工作时,因为蓄电池工作时,尤其在进行能量均衡时需要实时估算出蓄电池的 SOC,故该方法在估算电池 SOC 时就会出现很大的偏差。在此情况下,不能直接运用开路电压去估算蓄电池 SOC。但是可以根据蓄电池在静置情况下的电压和 SOC 关系。当电池工作时,通过间接的方法可实时计算蓄电池的开路电压,从而估算电池 SOC。

3) 内阻法

蓄电池内部寄生电阻的阻值和 SOC 也存在一定的对应关系,可以通过接入直流或交流电流,在电池两端测得电压而得到内阻阻值。由此可以通过检测蓄电池内阻的方法来估算蓄电池的剩余容量。但是,退役动力电池的内阻和电池的健康状态(SOH)具有很大的关系,由于运行条件、批次、型号不同跨度会很大,不同型号、批次的电池内阻和 SOC 的对应关系也不一样。同批次的电池运行时间长,电阻则会变大。电池 SOH 不好,则电阻会变得更大,所以只通过电池内阻来判断退役动力电池的 SOC 是不行的。即使是健康状况良好的电池,由于在 SOC 较大时,内阻随 SOC 变化不太明显,SOC 估算精度会较差。

4) 线性模型法

将蓄电池的 SOC 看成与电池电压、电流、上一采样时刻的 SOC 以及初始值存在线性关系的模型,其中,电池电压和电流可以通过传感器检测到,上一采样时刻 SOC 可以经过初始 SOC 递推得到,其表达式为:

$$SOC(n) = k_0 + k_1 u(n) + k_2 i(n) + k_3 SOC(n-1) \tag{4.39}$$

其中,k_0、k_1、k_2、k_3 为关联系数,可以通过最小二乘进行辨识得到。但是该方法只适用于充放电电流较低且蓄电池剩余容量变化较慢的情况。如果电池寿命和电池种类不同关联系数也会不同,系数不准确的情况下会造成 SOC 估算出现严重偏差。

5) 卡尔曼滤波器法及其他方法

卡尔曼滤波器法通常与安时积分法、开路电压法相结合,一起对电池 SOC 进行估算。该方法将 SOC 看作电池的内部变量,然后通过递推实现最小方差估计而得到 SOC。卡尔曼滤波器算法是经过离散递推过程,适用于电池电参量的采样过程,能过滤传感器的白噪声,精度可以得到保证。但是目前只在实验室有仿真和实验应用,在大规模储能应用时,其计算量相当可观,工程应用仍需时日。由于蓄电池的非线性特性,很多改进型卡尔曼滤波器被提出。

传统的卡尔曼滤波器在进行 SOC 估算时其参数被认为恒定不变,在实际系统中,电池的参数在充放电过程中都是变化的,这会造成 SOC 估算与实际情况产生较大误差,所以本书采用电池参数估计与卡尔曼滤波器相结合的方法来估算电池 SOC。通过对电池参数进行实时估计,然后将参数代入卡尔曼滤波器公式中,再进行状态更新得出开路电压再估算出电池 SOC。

除了以上方法外,还有电量累积法、阻抗光谱法、神经网络及其改进等方法,每种方法都有各自的优缺点和适用场合。

卡尔曼滤波器法自被提出以来一直被广泛研究和应用,作为动态系统最优化数据处理预测算法,被广泛应用在传感器信息融合、控制、导航、图像处理等领域。储能系统的锂电池在非静置时可将其看作一个动态系统,SOC 作为一个不能直接测量而只能间接估计的量,卡尔曼滤波器方法可以运用在电池 SOC 估算上。

卡尔曼滤波器由状态转移式(4.40)和状态测量式(4.41)组成。

$$x_{k+1} = \boldsymbol{A}_k x_k + \boldsymbol{B}_k u_k + w_k \tag{4.40}$$

$$y_k = \boldsymbol{C}_k x_k + \boldsymbol{D}_k u_k + v_k \tag{4.41}$$

其中,x 是系统的状态变量,在此系统中是锂电池的 SOC 或是与 SOC 有一定关系的量,例如开路电压法中提到的锂电池的开路电压。u 是系统的输入变量,即是蓄电池的充电和放电电流。y 是系统的输出量,即是电池两端的电压。w 是系统过程噪声,服从高斯分布的白噪声。v 是观测噪声,也是期望值为 0 的高斯噪声,且与 w 相互独立。$\boldsymbol{A}$、$\boldsymbol{B}$、$\boldsymbol{C}$、$\boldsymbol{D}$ 为系数矩阵,有待辨识。

卡尔曼滤波法对状态估计的目标就是使状态估算值和实际值的均方差最小,采用以下更新方程进行更新:

状态变量更新:

$$\hat{x}_k^- = \boldsymbol{A}_{k-1} \hat{x}_{k-1}^+ + \boldsymbol{B}_{k-1} u_{k-1} \tag{4.42}$$

协方差误差更新:

$$P_{x,k}^- = \boldsymbol{A}_{k-1} P_{x,k-1}^+ \boldsymbol{A}_{k-1}^{\mathrm{T}} + \sum w \tag{4.43}$$

最优卡尔曼滤波器增益更新:

$$\boldsymbol{L}_k = P_{x,k}^- \boldsymbol{C}_k^{\mathrm{T}} \left[\boldsymbol{C}_k P_{x,k}^- \boldsymbol{C}_k^{\mathrm{T}} + \sum v \right]^{-1} \tag{4.44}$$

通过实测值对状态估计值进行更新:

$$\hat{x}_k^+ = \hat{x}_k^- + \boldsymbol{L}_k \left[y_k - \boldsymbol{C}_k \hat{x}_k^- - \boldsymbol{D}_k u_k \right] \tag{4.45}$$

通过实测值对协方差误差进行更新:

$$P_{x,k}^+ = (\boldsymbol{I} - \boldsymbol{L}_k \boldsymbol{C}_k) P_{x,k}^- \tag{4.46}$$

其中,$\boldsymbol{L}$ 是卡尔曼滤波器增益矩阵,$\boldsymbol{I}$ 是单位阵。

卡尔曼滤波算法具体的结构流程图如图 4.29 所示。

卡尔曼滤波器法就是通过对协方差不断更新递归,使得状态值最优。即使在对初始状态估计不太准的情况下,也可以通过递归推算使得状态估算值在一定的精度下达到一个相对准确的值,并能滤除传感器等带来的噪声,对状态进行实时在线估计。

卡尔曼滤波器状态方程和输出方程在式(4.47)中给出,可以通过该公式求出其状态变量 u_p 和 u_s,但模型中的参数 α_p、α_s、β_p 和 β_s 与 C_p、C_s、R_p 和 R_s 相关,会随着蓄电池 SOC 变化而变化。如果用常数代替会产生较大误差,需要实时更新参数来对模型中的参数进

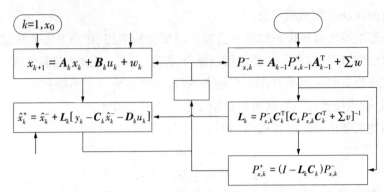

图 4.29　卡尔曼滤波算法结构流程图

行更新调整。

　　现在做的一些研究,对蓄电池参数的估算仅仅是静态的,即蓄电池在稳态时对电池进行充放电来测量电池的端电压对电流的响应情况,以此来估算蓄电池相应的参数。此方法得出的蓄电池参数是一种静态参数,而蓄电池 SOC 在充放电过程中是一种动态过程,将静态参数运用于动态系统中进行 SOC 估算会使得结果存在偏差。鉴于此,本书采用参数实时辨识策略对电池参数进行实时动态更新,即利用检测到的电池电压和充放电电流代入相应的公式中进行电池参数的估算。

　　根据离散方程(4.7)可以得出参数与测量估计值之间的关系:

$$\begin{cases} \begin{bmatrix} u_p(k) \\ u_s(k) \end{bmatrix} = \begin{bmatrix} \alpha_p & 0 \\ 0 & \alpha_s \end{bmatrix} \begin{bmatrix} u_p(k-1) \\ u_s(k-1) \end{bmatrix} + \begin{bmatrix} \beta_p & 0 \\ \beta_s & 0 \end{bmatrix} \begin{bmatrix} i(k-1) \\ u(k-1) \end{bmatrix} \\ U = AU_{k-1} + B\Phi_{k-1} = \begin{bmatrix} A & B \end{bmatrix} \begin{bmatrix} U_{k-1} \\ \Phi_{k-1} \end{bmatrix} = \theta\mu \end{cases} \tag{4.47}$$

其中,A,B 分别是需要辨识的参数。

　　根据式(4.45)可以看出,在电池电压和电流值能测量出来的情况下,若知道 u_p、u_s 的值就可以反解求出参数 α_p、α_s、β_p 和 β_s,但是在实际电池中,u_p、u_s 的值是不能直接测量的,只能间接求出。

　　假设 $\hat{U}$ 是 U 的估计值,在估计的过程中必须让两者更加接近甚至相等,即令二者差的平方最小,即其对参数 θ 的导数最小为 0。其求导公式为:

$$\frac{\mathrm{d}(U-\hat{U})^2}{\mathrm{d}\theta} = 2(U-\hat{U})\mu^{\mathrm{T}} \tag{4.48}$$

　　由最小均方差(LMS)定理,θ 的更新公式为:

$$\theta_k = \theta_{k-1} + \eta(U-\hat{U})\mu^{\mathrm{T}} \tag{4.49}$$

　　其中 η 为增益,其大小影响着真实值与估算值之间差值的收敛速度,其参数辨识结构框图如图 4.30 所示。

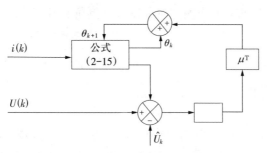

图4.30　电池部分参数辨识结构框图

此部分由于充放电电流的作用对电池参数 RC 进行估计,且能估计出电池模型中的 u_p、u_s。但是由于与电池端电压线性无关,则不能通过此方程辨识出电池的内阻 R。通过对电池模型参数进行改进,可得式(4.50)

$$
\begin{cases}
v_{oc}(k) = \begin{bmatrix} 1 & 1 \end{bmatrix} \begin{bmatrix} \alpha_p & 0 \\ 0 & \alpha_s \end{bmatrix} \begin{bmatrix} u_p(k-1) \\ u_s(k-1) \end{bmatrix} + \begin{bmatrix} 1 & 1 \end{bmatrix} \begin{bmatrix} \beta_p & 0 \\ \beta_s & 0 \end{bmatrix} \begin{bmatrix} i(k-1) \\ u(k-1) \end{bmatrix} + \begin{bmatrix} R & 1 \end{bmatrix} \begin{bmatrix} i(k) \\ u(k) \end{bmatrix} \\[2mm]
\quad = \alpha_p u_p(k-1) + \alpha_s u_s(k-1) + Ri(k) + (\beta_p + \beta_s)i(k-1) + u(k) \\[2mm]
\quad = \begin{bmatrix} \alpha_p & \alpha_s & R & \beta_p + \beta_s & 1 \end{bmatrix} \begin{bmatrix} u_p(k-1) \\ u_s(k-1) \\ i(k) \\ i(k-1) \\ u(k) \end{bmatrix} = \boldsymbol{\lambda}\boldsymbol{\psi} \\[2mm]
\alpha_p = e^{-\frac{T}{C_p R_p}},\ \alpha_s = e^{-\frac{T}{C_s R_s}},\ \beta_p = R_p(1 - e^{-\frac{T}{C_p R_p}}),\ \beta_s = R_s(1 - e^{-\frac{T}{C_s R_s}})
\end{cases}
$$

$$(4.50)$$

其中,$\boldsymbol{\lambda} = \begin{bmatrix} \alpha_p & \alpha_s & R & \beta_p + \beta_s & 1 \end{bmatrix}$ 系数矩阵,求出矩阵的值就可以得到锂电池等效电路中 RC 的参数。

$\boldsymbol{\psi} = \begin{bmatrix} u_p(k-1) & u_s(k-1) & i(k) & i(k-1) & u(k) \end{bmatrix}^T$ 数值矩阵,通过测量和上次相应的估计值可以得到。

假设 $\hat{v}_{oc}$ 是 v_{oc} 的估计值,则其仿照上述方法可得:

$$\frac{\mathrm{d}(v_{oc} - \hat{v}_{oc})^2}{\mathrm{d}\boldsymbol{\lambda}} = 2(v_{oc} - \hat{v}_{oc})\boldsymbol{\psi}^T \tag{4.51}$$

$$\boldsymbol{\lambda}_k = \boldsymbol{\lambda}_{k-1} + \xi(v_{oc} - \hat{v}_{oc})\boldsymbol{\psi}^T \tag{4.52}$$

本等效电路中能进行测量的值只有锂电池的端电压 u 和电池的充放电电流 $i(k)$,可以根据改进之前估计出来的电压 u_p、u_s 以及电池内阻 R 经基尔霍夫电压定律求出电池的开路电压 v_{oc},再根据电池开路电压与电池 SOC 的函数关系确定电池的 SOC,实现电池参数的动态估计和 SOC 的动态求解。

三洋公司的 18650 锂电池为测试对象进行算例仿真验证,其参数如表4.4 所示。

表4.4　三洋 18650 锂电池单体参数表

电池型号	标称容量	限放电压	额定电压	限充电压	内阻
UR18650	2 600 mAh	2.75 V	3.7 V	4.2 V	1.85 mΩ

在实验室内室温(23 ℃)状态下对 18650 锂电池进行测量,针对电池开路电压和 SOC 的关系进行试验研究,采用恒定电流充放电一定时间然后静置的方法对锂电池进行开路电压测定。首先将电池用 CC 和 CV(即先恒流再恒压)的方式充满后(电压不再上升),静置一个小时;再以 0.1C 即 0.26 A 的电流进行放电一个小时然后再静置半小时。为了防止深度放电,这样重复放电静置 9 次后,即达到 10% 剩余电量时停止实验,得出 SOC 和开路电压的关系,如图4.31 所示。

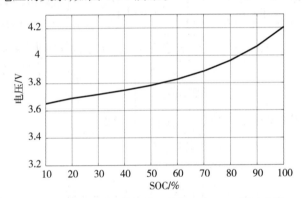

图 4.31　室温状态下电池开路电压与 SOC 关系曲线

由开路电压与 SOC 之间的函数关系曲线,可以利用先前着重推导和讲解的所利用的新估算方法对电池 SOC 进行估计。仿真结果与利用安时积分法积出来的真实结果作为对比,如图4.32 所示。

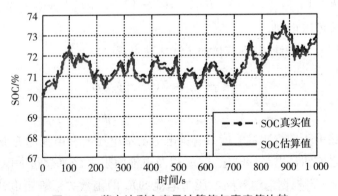

图 4.32　蓄电池剩余容量计算值与真实值比较

从图中可以看出,估算所需要的初始值对整个估算过程影响不大,也验证了在初始值不准确的情况下,经过迭代也可以达到一个相对较高的估算精度,且估算值能时刻跟上真实值的变化,论证了该估算方法的可行性。

4.3.2　退役动力电池均衡电路分析

小功率低电压设备一个电池单体就可以满足电压电流需要,但对于大功率以及高电压系统,必须经过大量电池单体的串、并联来满足电压、功率要求。但是锂离子电池即使在同一批次出厂的情况下,运用于电动汽车的动力电池经过几年的运行后,电池的参数像内阻、容量等,也会产生离散[246],而不同批次、不同厂家、不同型号的电池的杂散问题在重组过程中,会更加严重。

电池参数的杂散特性会使电池在串联重组过程中产生"木桶效应"[247],即电池组的充放电能力与容量最小电池一致,如图 4.33 所示。在重组过程中,电池组出现最差的情况就是电池一个已经充满,另一个仍处在深度放电状态,此时如果没有均衡电路的情况下再使电池充电或者放电会使得部分电池处于过充或者过放状态,这就会使得电池的可用性降低,严重影响电池组的使用效率甚至损坏电池,即必须对电池进行均衡控制[248]。

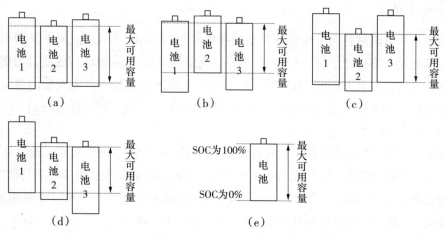

图 4.33　电池的"木桶效应"

针对退役动力电池参数杂散性更加严重的问题,通过分析不同的均衡电路拓扑结构,电路数学模型和电路特点,选择针对退役电池重组的均衡电路以及合适的控制策略可实现退役动力电池梯次利用。

1) 被动均衡电路

被动均衡电路[249]被称为能量消耗型均衡电路,它根据串联电池组中电池单体存储能量的不一致而将能量比较高的电池经过电阻放电回路消耗掉,使能量低的电池单体保持原来的状态,从而达到均衡的目的,该均衡电路如图4.34所示。

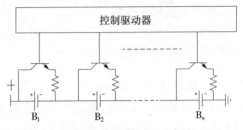

图4.34　能量消耗型均衡电路

电池采用串联的形式,每个电池都与一个电子开关管和电阻构成放电回路,为能量消耗提供通道。工作过程:设定电池组由3个电池串联组成,B_1的能量为Q_1,B_2、B_3的能量为Q_2、Q_3,其中$Q_1 > Q_2 = Q_3$,此时B_1能量最高,B_1与对应的电阻和开关构成的放电回路工作,将B_1中的能量消耗掉,同时B_2和B_3也在充电,最终达到$Q_1 = Q_2 = Q_3$。

此结构和控制方法比较简单,电路成本也比较低廉,但是由于其将能量全部消耗在电阻上,不但耗能,还产生大量的热量,对电池的温度控制也产生很大影响,均衡效率偏低。

2)主动均衡电路

主动均衡电路被称为非能量消耗型均衡电路,它根据电池单体能量差异利用有源器件和储能元件将电池能量进行转移,最终实现能量一致,达到电池间的能量均衡。此方法仅有开关管的开关损耗,而均衡电路不会发生能量的消耗而产生大量的热量。目前主动均衡电路大多采用电容、电感、变压器以及其他电力电子器件进行控制。

(1)开关电容法

开关电容法[250]属于一种主动式能量均衡电路,它是将串联的两蓄电池之间均采用开关管与电容相连的形式,通过控制开关管S有规律的通断来实现能量的转移,实现电池间的能量均衡,如图4.35所示。均衡过程:设定电池组由3个电池串联组成,B_1的能量为Q_1,B_2、B_3的能量为Q_2、Q_3,其中$Q_1 > Q_2 = Q_3$,此时B_1能量最高。此时S_1、S_3闭合,S_2、S_4断开,电池B_1与电容C_4并联,则电池B_1对电容C_4进行充电,然后S_2、S_4闭合,S_1、S_3断开,电池B_2与电容C_4并联,C_4对电池B_2进行充电;随后S_3、S_5闭合,S_4、S_6断开,电池B_2与电容C_5并联,则电池B_2对电容C_5进行充电,然后S_4、S_6闭合,S_3、S_5断开,电池B_3与电容C_5并联,C_5对电池B_3进行充电,此过程完成一个周期能量的均衡。由于一个周期能量的转移搬运不足以使得$Q_1 = Q_2 = Q_3$,就需要多次进行能量均衡,才能完成能量的转移。

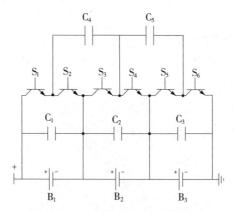

图 4.35　开关电容法电池均衡电路

开关电容法的电路拓扑中,电容 C_1、C_2 和 C_3 属于滤波稳压电容,C_4、C_5 能量传递电容。假设一个串联电池组有 n 个电池单体,则需要 $n-1$ 个这样的电容和 $2n$ 个开关管。从以上分析可以看出,均衡电路的电容的充放电均需要一定的时间,均衡周期有些长。

可将开关电容法的均衡电路图抽象简化成图 4.36,等效电路模型中的电容计算为式(4.53),充放电过程中的均衡电流可以通过调节均衡电路中的电容值和开关频率来进行调节。

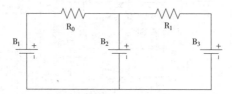

图 4.36　开关电容法的均衡电路等效模型

$$R_{0/1} = \frac{1 + \mathrm{e}^{\frac{DT}{\tau}}}{f_c(1 - \mathrm{e}^{\frac{DT}{\tau}})} \tag{4.53}$$

(2)开关电感法

开关电感法[251]也是一种主动式能量均衡方式,它是将开关管之间的电容换成电感器件,首先将电池里高的能量转移到电感,然后再将电感里存储的电能转移到其他电池里,其电路拓扑结构如图 4.37 所示。

此种电路也是通过控制开关器件的导通顺序与占空比来实现能量转移,且开关管的数量为 $2n-2$ 个,电感数量为 $n-1$ 个,运用器件多。此种方法和开关电容法一样,其能量均衡传递也是在相邻两个电池单体间进行,其均衡速度较低,效率也不高。

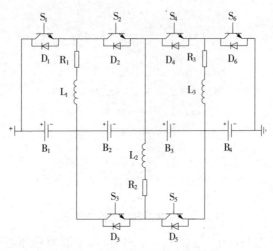

图 4.37　开关电感法的电池均衡电路

（3）双向 DC/DC 变流器法

双向 DC/DC 变流器法[252]通过开关管与电容、电感组成的双向 DC/DC 变流电路，实现能量的双向流动并且实现电池串联过程中的能量均衡。其电路拓扑结构如图 4.38 所示。

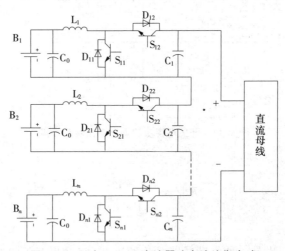

图 4.38　双向 DC-DC 变流器法电池均衡电路

双向 DC/DC 变流器法电池均衡电路是将每个电池单体与双向 DC/DC 变流器的低压侧进行相连，另外一侧串联输出一个高电压。此种方法可以将电池与变流器集成做成模块化，然后再以模块串联的形式输出一个相对比较高的电压，接到直流充放电母线上进行充放电。

这种模块化的方法能对各个电池单体进行独立充放电管理，并对不同类型和参数的电池单体进行集成和能量均衡。虽然此种方法中的每个电池单体均需要一个双向

DC/DC 变流器,需要开关器件和滤波器件较多,但是此种方法能克服电池本身的参数杂散问题,进行系统集成,能适应不同类型的电池,控制灵活,且充放电时间远小于开关电容等方法。本书针对退役动力电池梯次利用于光伏微电网的重组问题采用此种电路拓扑结构进行能量控制。

(4)其他均衡法

目前关于电池均衡的研究集中在电路拓扑结构和控制策略上。多绕组变压器均衡法[253]是将变压器一次侧接入高压,二次侧采用线圈匝数一致的电路连接电池,实现电池两端电压的一致。该方法均衡慢,不易扩展,变压器造价高;且只能进行电池电压均衡,不能进行电池能量均衡。目前还存在双向反激变压器式[254]、多模块法[255]等多种均衡控制电路。由于存在造价、体积、均衡速度等方面的问题,均不适用于有一定规模的微电网储能系统。

退役动力电池重组成储能系统运用于光伏微电网,微电网的整体结构如图 4.39 所示。鉴于微电网中电池和光伏板输出的电均为直流,且为了使交直流负载接入微电网系统更加方便,同时使电能质量得到保证,本书采用图 4.39 所示的微电网拓扑结构。其中,光伏发电系统通过升压斩波电路接入直流母线,为整个微电网进行供电。由退役电池组成的储能系统通过双向 DC/DC 变流器接入直流母线,实现多余电能的存储和电能不足时的补充,保证微电网直流母线的电压稳定和能量平衡。交直流母线之间由逆变器进行连接,逆变器将直流母线的能量传递到交流母线,交流母线通过固态继电器等

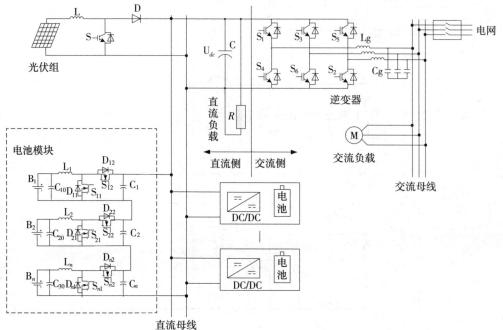

图 4.39　光伏微电网拓扑结构

接入大电网,实现微电网和大电网的能量交换。

微电网中储能系统在以前的研究中主要集中在同批次、同型号且电池一致性较好的方面,本书针对退役动力电池的参数离散、一致性差等问题,采用双向 DC/DC 变流器串联方法来满足接入直流母线的高电压要求,且在电池充放电过程中进行能量均衡以及充放电功率控制。

4.3.3　异构储能系统能量平衡控制策略

每个电池均由一个双向 DC/DC 变换器进行控制,在对电池进行充放电过程中,能实现一个动态的均衡。本节分别从充电和放电两个方面对其均衡原理进行分析。

1)充电过程原理和策略

当双向 DC/DC 变流器工作在 Buck 模式,此时变流器作为充电器为电池进行充电,如图 4.40 所示。此电路模型中,将电池抽象为电压源和电阻串联的形式。变流器高压侧用电容进行串联,然后接入母线。虽然变流器是串联的但是可以进行单独控制,提高

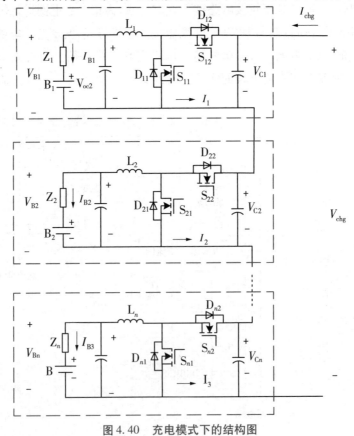

图 4.40　充电模式下的结构图

了控制的灵活性。

由于变流器高压侧采用串联,根据基尔霍夫电压定律和电流定律,直流母线侧电压等于各个变流器高压侧电容电压之和:

$$V_{\text{charge}} = V_{c1} + V_{c2} + \cdots + V_{cn} \tag{4.54}$$

每个单元的充电电压会根据电池的电压存在一些不同,这取决于在控制过程中施加于开关管的占空比。

每个变流器模块串联,流入各个变流器的电流均相等,也等于从母线流入变流器的电流

$$I_{\text{charge}} = I_1 = I_2 = \cdots = I_n \tag{4.55}$$

其中,V_{ci}、I_{ci} 分别为第 i 个变流器的充电过程中的输入电压和输入电流。

对于降压电路,高压侧和低压侧之间电压、电流与占空比之间的关系为

$$V_{Ci} = \frac{1}{d_i} V_{Bi} \tag{4.56}$$

$$I_{Ci} = d_i I_{Bi} \tag{4.57}$$

其中,d_i 为第 i 个变流器模块开关管的占空比。

模块虽然串联在一起,但是经过降压控制后,流入电池的电流可以分别控制,这也是用此方法控制灵活的原因。在进行充电过程中,可以通过调节相应变流器的占空比来改变流入电池的电流,从而调节电池的 SOC,达到电池在充电过程中动态均衡。

$$I_{B1} : I_{B2} : \cdots : I_{Bi} : \cdots : I_{Bn} = \frac{1}{d_1} : \frac{1}{d_2} : \cdots : \frac{1}{d_i} : \cdots : \frac{1}{d_n} \tag{4.58}$$

第 i 个变流器输入端电压可以表示为:

$$V_{Ci} = \frac{\dfrac{1}{d_i^2} V_{\text{chg}}}{\dfrac{1}{d_1^2} + \dfrac{1}{d_2^2} + \cdots + \dfrac{1}{d_i^2} + \cdots + \dfrac{1}{d_n^2}} \tag{4.59}$$

此时为了计算方便,假定电池内部电压和阻值相同,则输入变流器的平均电流为

$$I_{\text{chg}} = \frac{V_{\text{chg}}}{\left(Z_i + \dfrac{V_{\text{oci}}}{I_{Bi}} \right) \left(\dfrac{1}{d_1^2} + \dfrac{1}{d_2^2} + \cdots + \dfrac{1}{d_i^2} + \cdots + \dfrac{1}{d_n^2} \right)} \tag{4.60}$$

从上面这个公式可以看出,输入电流与占空比有关,且受最小占空比的限制。

充电过程目前常用的是"三步法",即恒流-恒压-浮充[256],刚开始采用恒流充电,当电池电压上升到某一阈值时采用恒压充电,最后采用浮充。

假设整个电池串联系统处在需要进行恒流充电状态,则电池的 SOC 根据安时积分法定义可知在相同充电时间内,充进电池的能量与充电电流有关,充电电流越大,电池

充到某一阈值的时间就越短。在不同的充电倍率下所能充的电 SOC 阈值也不同,即

$$SOC = -aI_B + b \qquad (4.61)$$

其中,系数 a、b 与电池的容量和类型有关。

经按时积分可以得到恒流充电容量

$$C_{CC} = C_{\text{rated}} \times SOC \qquad (4.62)$$

其中,C_{rated} 是电池的额定容量。

对电池进行恒流充电时间内对电池充进的电能为

$$I_{Bi} \times T_{CC} = C_{CC} - C_i \qquad (4.63)$$

其中,T_{CC} 是恒流充电的时间,C_i 是第 i 个电池的初始容量。

在电池初始 SOC 不同的情况下,在最短的时间内对电池实现均衡,需要对 SOC 最低的电池以最大的电流进行充电,其他电池以最小电流进行充电。由式(4.60)可知电池的平均充电电流与最小充电电流有直接关系,为了确保 SOC 最低的电池以额定电流充电,则充电模块最小输入电流和最小充电电流分别限制在 $I_{\text{chg-min}}$ 和 $I_{\text{B-min}}$,定义最大和充电电流与最小充电电流的比为

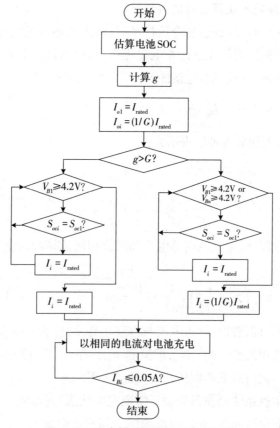

图 4.41　充电模式下电池均衡流程图

$$G = \frac{I_{rated}}{I_{chg-min}} = \frac{D_H}{D_L} \qquad (4.64)$$

其中，D_H 和 D_L 分别为变流器的最大和最小占空比。

均衡策略流程图如图 4.41 所示，首先估算电池 SOC，根据电池 SOC 确定充电电流，可得相应的最大和最小充电电流比率 g

$$g = \frac{I_{BH}}{I_{BL}} \frac{bC_{rated} - C_L}{bC_{rated} - C_H} \qquad (4.65)$$

其中，C_L 和 C_H 分别为电池的最小和最大 SOC。

2）放电过程原理和策略

电池经双向 DC/DC 变流器放电过程如图 4.42 所示，放电过程是一个升压过程，电池的电能经过变流器升压后再串联流入到直流母线，为系统供电。此时变流器是升压（Boost）变流器。高压侧电容具有滤波和稳压作用，对于 Boost 电路，高压侧和低压侧之间的电压和电流与占空比之间的关系为：

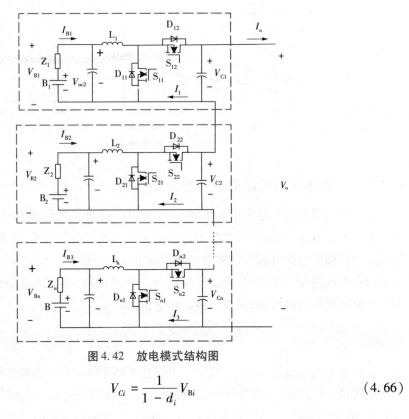

图 4.42　放电模式结构图

$$V_{Ci} = \frac{1}{1 - d_i} V_{Bi} \qquad (4.66)$$

$$I_i = (1 - d_i)I_{Bi} \tag{4.67}$$

其中，V_{Bi}、I_{Bi} 为电池电压和电流，其中 d_i 为第 i 个变流器模块开关管的占空比。

与 Buck 电路类似，Boost 电路电压和电流输出分别为：

$$V_{C1} : V_{C2} : \cdots : V_{Ci} : \cdots : V_{Cn} = \frac{V_{B1}}{1 - d_1} : \frac{V_{B2}}{1 - d_2} : \cdots : \frac{V_{Bi}}{1 - d_i} : \cdots : \frac{V_{Bn}}{1 - d_n} \tag{4.68}$$

$$I_{B1} : I_{B2} : \cdots : I_{Bi} : \cdots : I_{Bn} = \frac{1}{1 - d_1} : \frac{1}{1 - d_2} : \cdots : \frac{1}{1 - d_i} : \cdots : \frac{1}{1 - d_n} \tag{4.69}$$

从上面两个公式可以看出，变流器输出电压和电流均与占空比有关，在电池能量不均衡的情况下可以通过调节占空比来控制输出电流，实现电池的放电速度控制；当电池能量相同时，可以以相同的电流进行放电来实现均衡。对于放电的均衡控制策略，则与充电过程相反。

以4个三洋18650电池串联为例，对进行充电均衡策略验证，设4个电池的SOC分别为42%，47%，62%，63%，其均衡结果如图4.43所示。电池在52分钟以内实现荷电状态一致。

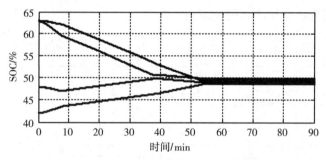

图4.43　均衡仿真波形

4.3.4　异构储能系统动态一致性分析

针对退役动力电池运用于光伏微电网，将多个电池和变流器构成的串联变流系统抽象为一个大电池与双向 DC/DC 相连最后接入直流母线的形式，各个电池变流系统为母线进行存储多余的电能和释放电能来维持母线电压稳定。本章将电池储能系统考虑成分布式系统并接入微电网，通过电压电流双闭环控制，结合图论动态一致性算法，对多个变流器进行协同控制，实现母线电压稳定。

1）分布式储能系统

退役动力电池重组构成储能系统，可以在电网系统中发挥重要作用；对于光伏和风力发电来说，可以提高可再生能源的可靠性，增大可再生能源发电的出力，提高电网的可靠性，减少"弃风""弃光"现象的发生。其中，大电网中应用的分布式储能装置，无论在电网侧还是在用户侧都发挥了独特优势[257]。

光伏微电网由于容量小,则需要配备的储能系统容量也较小。将退役动力电池重组运用在光伏微电网的架构,如图 4.44 所示。

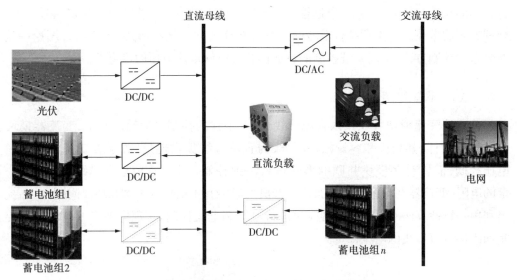

图 4.44　含退役动力电池的光伏微电网结构图

微电网采用交直流混合母线的形式,结合了交直流母线的优势。其中,退役动力电池构成的分布式储能系统接入直流母线,为微电网提供能量保证,维持微电网直流母线的稳定。由于这种分布式的储能模块相比于集中式的大规模储能具有更大的操作灵活性,加上阶梯电价政策的调控,分布式储能发挥着越来越重要的作用,在欧美国家已经有大量的用户侧产品出现,为电网提供了更大的负荷调度空间。

退役动力电池构成的储能系统,通过双向 DC/DC 变流器进行能量均衡和传递。对于储能系统,其结构如图 4.45 所示。

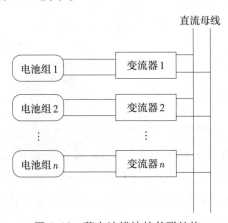

图 4.45　蓄电池模块的并联结构

　　将每个串联后的蓄电池和变流器考虑成一个小的储能模块,小的储能系统分别挂接在微电网的直流母线上,为微电网系统提供能量存储和能量释放,并联不需要像模块串联那样进行能量均衡而防止电池出现过充和过放的现象,且能灵活地接入微电网,进行灵活的充放电控制,但充放电过程中需要维持微电网直流母线的电压稳定,必须进行合理的充放电控制。本章结合电池储能系统构建的并联结构形式,提出结合图论一致性分布式控制方法,提高系统控制的灵活性和微电网母线电压的稳定性。

2)群系统一致性算法

　　蓄电池变流模块并联接入直流母线,具有很强的控制灵活性。其中,变流器模块由于统一设计,其规模和容量相差不大,为直流母线提供能量,关系着变流器电流和电压控制,需要对多模块并联的形式进行一致控制。由于变流器和母线本身具有一定的电阻,变流器在母线上的分布位置造成的集中和主从控制困难和环流问题,本书提出利用一致性算法对电池变流器模块进行电压和电流控制,实现电池充放电的一致控制和维持直流母线的电压稳定。

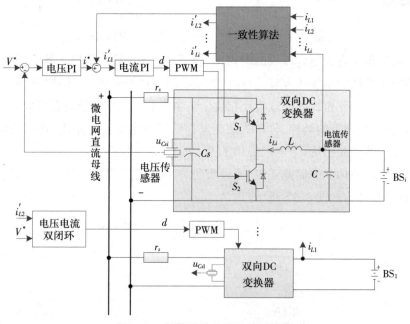

图 4.46　储能模块并联控制结构图

　　将每个电池和变流器系统看作一个智能体,多个智能体可以看成一个集群系统。所谓群系统,是指分布配置的大量分布式布置的自治和半自治的智能体通过网络互连通信构成的系统[258]。相对于孤立的系统,群系统具有每个智能体独立处理问题的能力,但是单个智能体又不能完成复杂的任务;每个智能体具有一定的自主性,但是只能进行局部的感知和通信;智能体之间的相互作用为分布式,使系统具有更强的鲁棒性,不会因为个别智能体出现故障而出现整个系统停止工作的情况。

双向 DC/DC 储能变流器工作在升压模式,能量从电池侧流向直流母线侧。通过霍尔电流传感器检测滤波电感 L 电流值 i_{Li} 和电容 C_{si} 两端的电压 u_{Csi},变流器通过并联方式连接到直流母线,则储能系统的模型可描述为:

$$i_{Li}(s) = \frac{(d-1)u_{C_{si}} + u_{B_i}}{Ls} \tag{4.70}$$

$$u_{C_{si}} = \frac{\left(\sum (1-d)i_{Li} - \dfrac{u_{C_{si}}}{r_N} \right)}{N_T C_{si}} s \tag{4.71}$$

其中,L、Cs 分别为电感、输出电容的值;i_{Li} 和 u_{Csi} 分别为 DC/DC 变换器电感和接入直流母线的电压值;d 为开关器件 S_2 的占空比;r_N 为直流母线的等效电阻。

为了维持母线电压稳定和抑制电流波动,减少电流波动给整个微电网系统带来不稳定后果,本系统采用电压外环、电流内环的双闭环控制方案,其中电压和电流环均采用比例积分 PI 控制,电流环的反馈值是各个变流器的一致值。

$$i^* = \left(\frac{k_{up}s + k_{ui}}{s} \right) \cdot (U^* - u_{Csi}) \tag{4.72}$$

$$d = \left(\frac{k_{ip}s + k_{ii}}{s} \right) \cdot (i^* - i'_{Li}) \tag{4.73}$$

U^* 为控制外环给定电压,保证公共连接点直流母线处电压稳定,各个电容电压的输出作为外环反馈与设定值 U^* 进行比较,电压环经过 PI 控制器后的输出作为电流环的参考值 i^*,与各个变流器的输出电流的信息交互后的一致值 i'_{Li} 比较,经 PI 控制后得到占空比 d 来控制开关管 S_2 的导通和关闭,最终保证直流母线电压恒定和双向 DC/DC 输出电流状态的一致。其中,r_N 为直流母线传输线到 DC/DC 双向变流器的等效电阻。

群系统一致性算法能够根据特定变量,通过通信网络交换数据来实现一系列分布式单元的达成状态或者输出一致。应用退役动力电池和变流器构成的储能系统作为分布式储能单元接入微电网系统中,可实现分布式储能系统的信息共享和信息协调。

针对储能变流模块作用拓扑固定的离散数字系统,群系统一致性算法的一般表达形式可以描述为:

$$x_i(k+1) = x_i(k) + \epsilon u_i(k) \tag{4.74}$$

$$u_i(k) = \sum_{j \in N_i} a_{ij}(x_j(k) - x_i(k)) \tag{4.75}$$

其中,$k=0,1,2\cdots$;$i=1,2,\cdots,N_T$,表示第 i 个储能变流模块;x_i 是第 i 个储能变流模块电流 i_{Li} 的状态;a_{ij} 是第 i 个和第 j 个储能变流模块间的连接状态,$a_{ij}=0/1$ 分别表示无连接/有连接;N_i 表示能与变流器 i 连接的变流器的集合;$\epsilon>0$ 是通信权值,一般为常数。

储能变流模块的状态各不相同,为了保证动态变换环境下变流器输出电流的一致精度,式(4.9)、式(4.10)可进一步改写为:

$$x_i(k+1) = x_i(0) + \epsilon \cdot \sum_{j \in N_i} \delta_{ij}(k+1) \tag{4.76}$$

$$\delta_{ij}(k+1) = \delta_{ij}(k) + a_{ij} \cdot (x_j(k) - x_i(k)) \tag{4.77}$$

其中,$\delta_{ij}(k)$ 表示 i、j 两个储能变流模块输出电流的累计差值,其初始值为0。根据式(4.74)、式(4.75),该算法收敛于与 $x_i(0)$ 有关的某个值,将式(4.76)、式(4.77)可以表示成迭代算法的矢量形式:

$$x(k+1) = P \cdot x(k) \tag{4.78}$$

其状态矢量 $x(k) = [i_{L1}(k), i_{L2}(k), \cdots, i_{LN}(k)]^T$,$P$ 是变流器网络的权系数矩阵。假设各个储能变流模块之间的通信连接是固定的,则 ϵ 为大于零常数,则 P 可以被改写成:

$$P = I - \epsilon \cdot L \tag{4.79}$$

其中 L 是通信网络的拉普拉斯矩阵,其表达式为

$$L = \begin{bmatrix} \sum_{j \in N_1} a_{1j} & \cdots & -a_{1N_T} \\ \vdots & & \vdots \\ -a_{1N_T} & \cdots & \sum_{j \in N_T} a_{N_Tj} \end{bmatrix} \tag{4.80}$$

一致性算法的最终迭代结果 $\vec{x}$ 为:

$$\vec{x} = \lim_{k \to \infty} P^k x(0) = \frac{ll^T}{N_T} x(0) \tag{4.81}$$

其中,l 是所有元素全为1的向量,$x(0)$ 是每个储能变流模块的电感电流初始值构成的向量。

储能变流模块并联接入微电网直流母线,多个储能变流模块接入微电网通信网络拓扑如图4-47所示。在 Matlab/Simulink 环境下搭建系统模型。

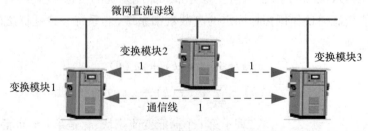

图4.47　充电桩的通信网络拓扑结构

仿真模型中有 3 个储能变流模块,变流器具有通信自治的智能体,虚线代表变换器之前的信息通信流,其间采用环状无向网络通信方式,其连接度为 1,即相邻充电桩之间进行数据交换。

在一致性算法收敛最快的要求下,则需要谱半径 $\rho(W - ll^T / N_T)$ 最小,根据文献[259]选择合适的权值 ϵ:

$$\epsilon = \frac{2}{\lambda_1(L) + \lambda_{n-1}(L)} \tag{4.82}$$

其中,$\lambda_i(L)$ 表示拉普拉斯矩阵 L 的第 i 个最大的特征值。其在三个智能体构成的环形信息交互拓扑结构情况下,$L = [2 \quad -1 \quad -1; -1 \quad 2 \quad -1; -1 \quad -1 \quad 2]$,$\lambda(L) = [0 \quad 3 \quad 3]$。分布式智能体的初始值 $x_1(0) = 4$、$x_2(0) = 2$、$x_3(0) = 1$,则仿真结果如图 4-48 所示。

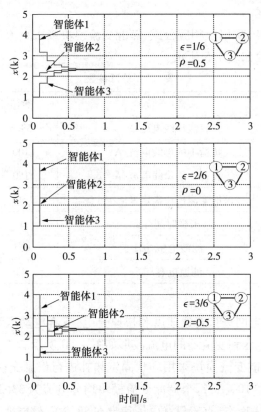

图 4.48　不同权值下的收敛速度波形

在同一个通信拓扑情况下,不同的权值 ϵ 下,收敛速度不同,且当 $\epsilon = 2/6$ 时,谱半径 ρ 最小,算法收敛速度最快。为了提高系统的输出状态一致性收敛速度,在此通信拓扑下,选择 $\epsilon = 2/6$ 作为系统权值。

图 4.49 采用线状信息交互拓扑结构,其与图 4.48 中间图比较,都满足 ϵ 为最优

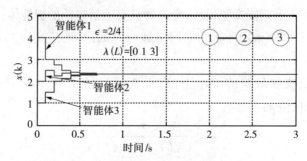

图 4.49　最优权值下线形拓扑收敛速度波形

值,不同的拓扑结构信息交换,其收敛速度不同,环形结构的收敛速度远快于线形结构的收敛速度。为了更好地将变流器电流状态达到一致,选择环形拓扑,且 $\epsilon = 2/6$,使系统收敛更快,性能更优。

根据图 4.46、图 4.47 以及相应公式,储能变流模块接入直流母线维持直流母线电压稳定,系统仿真参数如表 4.5 所示。

表 4.5　仿真参数

参数(单位)	数值
直流母线电压/V	58.5
负荷 1 的母线电流/A	100
负荷 2 的母线电流/A	150
储能变流模块额定电流/A	50
采样时间/μs	1
滤波电感/μH	0.1
滤波电容/mF	22

电动汽车接入微电网进行普通速度和快速充电,或者电动汽车接入或者退出微电网,充电直流母线的电压和变流器的电流波形如图 4.50 所示。

在图 4.50 中,储能变流模块采用环状固定拓扑进行信息交换。在 0 时刻,负荷 1 接入微电网,电流设在 100 A,每个储能变流模块均分电流为 33.3 A,储能变流模块在 0.02 s 内从零状态进入稳态,直流母线电压稳定在 58.5 V,储能变流模块电流均稳定在 33.3 A,在起始阶段电压电流均无超调现象。在 0.5 s 时刻切换到负荷 2,总电流为 150 A,单个储能变流模块电流为 50 A。直流母线电压有 7.5 V 降落,并在 0.02 s 内恢复到 58.5 V。在 1 s 时刻又切换到负荷 1 状态,电流减小到 100 A,储能变流模块电流均稳定在 33.3 A,此时电压有 8.5 V 的上升,在 0.02 s 内恢复到 58.5 V。在转换时刻电流有冲击后受电压钳位,表现出与电压相同的变化趋势。

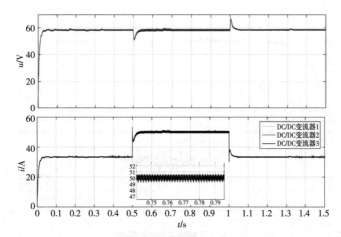

图 4.50　群储能变流模块系统运行曲线

当单个储能变流模块故障导致通信拓扑改变时,整个储能变流系统的运行状况和直流母线电压波形如图 4.51 所示。

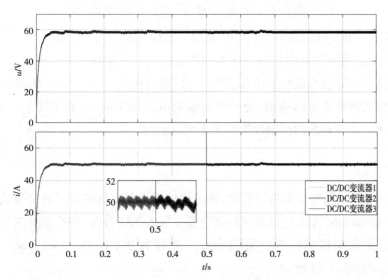

图 4.51　变拓扑下系统运行曲线

从图 4.51 可以看出,在 0.5 s 前负荷 2 接入直流母线,单个储能变流模块电流达 50 A。在 0.5 s 时,储能变流模块 3 出现故障,导致通信拓扑改变,快速充电导致变流器 1/2 电流瞬间达到 75 A,系统对变流系统进行限流保护,储能变流模块 1 和储能变流模块 2 电流仍维持在最大输出状态 50 A。由于外环的控制作用比内环慢,电压几乎没有波动,维持在 58.5 V。

本书对储能变流模块分别采用一致性算法和平均电流控制算法进行对比仿真,其中一致性算法具有分布式的特点,平均电流算法具有集中式的特点。其波形对比如图

4.52 所示。

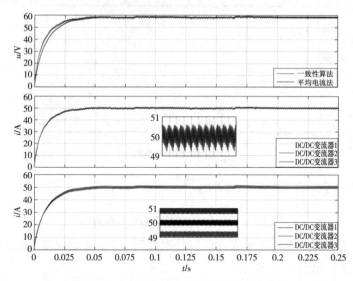

图 4.52　不同控制算法下的系统运行曲线

从图 4.52 的电压波形图可以看出,采用一致性算法的电压波形比采用平均电流法的电压波形提前达到稳定状态 58.5 V。中图是采用一致性算法的电流波形,虽有一定的波动,但是三个储能变流模块电流波形一致,都稳定在 50 A。最下侧图采用平均电流控制,从放大波形图可以看出,受变流器输出电阻的影响,电流出现了一定的偏差。可见,所采用一致性算法的控制效果好于平均电流法。

3) 动态一致性算法

Consensus 算法能够根据特定变量,通过通信网络交换数据来实现分布式单元达成某种一致。Consensus 算法应用在异构储能系统接入光伏微电网中,可实现分布式储能系统的信息共享和信息协调。采用动态一致性算法(dynamic consensus algorithm, DCA),其模型如图 4.53 所示。

在该离散系统中,DCA 的一般表达形式可以描述为:

$$x_i(k + 1) = x_i(k) + \varepsilon \cdot \sum_{j \in N_i} a_{ij}(x_j(k) - x_i(k)) \tag{4.83}$$

其中, $i = 1, 2, \cdots, N_T$; x_i 是第 i 个储能单元的状态; a_{ij} 是第 i 个和第 j 个储能单元之间的连接状态, $a_{ij} = 0$ 表示无连接, $a_{ij} = 1$ 表示有连接; N_i 表示能与综合能量管理单元 i 连接的综合能量管理单元的集合; ε 是 DCA 的边权,一般为常数。

各储能单元状态各不相同,由于系统中含有不确定的可再生能源,为了保证动态变换环境下 DCA 的精度,式(4.83)可进一步改写为:

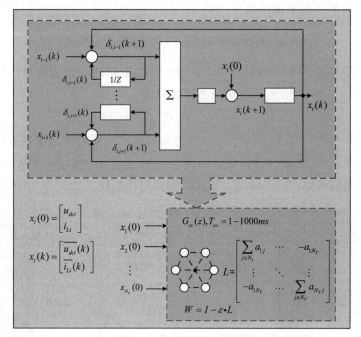

图 4.53　DCA 算法模型

$$\begin{cases} x_i(k+1) = x_i(0) + \varepsilon \cdot \sum_{j \in N_i} \delta_{ij}(k+1) \\ \delta_{ij}(k+1) = \delta_{ij}(k) + a_{ij} \cdot (x_j(k) - x_i(k)) \end{cases} \tag{4.84}$$

其中,$\delta_{ij}(k)$ 表示 i、j 两个综合能量管理单元的累积差值,$\delta_{ij}(k) \neq 0$。 根据式(4.84), 一致性算法的终值取决于 $x_i(0)$ 的初值,且与其大小无关,并最终收敛于一个适当的平均值。

迭代算法的矢量形式可表示为:

$$\begin{cases} \boldsymbol{x}(k+1) = \boldsymbol{W} \cdot \boldsymbol{x}(k) \\ \boldsymbol{x}(k) = [\boldsymbol{x}_1(k), \boldsymbol{x}_2(k), \cdots, \boldsymbol{x}_{N_T}(k)] \end{cases} \tag{4.85}$$

其中,$\boldsymbol{x}$ 是状态矢量,$\boldsymbol{W}$ 是通信网络的权系数矩阵。

假设边权 ε 为常数,则 $\boldsymbol{W}$ 可以被改写成:

$$\begin{cases} \boldsymbol{W} = \boldsymbol{I} - \varepsilon \cdot \boldsymbol{L} \\ \boldsymbol{L} = \begin{bmatrix} \sum\limits_{j \in N_1} a_{1j} & \cdots & -a_{1N_T} \\ \vdots & & \vdots \\ -a_{1N_T} & \cdots & \sum\limits_{j \in N_T} a_{N_Tj} \end{bmatrix} \end{cases} \tag{4.86}$$

其中,$\boldsymbol{L}$ 是通信网络的拉普拉斯矩阵。

一致性算法的最终平衡结果 x_{eq} 为:

$$x_{eq} = \lim_{k \to \infty} W^k x(0) = \left(\frac{l}{N_T} l \cdot l^T \right) x(0) \tag{4.87}$$

其中,l 是所有元素全为 1 的向量,$x(0)$ 是每个储能单元的初始值向量,可通过公共耦合点的电压和每个 DC/DC 变换器的电流计算得出,

$$x(0) = [x_1(0), x_2(0), \cdots, x_{N_T}(0)] \tag{4.88}$$

控制系统框图如图 4.54 所示,$G(z)$ 为分布式换能站系统传递函数矩阵,包含储能单元、DC/DC 变换器、滤波器等。$G_{ctl}(z)$ 为控制器传递函数矩阵,含初级和次级控制器。$G_{ca}(z)$ 为通信网络,含 consensus 算法和网络拓扑结构。

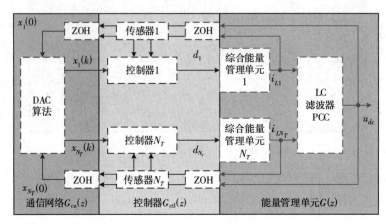

图 4.54　控制系统框图

根据图 4.54,光伏微电网异构储能系统控制器状态空间函数可描述为:

$$\begin{cases} \dot{x}(t) = A \cdot x(t) + B \cdot u(t) \\ \dot{y}(t) = C \cdot y(t) + D \cdot u(t) \end{cases} \tag{4.89}$$

式中,A 是状态矩阵,B 是输入矩阵,C 是输出矩阵,D 是联通矩阵。$x(t)$、$u(t)$ 分别为:

$$\begin{cases} x(t) = [\cdots \quad xsv_i(t) \quad xsc_i(t) \quad xv_i(t) \quad xc_i(t) \quad \cdots]^T \\ u(t) = [U^* \quad \bar{u}_{dc}(t) \quad \bar{i}_L(t) \quad i_L(t) \quad u_{dc}(t)]^T \end{cases} \tag{4.90}$$

u_{dc}、i_L 分别为母线电压、电流相关参数,其行列式形式分别为:

$$\begin{cases} \bar{u}_{dc}(t) = [\bar{u}_{dc1}(t) \quad \bar{u}_{dc2}(t) \quad \cdots \quad \bar{u}_{dcN_T}(t)]^T \\ \bar{i}_L(t) = [\bar{i}_{L1}(t) \quad \bar{i}_{L2}(t) \quad \cdots \quad \bar{i}_{LN_T}(t)]^T \\ i_L(t) = [i_{L1}(t) \quad i_{L2}(t) \quad \cdots \quad i_{LN_T}(t)]^T \\ u_{dc}(t) = [u_{dc1}(t) \quad u_{dc2}(t) \quad \cdots \quad u_{dcN_T}(t)]^T \end{cases} \tag{4.91}$$

微电网异构储能系统结构如图 4.55 所示。系统中各台 DC/DC 变换器采用交叉

型网络连接方式,即相邻变换器之间进行数据交换,所有变换器和信息中心进行数据交换。

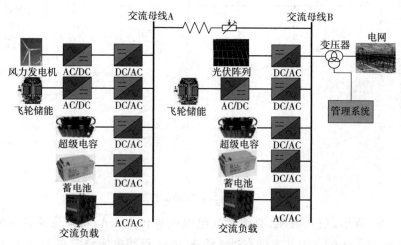

图 4.55　微电网异构储能系统结构

为了验证本书混合储能控制策略的可靠性,在 Matlab/Plecs 联合仿真环境下搭建系统仿真模型,如图 4.56 所示,仿真参数如表 4.6 所示。

表 4.6　异构储能系统统一模型

类别	描述	表达式
参数	额定、初始容量,最小、最大容量	E_r,E_0,E_{min},E_{max}
	充电功率及其上下限	P_c,P_{cmax},P_{cmin}
	放电功率及其上下限	P_d,P_{dmax},P_{dmin}
	充电爬坡率及其上下限	$\Delta P_c,\Delta P_{cmax},\Delta P_{cmin}$
	放电爬坡率及其上下限	$\Delta P_d,\Delta P_{dmax},\Delta P_{dmin}$
	系统容量及其上下限	SOC,SOC_{max},SOC_{dmin}
	充、放电状态	s_c,s_d
	充、放电效率	η_c,η_d
约束条件	充、放电函数	f_c,f_d
	充电功率约束	$P_{cmin}\leqslant P_c\leqslant P_{cmax}$
	放电功率约束	$P_{dmin}\leqslant P_d\leqslant P_{dmaxn}$
	充电功率爬坡率约束	$\Delta P_{cmin}\leqslant\Delta P_c\leqslant\Delta P_{cmax}$
	放电功率爬坡率约束	$\Delta P_{dmin}\leqslant\Delta P_d\leqslant\Delta P_{dmaxn}$
	系统容量约束	$SOC_{dmin}\leqslant SOC\leqslant SOC_{max}$

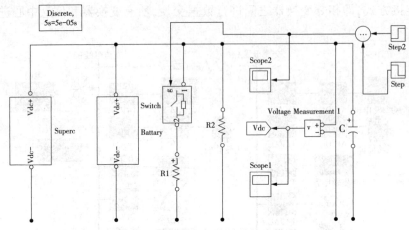

图 4.56　微电网异构储能仿真模型

如图 4.57 所示,在 0 时刻,直流母线电流设置在 100 A,每个变流器均分电流为 33.3 A,变流器在 0.02 s 内从零状态进入稳态,直流母线电压稳定在 58.5 V,变流器电流均稳定在 33.3A,在起始阶段电压电流均无超调现象。在 0.5 s 时刻,直流母线负荷增大,总电流达到 150A,单个变流器电流为 50 A。母线电压降落 7.5 V,并在 0.02 s 内恢复到 58.5 V。在 1 s 时刻直流母线负荷减小,电流减小到 100 A,变流器电流均稳定在 33.3 A,此时电压有 8.5 V 的上升,在 0.02 s 内恢复到 58.5 V。在切换时刻电流有冲击后受电压钳位,表现出与电压相同的变化趋势。

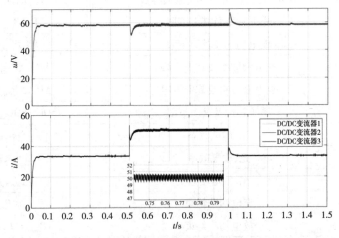

图 4.57　储能单元接入系统负荷变化曲线

当单个变流器故障导致通信拓扑改变时,整个变流系统的运行状况和直流母线电压波形如图 4.58 所示。

在 0.5 s 前变流器工作在正常充电状态,单个变流器电流达 50 A。在 0.5 s 时,变流器 3 出现故障,导致通信拓扑改变,大负荷导致变流器 1/2 电流瞬间达到 75 A,将单

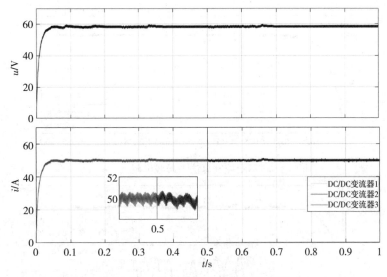

图 4.58　变拓扑下变换器运行曲线

个变流器进行限流保护，变流器 1/2 电流仍维持在最大输出状态 50 A。由于外环的控制作用比内环慢，电压几乎没有波动，维持在 58.5 V。

变流器分别采用本书算法和平均电流控制算法的对比波形，如图 4.69 所示。

图 4.59(a)是采用一致性算法和平均电流法的母线电压波形对比，采用一致性算法的母线电压提前达到稳定状态 58.5 V。图 4.59(b)为采用一致性算法的各个变流器电流波形，虽有一定的波动，但 3 个流器变流器电流波形一致，都稳定在 50 A。图 4.59(c)为采用平均电流法各个变流器电流波形，由其放大图可知，受变流器输出电阻的影响，电流出现了约 1 A 的偏差。本书所提算法的控制效果好于平均电流法。

4) 小结

①针对铅酸蓄电池、超级电容、锂离子电池等储能装置的特性、不同储能装置异构的基本结果以及系统能量转换机制等内容开展研究；为解决多类型储能装置异构的基础问题，采用综合能量管理单元实现多类型储能装置的异构，综合能量管理单元采用基于 HFT 的双 DAB 结构，构建兼容"源荷储"的新型综合能量管理单元，解决拓扑结构、异构储能兼容、分布式发电和复杂负载等耦合因素下的能量转换机制的理论问题，为该类系统在分布式发电、大规模分布式储能管理等方面的应用奠定了理论基础。验证异构储能系统在光伏微电网系统中应用的可行性和有效性。

②针对"异构储能系统的时间尺度协调耦合"这一科学问题；开展分布式光伏异构储能系统多层次建模的研究；解决带异构储能系统的光伏微电网多时间尺度层次模型的建模精确性、有效性等科学技术问题；以时间尺度为基准，采用层次管理的方法，建立了综合能量管理单元模型，开展综合能量管理单元的准稳态、动态、瞬态建模研究，并开

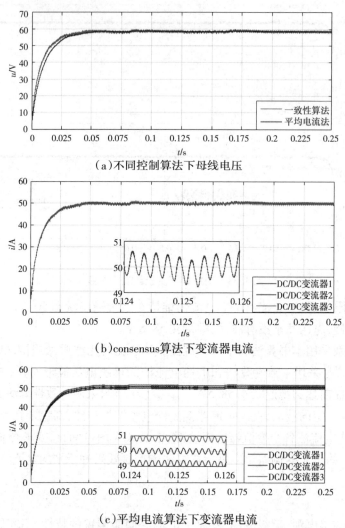

（a）不同控制算法下母线电压

（b）consensus算法下变流器电流

（c）平均电流算法下变流器电流

图 4.59　不同控制算法下变换器运行曲线

展模型的精确性、有效性等问题研究;为开展光伏微电网异构储能系统分层控制策略研究创造条件并奠定理论基础。

③针对"光伏微电网异构储能系统分层控制策略"这一科学问题;构建满足微电网电压、电流、功率和异构储能系统能量需求的目标函数,开展动态一致性算法（DCA）的研究,实现对能量管理单元多时间尺度耦合关系的解析,探索解耦控制方法;提出了针对多时间尺度下的异构储能系统金字塔模型的 DCA 算法,通过开展多时间尺度在线观测方法研究、多时间尺度耦合方式和解耦方法研究、多维约束下的控制域解析和协同达成多维控制目标的算法研究;为该类系统在复杂"源荷储"条件下实现准确解耦控制、控制域精确解析奠定理论基础。

第5章 风电微网储能优化配置

5.1 基于机组组合分析的储能优化配置

风电、光伏等新能源的大规模接入给电网带来了丰富的发电资源,也给电力系统的发电侧带来了更多不确定因素。由于新能源发电的随机性、波动性、间歇性的特点,为了保证电网的安全、稳定运行,需要拓展储能资源,微电网中可调度储能资源对系统的优化运行决策提出了新的要求。

机组组合策略优化的对象包括各种常规发电机组、可再生能源发电机组和储能资源机组,导致了电网系统的不稳定因素增加,对系统安全性、稳定性的要求更高。在保证电力系统安全、稳定与经济运行的前提下,如何对可再生能源发电系统的储能资源进行优化配置,面临着新的发展机遇和挑战。

针对以上问题,本书采用了一种基于机组组合分析的储能优化配置方法,使得光伏发电平衡过程更接近于一个典型的、非平稳的强随机过程,通过调用不同场景的机组组合模型将功率重新稳定在给定值,利用机组组合模型对微电网输出功率与计划功率之间的偏差进行分析,直观反映出储能系统的运行特点,确定用于补偿光伏发电随机波动的储能系统配置,并具有为系统机组提供控制容量的能力。

5.1.1 光伏出力预测

新疆大部分地区属于太阳能较为丰富的I类地区和II类地区,以哈密地区为例,太阳总辐射量、日照时数年际变化曲线如图5.1所示,多年平均太阳总辐射为 6 178.8 MJ/m^2,年平均日照时数为 3 420.7 h。

以光伏微电网为例,光照强度的大小直接决定了光伏微电网出力的大小,受天气影响较大,具有较强的波动性和随机性。根据光伏阵列输出功率概率函数,对光伏出力进

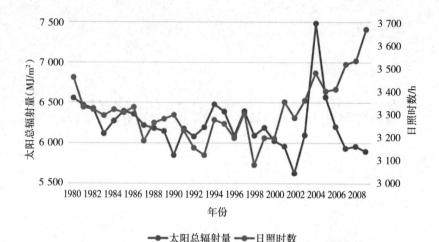

图 5.1　哈密气象站太阳总辐射量、日照时数年际变化曲线

行短期预测,实现含光伏的电力系统机组组合和经济调度的优化。利用数值天气预报对区域光伏微电网发电功率预测的时空尺度如图 5.2 所示。

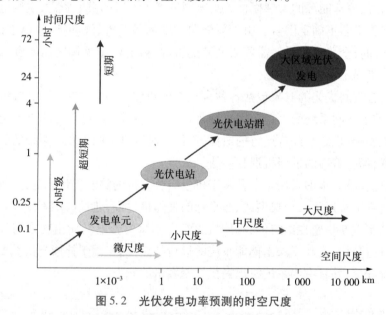

图 5.2　光伏发电功率预测的时空尺度

　　对于光伏发电输出功率波动的问题,首先根据区域气象资料,结合外部终端输入的天气预报信息,考虑多元气象影响因子及相关信息,建立多元气象影响因子预测概率模型,输出各气象影响因子预测值,建立光伏发电系统输出功率特性模型,结合光伏发电系统历史输出功率值,对其输出特性进行场景划分。光伏发电功率预测流程如图 5.3 所示。

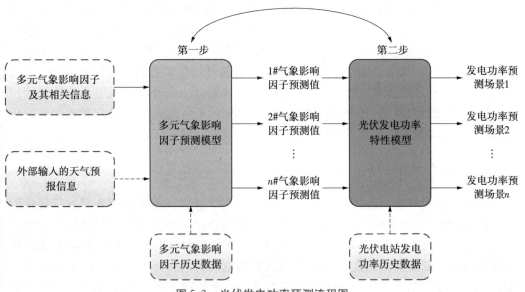

图 5.3　光伏发电功率预测流程图

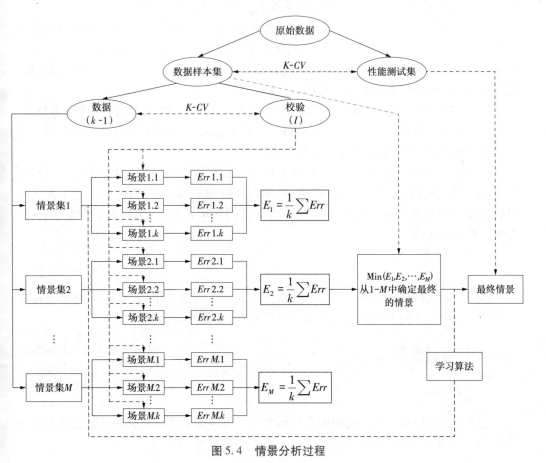

图 5.4　情景分析过程

通过对光伏发电功率进行预测,并生成光伏发电输出功率预测场景集,建立考虑光伏发电不确定性的多情景组合模型。对原始数据进行分析,生成数据样本集和性能测试集,将样本集中的数据带入情景集中,对各预测场景进行校验,通过比较各情景集数据误差的平均值,从多个场景中确定最终场景并通过优化学习算法对各预测场景进行改进,重新选择最终场景。情景分析过程如图5.4所示。基于光伏发电出力情景模拟的多情景机组组合模型,具有较强的鲁棒性。基于此机组组合方案,在任何光伏发电出力情景下,都能找到对应情景下较为稳定的光伏发电计划。

5.1.2 风机与储能机组组合模型

在对光伏发电出力进行情景分析的基础上,对光伏微电网的储能资源进行优化配置,建立含储能系统的机组组合模型。基于前面的研究,以光伏发电和储能资源的协调运行为目标,考虑光伏的不确定性以及电网 $N-1$ 故障对机组组合优化的影响,采用机组组合分析的储能资源优化配置算法,对光伏微电网的储能资源进行优化配置,在最小投资成本下达到最大效能,可以提高大规模光伏资源的消纳能力,优化储能资源在系统运行中的作用,解决电网 $N-1$ 故障对系统安全与经济运行的影响。

基于光伏阵列功率输出多场景预测模型,结合储能装置的容量特性,建立含储能装置的微电网与大电网协调运行的机组组合模型。以光伏发电机组发电成本、启动成本和储能充放电成本最小为目标,考虑储能的充放电效率、电量平衡和电量储存等约束,建立含储能系统的光伏机组组合模型。

风电、光伏等可再生资源发电系统,由于自身存在间歇性、随机性、波动性等特点,为了实现可再生资源发电系统输出功率稳定,需要在可再生能源发电系统中配置一定容量的储能装置,用以平抑其输出功率波动。

储能机组响应速度快,可以抑制可再生能源机组输出功率的波动,还能为可再生能源发电机组提供充足的备用。因此,考虑储能资源充/放电对系统运行成本优化的同时也要考虑其提供光伏微电网功率波动所需的功率备用,为大电网的"削峰填谷"提供一种可选方案。

1)目标函数

光伏与储能协调运行的机组组合模型由两部分组成:光伏的发电成本,储能资源的启停成本。考虑储能资源和光伏协调运行的目标,函数可表示为:

$$\min\left\{\sum_{s=1}^{S}\left[\mu^2\sum_{t=1}^{T}\sum_{i=1}^{N}u_{i,t}F(p_{i,t}^s)\right]+\sum_{t=1}^{T}\sum_{i=1}^{N}S_iu_{i,t}(1-u_{i,t})+S^c(u^c)+S^d(u^d)\right\} \quad (5.1)$$

2)约束条件

光伏与储能协调运行的机组组合模型约束条件主要有系统约束和储能资源约束两部分,其中系统约束由功率平衡约束、负荷备用约束组成,表示为:

$$\begin{cases} \sum_{j=1}^{M} p_{PVj,t}^{s} - \sum_{k=1}^{K} (cp_{k,t}^{s} - dp_{k,t}^{s}) = P_{d,t} \\ \sum_{j=1}^{M} p_{PVj,t}^{s} - \sum_{k=1}^{K} (cp_{k,t}^{s} - dp_{k,t}^{s}) \geqslant (1 + \rho) P_{d,t} \end{cases} \tag{5.2}$$

光伏与储能协调运行情况下,储能资源约束由电量平衡约束、充放电功率约束、充放电状态约束和电量存储约束构成,可表示为:

$$\begin{cases} E_{k,t}^{s} = E_{k,t-1}^{s} + \dfrac{cp_{k,t-1}^{s}}{\eta_c} \times \Delta t - \dfrac{dp_{k,t-1}^{s}}{\eta_d} \times \Delta t, \forall j,t \\ cp_{k,t} \leqslant cp^{\min} \leqslant cp_{k,t}^{s} \leqslant c_{k,t} \times cp^{\max}, E_{k,t}^{s} + cp_{k,t}^{s} \times \Delta t \leqslant E_{k,\max} \\ d_{k,t} \times dp^{\min} \leqslant dp_{k,t}^{s} \leqslant d_{k,t} \times dp^{\max}, E_{k,t}^{s} - dp_{k,t}^{s} \times \Delta t \geqslant E_{k,m\min} \\ 0 \leqslant c_{k,t} + d_{k,t} \leqslant 1, E_{k,t}^{\min} \leqslant E_{k,t}^{s} \leqslant E_{k,t}^{\max} \\ E_{k,t}^{\min} = 20\% E_{k,t}^{\max} + \dfrac{dp_{\max}}{\eta_d} \times \Delta t \end{cases} \tag{5.3}$$

5.1.3 机组组合模型的求解及可靠性评估〜〜〜〜〜〜〜〜〜

1)模型求解

多情景校正型机组组合模型是一个多时段、多情景、非线性混合整数规划问题(MINP),采用线性化的方法将其转化为向量序优化问题。为了解决机组组合模型维度高、模型复杂、求解计算量大等问题,可采用 Benders 分解算法,将基于光伏发电多情景预测模型的机组组合问题求解过程解为"正常状态安全子问题"和"$N-1$ 故障安全子问题"两个独立的子问题[260],分别求解。

主问题的目标函数可描述为:

$$\begin{cases} \min(f(u, P^{s}, P_{PV}^{s})) \\ A(u, P^{s}, P_{PV}^{s}) \geqslant b, \forall t,s \end{cases} \tag{5.4}$$

式中,u 为机组启停状态,P^{s} 为场景 s 下常规机组输出功率,P_{PV}^{s} 为场景 s 下光伏机组输出功率。

正常状态安全子问题可描述为:

$$\begin{cases} \omega_t^{s*} - \dfrac{\partial \omega_t^{s}}{\partial P_t^{s}} \mid_{P_t^{s} = P_t^{s*}} (P_t^{s} = P_t^{s*}) - \dfrac{\partial \omega_t^{s}}{\partial P_{PVt}^{s}} \mid_{P_{PVt}^{s} = P_{PVt}^{s*}} (P_{PVt}^{s} = P_{PVt}^{s*}) \leqslant 0, \forall t,s \\ A_2(u, P^{cs}, P_{PV}^{cs}) \geqslant b_2, \forall t,s \end{cases} \tag{5.5}$$

式中,P^{s*}、P_{PV}^{s} 分别为前一次迭代常规机组和光伏机组输出功率的优化结果,ω^{s} 为传输向量。

$N-1$ 故障安全子问题可描述为:

$$\omega_t^{cs*} - \dfrac{\partial \omega_t^{cs}}{\partial p_t^{cs}} \mid_{p_t^{cs} = p_t^{cs*}} (p_t^{cs} = p_t^{cs*}) - \dfrac{\partial \omega_t^{cs}}{\partial P_{PVt}^{cs}} \mid_{W_t^{cs} = W_t^{cs*}} (P_{PVt}^{cs} = P_{PVt}^{cs*}) \leqslant 0, \forall t,s \tag{5.6}$$

（1）正常状态安全子问题

正常状态下安全子问题的解空间可以保证 ω^* 与 P^* 呈线性关系，在迭代过程中，主问题对子问题进行校正，直至偏差为 0。大规模光伏接入电网后，正常运行状态下，系统安全校验子问题为：

$$\begin{cases} \min\{\omega = \sum_{s=1}^{S} \sum_{t=1}^{T} \sum_{l=1}^{NL} (z_{l,t}^{s+} + z_{l,t}^{s-})\} \\ \sum_{i=1}^{N} p_{i,t}^{s} + \sum_{j=1}^{M} p_{PVj,t}^{s} = p_{d,t}, \forall t,s \\ K \times PL = A \times P^{s^*} + C \times P_{PV}^{s^*} - B \times P_D, \forall t,s \\ PL_l - z_{i,t}^{s+} \leqslant PL_{l,\max}, \forall t,l,s \\ PL_l + z_{i,t}^{s-} \geqslant - PL_{l,\max}, \forall t,l,s \end{cases} \quad (5.7)$$

式中，$z_{l,t}^{s+}$ 为潮流越限量。将优化结果代入式（5.7）中验证，若某个预测情景下，机组输出功率明显不正确，则将其作为一个约束条件，并将结果作为新的约束条件带入式（5.4）中重新计算。

基于机组组合分析的储能优化配置问题是一个多采样周期的迭代问题，必须满足常规机组输出功率波动的约束条件和光伏机组输出功率的波动约束。采用 Benders 分解后，对两个子问题、每个采样周期、不同情境下单独进行校验。为了提高解算速度，采用局部计算、全局校验的策略，Benders 割集按下式生成：

$$\omega_t^{s^*} - \frac{\partial \omega_t^s}{\partial P_t^s}|_{P_t^s = P_t^{s^*}}(P_t^s - P_t^{s^*}) - \frac{\partial \omega_t^s}{\partial P_{PVt}^s}|_{W_t^s = W_t^{s^*}}(P_{PVt}^s - P_{PVt}^{s^*}) \leqslant 0, \forall t,s \quad (5.8)$$

（2）$N-1$ 故障安全子问题

$N-1$ 故障安全子问题的校正，要考虑常规机组输出功率对系统负荷波动的调节能力。$N-1$ 故障安全子问题的优化结果与常规机组输出关系呈线性关系，将常规机组输出功率的优化结果反馈到单元机组诸问题上，以保证单元机组组合主问题对 $N-1$ 故障子问题的无差校正。$N-1$ 安全校验子问题的模型如下：

$$\begin{cases} \min\{\omega^c = \sum_{s=1}^{S} \sum_{t=1}^{T} \sum_{l=1}^{NL} (z_{l,t}^{cs+} + z_{l,t}^{cs-} + g_t^{cs+} + g_t^{cs-})\} \\ \sum_{i=1}^{N} p_{i,t}^{cs} + \sum_{j=1}^{M} w_{j,t}^{s} - g_t^{cs+} + g_t^{cs-} = P_{d,t}, \forall t,s \\ K^c \times PL^c = A^c \times P^{cs} + C \times P_{PV}c^{s^*} - B^c \times P_D, \forall t,s \\ PL_l^{cs} - z_l^{cs+} \leqslant PL_{l,\max}^c, \forall t,l,s; PL_l^{cs} + z_l^{cs-} \geqslant - PL_{l,\max}^c, \forall t,l,s \\ u^* P_{\min} \leqslant P^{cs} \leqslant u^* P_{\max}, \forall i,t,s; u^* \times \Delta DR \leqslant P^{cs} - P^{s^*} \leqslant u^* \times \Delta UR, \forall i,t,s \\ 0 \leqslant p_{PVj,t}^{cs} \leqslant p_{PV}^{s^*}, \forall j,t,s \end{cases} \quad (5.9)$$

式中，g 表示由于 $N-1$ 故障导致的负荷供需偏差，P，P_{PV}，u 表示常规机组，光伏有功输出和启停状态。

Benders 割集包含了主问题中不包含的机组调整后的出力向量,使得主问题与子问题之间存在直接耦合关系,确保了 $N-1$ 校正的正确性和有效性。

(3)模型求解

对光伏机组预测输出功率的不确定性进行多情景划分,并在机组组合优化的安全校验中,考虑电网 $N-1$ 故障对系统运行及光伏消纳的影响,提出了多情景校正型机组组合模型。为了实现此模型的高效求解,采用如图 5.5 所示的多情景校正型机组组合求解算法,具体步骤如下:

①基于光伏微电网日功率预测曲线,生成多个典型光伏出力情景描述光伏预测的不确定性,并结合地区光伏预测误差的分布特点,求解相应光伏出力情景的发生概率。

②将以上模拟的典型光伏出力情景和发生概率引入机组组合模型,建立考虑光伏不确定性的多情景机组组合模型,调用数学规划软件包,求解不考虑安全约束机组组合问题的机组运行状态和输出功率。

③考虑求解的复杂性,将机组组合模型划分为"正常状态安全子问题"和"$N-1$ 故障安全子问题",分别采用迭代法进行计算,用统一全局校验法进行校验。

④对于正常状态安全子问题,如果出现线路传输功率超过正常状态允许的极值,形成越限信息反馈到诸问题中,生成 benders 割集;若"$N-1$ 故障安全子问题"无法恢复越限信号,则形成输出功率校正指令,并形成约束校正信号反馈到主问题中。

⑤重复步骤③至④,直到得到满意的机组组合方案。

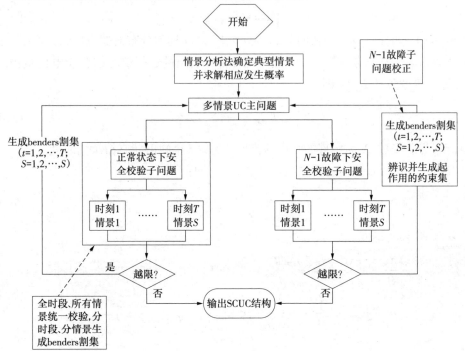

图 5.5 模型求解算法流程图

2) 可靠性评估

为了正确衡量光储能系统给光伏发电系统稳定性、经济性带来的影响,将系统断电的数学期望作为系统可靠性指标,并综合考虑影响微电源输出功率的气候、气象因素,微电源的转换效率、大电网"削峰填谷"测量、系统峰值负荷等方面问题。

评估光伏发电的置信容量,是以其接入前后系统的发电可靠性保持不变来衡量的[261]。选择电力不足期望 L_{OLE} 作为系统发电可靠性的指标:

$$L_{OLE} = \sum_{i=1}^{N} P(C_i < L_i) \tag{5.10}$$

其中,N 表示发电小时数,C_i 为小时平均可用功率,L_i 为小时平均负荷。

生光伏发电机组接入大电网后,系统的可靠性为:

$$L'_{OLE} = \sum_{i=1}^{N} P[(C_{savi} + C_{PVi}) < L_i] \tag{5.11}$$

其中,C_{PVi} 为第 i 光伏发电机组的输出功率,C_{savi} 为大电网常规机组由于光伏机组接入而减少的发电量,则:

$$\sum_{i=1}^{N} P(C_i < L_i) = \sum_{i=1}^{N} P[(C_i + C_{PVi} - C_{savi}) < L_i] \tag{5.12}$$

常规机组的状态分为工作状态和停机状态,二者持续时间服从指数分布,即:

$$\begin{cases} t_1 = -t_{MTTF} \ln \gamma \\ t_2 = -t_{MTTR} \ln \gamma \end{cases} \tag{5.13}$$

其中,t_1 为工作时间,t_2 为停机时间,γ 为 $[0,1]$ 之间均匀分布的随机数,t_{MTTF} 为年平均工作时间,t_{MTTR} 为平均停机时间。通过统计常年机组的运行情况结合光电机组预测负荷,计算年等效负荷 L_{OLE},即:

$$L_{OLE} = \frac{1}{N_Y} \sum_{i=1}^{N} T_i \tag{5.14}$$

其中,N_Y 为总年数;N 为出现的缺电状态;T_i 为第 i 个缺电状态持续的时间。

采用方差系数 β 作为计算精度的评价标准,即:

$$\beta = \frac{\sqrt{V(\bar{I})}}{\bar{I}} = \frac{\sigma/\sqrt{n}}{\bar{I}} \tag{5.15}$$

当 n 充分大时有:

$$\begin{cases} \dfrac{1}{\beta} - \dfrac{I}{\sigma/\sqrt{n}} = \dfrac{\bar{I} - I}{\sigma/\sqrt{n}} \sim N(0,1) \\ P\left(-\mu_{\alpha/2} < \dfrac{1}{\beta} - \dfrac{I}{\sigma/\sqrt{n}} < \mu_{\alpha/2}\right) = 2\varphi(\mu_{\alpha/2}) - 1 = 1 - \alpha \end{cases} \tag{5.16}$$

可得:

$$P\left[(1 - \beta\mu_{\alpha/2})\bar{I} < I < (1 + \beta\mu_{\alpha/2})\bar{I}\right] = 1 - \alpha \tag{5.17}$$

给定 $\alpha = 0.05$，$\mu_{\alpha/2} = 1.96$，当 $\beta \leq 0.01$ 时，得 $P(\cdot) = 0.95$。

5.2　光伏微电网混合储能控制策略

在混合母线微电网系统中，储能装置通过双向 DC/DC 变换器与微电网的直流母线连接，DC/DC 变换器的工作性能直接决定了微电网系统直流母线的稳定性。带混合储能装置的微电网系统，其直流母线电压波动抑制的响应速度直接决定于超级电容的控制效果。对超级电容进行控制通常有功率前馈控制策略和直接功率控制策略两种，而直接功率控制策略具有更好的直流母线电压波动抑制效果。

以带混合储能装置的光伏微电网为例，对混合储能控制进行研究。光伏微电网的系统结构如图 5.6 所示。

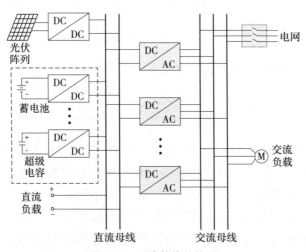

图 5.6　系统整体结构图

该系统主要包含光伏阵列、铅酸蓄电池、超级电容、DC/DC 变换器、DC/AC 变换器、直流负载、交流负载等装置。通过交流断路器，该微电网系统可实现并网、孤岛运行。光伏阵列通过 DC/DC 变换器接入微电网系统直流母线，铅酸蓄电池和超级电容组成混合储能装置，通过双向 DC/DC 变换器接入直流母线，直流母线可对本地的直流负载直接供电。直流母线通过逆变器接入交流母线，交流母线通过断路器经变压器升压后接入大电网，也可直接连接本地交流负载。交流侧 DC/AC 变换器为带 LC 滤波的三相逆变器。为了研究方便起见，假设光伏阵列已工作在 MPPT 状态，能够保证提供最高功率的电能。

微电网系统的能量流动关系如图5.7所示。图中，P_{source} 为微电网系统各发电单元总功率，P_{inv} 为微电网系统交流侧逆变器输出功率，P_{dc} 为直流负载功率，P_{pv} 为微电网系统光伏阵列输出总功率，P_{sto} 为微电网系统储能装置的总功率，P_{bat} 为铅酸蓄电池功率，P_{sc} 为超级电容功率。

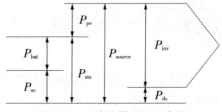

图5.7　系统能量分配示意图

根据图5.7可得，微电网系统各个单元的功率满足以下关系：

$$\begin{cases} P_{\text{source}} = P_{\text{inv}} + P_{\text{dc}} \\ P_{\text{sto}} = P_{\text{source}} - P_{\text{pv}} \\ P_{\text{bat}} = P_{\text{sto}} \dfrac{1}{\tau s + 1} \\ P_{\text{sc}} = P_{\text{sto}} - P_{\text{bat}} \end{cases} \tag{5.18}$$

式中，$\dfrac{1}{\tau s + 1}$ 为低通滤波器，τ 为低通滤波器时间常数。

5.2.1　系统能量平衡控制策略

微电网运行在并网模式下时，由于大电网的存在，微电网系统的电压、频率与大电网保持一致，微电网向大电网输出有功功率和无功功率，需要对其进行 PQ 控制。微电网运行在孤岛模式下时，微电网系统必须维持供电电压、频率的稳定，需要对其进行 VF 控制。

微电网混合储能系统的结构如图5.8所示，铅酸蓄电池和超级电容组成混合储能系统，充分利用铅酸蓄电池和超级电容的互补特性，平抑负载功率突变对直流母线的冲击。

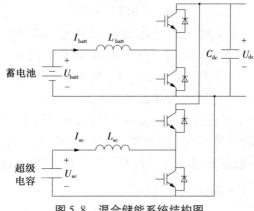

图5.8　混合储能系统结构图

1) 两种不同控制策略

带混合储能装置的微电网系统,运行的关键是通过能量管理实现铅酸蓄电池和超级电容功率的分配。常用的能量管理控制策略有电压跟随型控制和功率分配型控制[262] 两种,二者主要区别在于直流母线电压控制方法不同。

(1) 电压跟随型控制策略

在电压跟随型能量管理控制策略中,直流母线电压的控制由三相逆变器实现。微电网系统并网运行时,有功功率指令 P_{ref} 由电网侧发出,然后直接分配到微电网的各发电单元,分配光伏阵列的输出功率以及混合储能装置的吸收/释放功率。无功功率指令 Q_{ref} 由电网直接给到逆变器侧。光伏阵列运行在 MPPT 状态下,其输出功率为 P_{pv},可得微电网系统混合储能装的吸收/释放功率 P_{sto_ref} 为:

$$P_{sto\_ref} = P_{ref} - P_{pv} \qquad (5.19)$$

根据式(5.19),分配给混合储能装置的功率指令经过低通滤波器后进行再次分配,分别产生铅酸蓄电池的吸收/释放功率指令 P_{bat_ref} 和超级电容的吸收/释放功率指令 P_{sc_ref},P_{bat_ref} 和 P_{sc_ref} 之间的关系为:

$$\begin{cases} P_{bat\_ref} = P_{sto\_ref} \dfrac{1}{\tau s + 1} \\ P_{sc\_ref} = P_{sto\_ref} - P_{bat\_ref} \end{cases} \qquad (5.20)$$

微电网系统交流侧的三相逆变器采用电压-电流双闭环控制策略,由于微电网光伏发电单元的波动性、随机性,造成直流母线电压的波动。为了保证逆变器的控制效果,首先要保证直流母线电压的稳定,逆变器通过吸收微电网发电单元的输出功率来维持直流母线电压的稳定。为了维持直流母线的电压稳定,微电网交流侧三相逆变器的功率指令为:

$$P_{inv\_ref} = P_{source} - P_{dc\_ref} \qquad (5.21)$$

其中,P_{dc_ref} 为用于维持直流母线电压稳定以及直流负载消耗的功率指令。

根据式(5.19)和式(5.21),电压跟随型控制策略下功率值的分配流程如图 5.9 所示。

直流母线电压由微电网系统交流侧逆变器进行控制,微电网交流侧逆变器通过吸收微电网发电单元的输出功率来维持直流母线电压的稳定,实现对发电侧输出功率的跟踪。微电网交流侧逆变器为了保证直流母线电压的稳定,需要不断改变其输出功率,导致逆变器输出功率出现波动。加之电力电子器件的工作损耗,加剧了逆变器输出功率与电网侧功率指令的不平衡性。

(2) 功率分配型控制策略

在功率分配型能量管理控制策略中,直流母线电压的控制由微电网中的发电单元和储能单元共同实现。微电网系统并网运行时,由于有电网的支撑,对微电网逆变器进

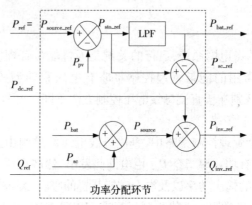

图 5.9　电压跟随型示意图

行 PQ 控制,电网的有功功率指令直接发送给微电网交流侧三相逆变器,即:

$$P_{\text{inv\_ref}} = P_{\text{ref}} \qquad (5.22)$$

　　为了保证逆变器的控制效果,微电网系统的直流母线电压必须维持稳定,微电网发电单元输出功率、储能单元吸收/释放功率之和 P_{source} 必须与逆变器输出功率 P_{inv}、直流功率指令 $P_{\text{dc\_ref}}$ 之和保持平衡。光伏阵列运行在 MPPT 状态下,则由混合储能单元负责平衡功率差,即:

$$\begin{cases} P_{\text{source\_ref}} = P_{\text{inv}} + P_{\text{dc\_ref}} \\ P_{\text{sto\_ref}} = P_{\text{source\_ref}} - P_{\text{pv}} \end{cases} \qquad (5.23)$$

　　按照同样的功率分配原则,混合储能功率指令被分配给铅酸蓄电池和超级电容,采用功率分配型能量管理控制策略时,与式(5.20)相同,功率指令的获取流程如图 5.10所示。

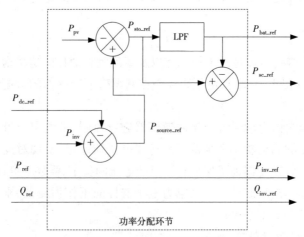

图 5.10　功率分配型示意图

直流母线电压由微电网系统直流侧发电单元控制,发电单元的输出功率与储能单元吸收/释放能量之和与微电网交流侧三相逆变器的输出功率保持平衡,即可维持微电网系统直流母线电压的稳定。网侧功率指令直接给逆变器,通过控制混合储能的吸收/释放来维持微电网系统直流母线电压的稳定性。功率指令值直接给到逆变器侧,功率匹配精确度高。

综上所述,微电网系统并网运行时,将用功率分配型能量管理控制策略要优于电压跟随型能量管理控制策略。

2)混合储能综合控制策略

带混合储能的微电网系统中,根据电压跟随型能量管理控制策略分配铅酸蓄电池和超级电容的功率指令。为了延长铅酸蓄电池和超级电容使用寿命,降低微电网系统的运行成本,一般都工作在恒流充放电模式下[263]。

微电网系统并网运行时,微电网直流母线的电压略高于蓄电池和超级电容的额定电压[175]。在充电时,双向 DC/DC 变换器工作在 Buck 状态,通过控制 Buck 电路中电感电流值来实现恒流充电。根据图 5.9,蓄电池、超级电容充电时,下桥臂开关管关断,上桥臂开关管的占空比为:

$$
\begin{cases}
D_{\text{PWM\_batt}} = \dfrac{-PI(I_{\text{batt}}^* - I_{\text{batt}}) + U_{\text{batt}}}{U_{\text{dc}}} \\
D_{\text{PWM\_sc}} = \dfrac{-PI(I_{\text{sc}}^* - I_{\text{sc}}) + U_{\text{sc}}}{U_{\text{dc}}}
\end{cases}
\tag{5.24}
$$

其中, $PI(\cdot)$ 是一个比例积分函数。

储能单元恒流充电控制框图,如图 5.11 所示。

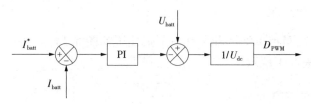

图 5.11　充电控制框图

放电时,双向 DC/DC 变换器工作在 Boost 状态,上桥臂开关管关断,通过控制 Boost 电路中电感电压值来实现恒流充电。根据图 5.9,蓄电池、超级电容放电时,下桥臂开关管的占空比为:

$$
\begin{cases}
D_{\text{PWM\_batt}} = \dfrac{PI(I_{\text{batt}}^* - I_{\text{batt}}) + U_{\text{dc}} - U_{\text{batt}}}{U_{\text{dc}}} \\
D_{\text{PWM\_sc}} = \dfrac{PI(I_{\text{sc}}^* - I_{\text{sc}}) + U_{\text{dc}} - U_{\text{sc}}}{U_{\text{dc}}}
\end{cases}
\tag{5.25}
$$

储能单元恒流放电的控制框图,如图 5.12 所示。

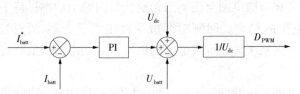

图 5.12　储能单元恒流放电控制框图

　　超级电容的充放电流大、充放电速度快,主要用于吸收/释放微电网直流母线上的高频功率分量;蓄电池能量密度大,主要用于吸收/释放微电网直流母线上的低频功率分量,一般作为长期储能装置。微电网系统采用功率分配型能量管理控制策略,蓄电池用以平抑直流母线低频电压波动,超级电容平抑高频波动。通过低通滤波器,将混合储能的吸收/释放功率指令分配给蓄电池和超级电容。微电网混合储能系统的总体控制框图如图 5.13 所示。

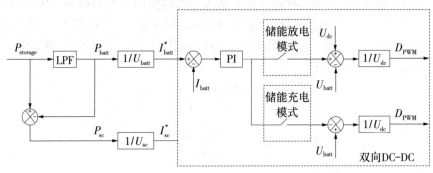

图 5.13　储能系统控制框图

3)系统仿真与实验验证

　　根据图 5.8,在 Matlab/Simulink 环境下搭建了如图 5.14 所示系统整体仿真模型,系统仿真参数如表 5.1 所示。

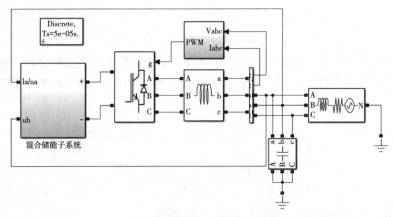

(a)系统整体仿真模型

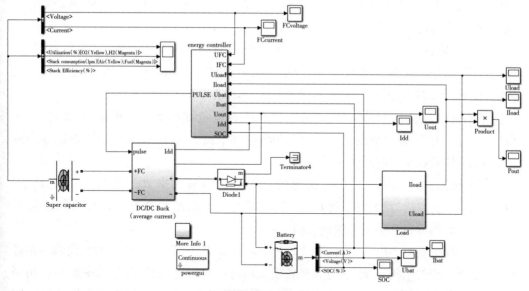

（b）混合储能子系统模型

图 5.14　系统仿真模型

表 5.1　仿真模型参数设置

参数	数值	参数	数值
蓄电池	12 V,65 Ah	电流 PI 控制器(k_{pi_bat},k_{pi_sc})	100
电感(L,L_1,L_2)	5 mH	电流 PI 控制器(k_{ii_bat},k_{ii_sc})	0.12
直流母线电容(C_g)	2 200 μF	交流侧电感(R_g,L_g)	0.2 Ω,5 mH
电流负载($R_{dc\text{-}load}$)	100 Ω	PQ 电流 PI 控制器(k_{pi_inv})	16.5
直流母线电压 $PI(k_{pv})$	5.5	PQ 电流 PI 控制器(k_{ii_inv})	650
直流母线电压 $PI(k_{iv})$	0.15	采样时间(T_s)	0.000 1 s

在仿真平台上,主要进行了微电网系统直流负载功率 P_{dc} 突变对系统运行效果产生影响的这种典型运行情况的实验。

微电网系统的光伏阵列工作在 MPPT 模式下,其输出功率按指定的 PV 曲线 P_{pv} 变化,微电网系统网侧功率指令 P_{ref},直流负载功率 P_{dc} 的变化情况如图 5.15 所示。

第一阶段,在 0.25 ~ 0.3 s,光伏阵列的输出功率 P_{pv} 大于微电网逆变器实际输出功率 P_{inv} 与直流负载功率 P_{dc} 之和,$P_{pv} - (P_{inv} + P_{dc})$ 为正,蓄电池电流 I_{bat} 为负,超级电容电流 I_{sc} 在 0 值附近快速波动;

第二阶段,在 0.3 ~ 0.35 s,微电网系统网侧功率指令 P_{ref} 突减,功率差 P_{pv} -

$(P_{inv} + P_{dc})$ 为正,且进一步扩大,蓄电池电流 I_{bat} 为负,其幅值进一步增大,超级电容电流 I_{sc} 在 0 值附近快速波动;

第三阶段,在 0.35 ~ 0.45 s,微电网系统网侧功率指令 P_{ref} 突增,功率差 $P_{pv} - (P_{inv} + P_{dc})$ 有负有正,蓄电池电流 I_{bat} 有正有负,趋势与功率差正好相反,超级电容电流 I_{sc} 在 0.35 s 时出现快速、剧烈的正向波动,然后在 0 值附近快速波动;

第四阶段,在 0.45 ~ 0.55 s,微电网系统直流负载功率 P_{dc} 突增,功率差 $P_{pv} - (P_{inv} + P_{dc})$ 为负,蓄电池电流 I_{bat} 为正,超级电容电流 I_{sc} 在 0.45 s 时出现快速、剧烈的正向波动,然后在 0 值附近快速波动;

第五阶段,在 0.55 ~ 0.6 s,微电网系统直流负载功率 P_{dc} 突减,功率差 $P_{pv} - (P_{inv} + P_{dc})$ 变为负,蓄电池电流 I_{bat} 为正,超级电容电流 I_{sc} 在 0.55 s 时出现快速、剧烈的负向波动,然后在 0 值附近快速波动。

从而得出,蓄电池电流 I_{bat} 的变化趋势与功率差 $P_{pv} - (P_{inv} + P_{dc})$ 的变化趋势正好相反;超级电容的电流 I_{sc} 除在功率差高频波动时出现快速、剧烈且与功率差趋势相同的变化外,其余时刻基本保持平稳。充分说明了铅酸蓄电池和超级电容在平衡微电网系统功率波动方面具互补性。超级电容充/放电切换频繁,但是其充放电的值都比较小;蓄电池的状态相对稳定,充放电的切换次数仅为 4 次,其充放电的过程也较为平缓,反映了采用铅酸蓄电池、超级电容的混合储能系统在平抑微电网功率波动方面的优势。

仿真表明,在整个运行过程中,直流母线的电压 U_{dc} 基本维持稳定,混合储能子系统的微电网系统并网运行时,对混合储能系统采用功率分配型能量平衡控制策略能充分发挥混合储能的优势。

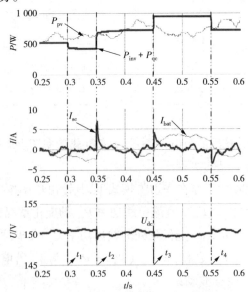

图 5.15　系统并网运行仿真

基于仿真结果搭建了如图 5.16 所示的光伏微电网发电系统试验品平台。该平台由光伏阵列、混合储能装置（蓄电池和超级电容）、直流负载（由 1 kW 的功率电阻组成）、交流负载（由 1 kW 的功率电阻组成）、DC/DC 电路（IGBT 模块）、DC/AC 电路（IPM 模块）、直流侧控制电路（控制芯片采 STM32F103 MCU）、交流侧控制电路（控制芯片采用 TMS320F28335 DSP）、霍尔电压传感器、霍尔电流传感器、MCGS 上位触摸屏，以及电容、电感等组成。

图 5.16　实验平台

实验平台的参数与表 5.1 相同。实验平台并网运行时，根据储能优化配置的结果，在 MCGS 上位触摸屏中设置运行参数，能量管理程序对混合储能进行功率分配。实验平台在微电网系统网侧有功功率指令 P_{ref} 和直流负载功率 P_{dc} 发生突变时的运行波形如图 5.17 所示。

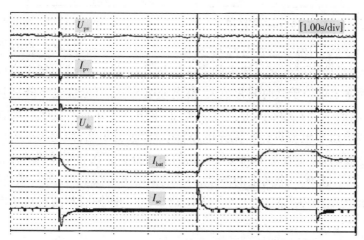

图 5.17　系统并网运行实验结果

（1）有功功率指令 P_{ref} 突减

如图 5.18 所示，在 t_1 时刻微电网系统有功功率指令 P_{ref} 突然减至 100 W，微电网光伏阵列输出功率 $P_{\text{pv}} \approx 250$ W，且基本保持不变；直流母线电压 $U_{\text{dc}} \approx 150$ V，直流负载功率 $P_{\text{dc}} = \dfrac{U_{\text{dc}}^2}{R_{\text{dcload}}} \approx 120$ W。光伏阵列输出功率 P_{pv} 大于直流负载功率 P_{dc} 与电网有功功

率指令 P_{ref} 之和,即 $P_{pv} > P_{dc} + P_{ref}$。微电网混合储能装置吸收光伏阵列输出的多余能量。

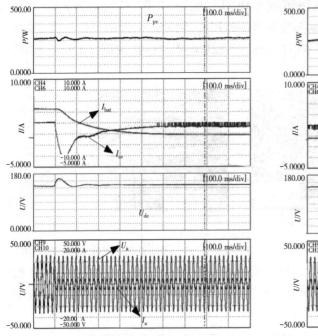

图 5.18 有功功率 P_{ref} 突减实验结果

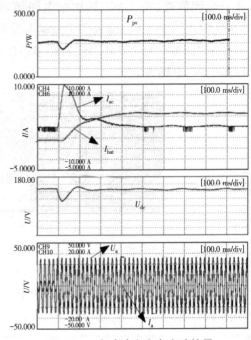

图 5.19 有功功率突变实验结果

如图 5.19 所示的超级电容电流 I_{sc} 变化曲线,在 t_1 时刻,超级电容开始吸收能量,进入充电模式,对功率指令突减造成的多余能量进行快速吸收,超级电容电流 I_{sc} 迅速变为负值。而蓄电池由于其时间常数大,蓄电池电流 I_{bat} 开始缓慢下降,但仍然工作在放电模式;蓄电池电流 I_{bat} 减小,直到变为负值,蓄电池工作状态发生反转,进入充电状态。蓄电池持续以小电流进行恒流充电,对能量差进行平衡,而超级电容电流 I_{sc} 在稳定值附近迅速波动,以吸收微电网功率波动的高频分量。在储能装置的作用下,微电网直流母线电压 U_{dc} 出现一个向上的波动,在 0.1 s 内迅速恢复为原值,微电网交流侧三相逆变器 A 相的电压 U_a 保持恒定,电流 I_a 减小,微电网按照新的有功功率指令 P_{ref} = 100 W 运行。

(2)有功功率指令 P_{ref} 突增

如图 5.19 所示,在 t_1 时刻微电网系统有功功率指令 P_{ref} 突然减至 400 W,微电网光伏阵列输出功率 $P_{pv} \approx 250$ W,且基本保持不变;直流母线电压 $U_{dc} \approx 140$ V,直流负载功率 $P_{dc} = \dfrac{U_{dc}^2}{R_{dcload}} \approx 120$ W。光伏阵列输出功率 P_{pv} 小于直流负载功率 P_{dc} 与电网有功功率指令 P_{ref} 之和,即 $P_{pv} < P_{dc} + P_{ref}$。微电网混合储能装置释放能量,满足微电网有功功率质量的要求。

如图 5.19 所示的超级电容电流 I_{sc} 变化曲线,在 t_1 时刻,超级电容开始释放能量,进入快速放电模式,弥补功率指令突增造成的能量不足,超级电容电流 I_{sc} 迅速变为正值,最大放电电流可达 10 A 左右,在短期内对系统总体能量进行平衡。而蓄电池由于其时间常数大,蓄电池电流 I_{bat} 开始缓慢上升,增至 5 A 左右,蓄电池工作状态已发生反转,进入放电状态。而超级电容电流 I_{sc} 在稳定值附近迅速波动,以平抑微电网功率波动的高频分量。在储能装置的作用下,微电网直流母线电压 U_{dc} 出现向下的波动,在 0.1 s 内迅速恢复为原值,微电网交流侧三相逆变器 A 相的电压 U_a 保持恒定,电流 I_a 增加,微电网按照新的有功功率指令 P_{ref} = 400 W 运行。

（3）直流负载功率 P_{dc} 突增

如图 5.20 所示,在 t_1 时刻,微电网系统直流负载功率 P_{dc} 由 120 W 突然减至 340 W,微电网交流侧逆变器的输出功率 P_{inv} = 400 W 保持不变,光伏阵列输出功率 P_{pv} = 400 W, P_{pv} < P_{dc} + P_{inv} = 740 W,储能装置释放功率。在 t_1 时刻,超级电容开始释放能量,进入快速放电模式,弥补负载功率突增造成的能量不足,超级电容电流 I_{sc} 瞬时最大值可达 5 A,然后电容电流 I_{sc} 开始减小,并最终稳定在 0 A 附近。蓄电池 I_{bat} 缓慢上升,最终稳定在 7.8 A,此时微电网系统达到新的平衡状态。在此过程中,微电网直流母线电压 U_a 在经过一个微小跌落迅速地（约 0.08 s）恢复到原值 150 V。微电网交流侧电压、电流保持不变。

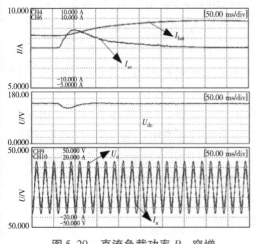

图 5.20　直流负载功率 P_{dc} 突增

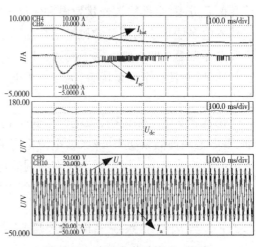

图 5.21　直流负载功率 P_{dc} 突减

（4）直流负载功率 P_{dc} 突减

如图 5.21 所示,在 t_1 时刻,微电网系统直流负载功率 P_{dc} 由 120 W 突然减至 340 W,微电网交流侧逆变器的输出功率 P_{inv} = 400 W 保持不变,光伏阵列输出功率 P_{pv} = 250 W, P_{pv} < P_{dc} + P_{inv} = 520 W。在 t_1 时刻,超级电容开始吸收能量,进入快速充电模式,弥补负载功率突减造成的能量过剩,超级电容电流 I_{sc} 瞬时最大值可达 4 A,然后电

容电流 I_{sc} 开始增大,并最终稳定在 0 A 附近。蓄电池 I_{bat} 缓慢下降,最终稳定在 4 A,此时微电网系统达到新的平衡状态。在此过程中,微电网直流母线电压 U_a 在经过一个微小跌落迅速(约 0.08 s)恢复到原值 150 V。微电网交流侧电压、电流保持不变。

引入情景分析方法,模拟实际光伏出力的波动性和随机性,建立考虑安全约束的多情景机组组合模型。将期望弃光惩罚函数引入优化目标中,考虑同一时段和相邻时段功率波动的需求,通过对机组组合模型进行分析,优化了微电网储能系统配置。分析光伏发电出力的随机性和波动性,构建多情景机组组合模型。运用典型情景和极端情景描述光伏发电出力的不确定性,求解各情景的概率。采用分解协调算法,减少主从问题间的迭代次数,提高求解效率。

采用各种储能装置统一模型的方法,构建考虑光伏与储能系统配合的安全约束机组组合模型。通过储能系统的充放电优化,平滑光伏出力的波动性,降低光伏出力调整负担。采用多情景安全约束机组组合方法,优化光伏和储能的协调运行,有效降低大规模光伏接入对电力系统运行的不利影响,提高系统运行的安全性与经济性。对光伏微电网储能系统的特性进行研究和抽象,建立了储能系统参与机组组合的数学模型;以光伏发电机组发电成本、启动成本和储能充放电成本最小为目标,考虑储能的充放电效率、电量平衡和电量储存等约束,建立含储能系统的光伏机组组合模型。

建立光伏发电与储能系统协调运行的机组组合模型,通过对其进行求解,获得储能优化配置方案,全面协调光伏发电和储能系统。运用 Benders 分解理论,提出了将基于光伏发电多情景预测模型的机组组合问题求解过程解为"正常状态安全子问题"和"故障安全子问题"两个独立的子问题,并对子问题进行统一校验,降低了迭代次数,提高了快速性,并具有全局最优解,为可再生能源发电系统的储能优化配置提供了一种可行的方法。

仿真和实验结果说明,微电网经过储能优化配置之后,超级电容平抑高频功率波动,蓄电池平抑低频功率波动,蓄电池稳定工作在放电或者充电状态,不进行频繁切换,充放电电流波动小。微电网系统在并网运行模式下,采用混合储能系统,能有效抑制微电网负载功率突变,维持微电网直流母线电压稳定,保证系统稳定运行。

5.2.2 异构储能系统多时间尺度耦合机理

可再生能源发电系统以可控储能的形式参与配电网调控,能有效规避可再生能源波动对电网造成负面影响。综合能量管理在能量的时间尺度上既具有良好的受控性,又具备实现多时间尺度交叉耦合控制的特点。电力电子器件控制的时间尺度为 ns/μs 级,电压控制时间尺度是 ms 级,储能的时间尺度为 s/min 级,系统调度的时间尺度涵盖 s/min/h 级。光伏系统的异构储能系统时间尺度模型框架如图 5.22 所示。

从能量的时间尺度出发,以改善负荷曲线、降低弃光/弃风率为优化目标建立异构

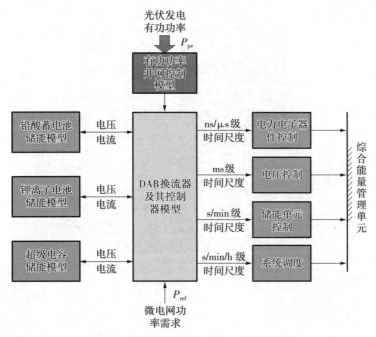

图 5.22　异构储能系统时间尺度模型框架

储能系统充放电时间调度方法的数学模型,在能量管理单元间分配异构储能系统充放电功率。

将光伏出力 P_{PV}、负荷 P_L 以及储能总功率 P_{SOC} 的等效值定义为等效负荷(equivalent load,EL),表示为:

$$P_{EL} = P_L - P_{PV} \tag{5.26}$$

应用蒙特卡洛模拟产生随机数,按照时序叠加,则 t 时段的等效负荷的随机值为:

$$P_{ET}(t) = [P_L(t) + \delta_L(t)] - \{[P_{PV}(t) + \delta_{PV}(t)]\} \tag{5.27}$$

其中,$\delta(t)$ 为波动功率。

根据不同的时间尺度,将异构储能的优化调度分为器件级调度、电压级调度、储能级调度和系统级调度。实时调度将光伏系统的波动总功率通过等效负荷波动表示。对等效负荷进行平滑滤波后得到等效负荷期望值及功率波动,通过优化调度实现功率波动在各储能单元之间的分配,带异构储能系统的光伏系统多时间尺度优化调度过程的金字塔结构如图 5.23 所示。

在异构储能系统时间尺度特性分析的基础上,以各分层调度目标函数组成多时间尺度协调调度的多目标优化调度模型,在能量管理单元间分配异构储能系统充放电功率。

光伏系统追求运行成本最低,则系统级调度的目标函数为:

$$f_{sys} = \sum_{i=1}^{N} [C_{i,run}(t) + C_{grid}(t) + C_{grid.R}(t) - C_{sh}(t) - C_{se}(t) + C_{\delta}(t)] \tag{5.28}$$

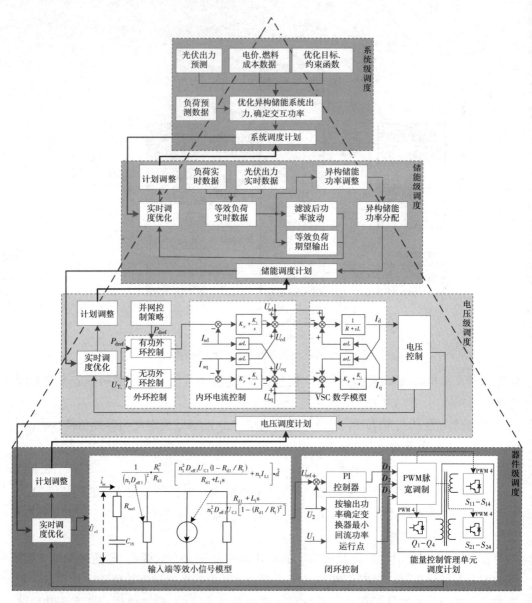

图 5.23 带异构储能系统的光伏系统优化调度过程

其中 N 为光伏阵列数, C 为运行成本。

能量约束条件：

$$\begin{cases} P_{\min} + P_{SOC} < P(t) < P_{\max} - P_{SOC} \\ SOC_{\min} + SOC_{run} < SOC(t) < SOC_{\max} - SOC_{run} \\ E(0) = E(T) \\ P_{grid,\min} < P_{grid}(t) < P_{grid,\max} - P_{grid,R}(t) \end{cases} \quad (5.29)$$

可靠性约束条件：

$$\begin{cases} P_{\text{grid}}(t) + P_{\text{SOC}}(t) + P_{\text{R}}(t) - P_{\text{EL}}(t) \geqslant P_{\text{R,need}}(t) \\ P_{\text{R}}(t) = P_{\text{SOC}}(t) + P_{\text{grid, R}}(t) \end{cases} \tag{5.30}$$

根据异构储能系统调度原则，在满足光伏系统稳定、可靠的前提下，使其性能发挥最大效能，储能级调度的目标函数为：

$$f_{\text{es}} = \sum_{i=1}^{L} c_{\text{bat}\_i} \frac{E_{\text{bat}\_i}}{\eta_{\text{bat}\_i}} + \sum_{j=1}^{M} c_{\text{Li}\_i} \frac{E_{\text{Li}\_i}}{\eta_{\text{Li}\_i}} + \sum_{k=1}^{N} c_{\text{uc}\_i} \frac{E_{\text{uc}\_i}}{\eta_{\text{uc}\_i}} + c_m P_{\text{max}} \tag{5.31}$$

其中，E 为储能单元的容量，$\eta \geqslant 1$ 为储能单元的转换效率，c 为储能单元的性能参数，P_{max} 为异构储能系统的总功率。

储能单元要满足容量、功率的限制条件，保证光伏系统功率平衡，因此储能单元的约束条件为：

$$\begin{cases} E_{i,j,k,\text{min}} \leqslant E_{i,j,k} \leqslant E_{i,j,k,\text{max}} \\ E_{i,j,k}(t+1) = E_{i,j,k}(t) + \Delta E_{uc,i} = E_{i,j,k}(t) + P_{i,j,k}T \\ \sum P_{\text{bat}} + \sum P_{\text{Li}} + \sum P_{\text{uc}} \geqslant \Delta P_{\text{max}} \\ P_{i,j,k,\text{min}} \leqslant P_{i,j,k} \leqslant P_{i,j,k,\text{max}} \\ P \sum P_{\text{bat}} + \sum P_{\text{Li}} + \sum P_{\text{uc}} + \sum P_{\text{pv}} = \sum P_{\text{load}} + P_{\text{loss}} \end{cases} \tag{5.32}$$

设异构储能系统参与平滑光伏发电波动的时间为 $[t_{11}, t_{12}]$，以调节后光伏发电电压变化差值的平方和最小建立优化目标，则电压级调度的目标函数为：

$$\begin{cases} f_{\text{vol}} = \sum_{i=t_{11}}^{t_{12}} (U_{\text{sys},i} - U_{\text{sys},i-1})^2 \\ U_{\text{sys},i} = \sum U_{\text{pv},i} + \sum U_{\text{bat},i} + \sum U_{\text{Li},i} + \sum U_{\text{uc},i} \end{cases} \tag{5.33}$$

要保证电压波动在允许的范围内，则约束条件可表示为：

$$\begin{cases} U_{\text{min}} \leqslant U_{\text{sys}} \leqslant U_{\text{max}} \\ \Delta U_{\text{min}} \leqslant \Delta U_{\text{sys}} \leqslant \Delta U_{\text{max}} \\ \delta U_{\text{min}} \leqslant \delta U_{\text{sys}} \leqslant \delta U_{\text{max}} \\ \Delta U = \dfrac{U_{\text{max}} - U_{\text{min}}}{U_{\text{N}}} \times 100\% \\ \delta U = \dfrac{\Delta U_{\text{max}} - \Delta U_{\text{min}}}{\Delta U_{\text{max}}} \end{cases} \tag{5.34}$$

其中，ΔU 为电压波动比，δU 为电压波动改善指标。

综合能量管理单元通过双 DAB 实现能量的流动，必须实现对给定电流精确、快速的跟踪，同时实现母线电压平衡控制，则器件级调度的目标函数为：

$$f_{\text{con}} = |i_1^* - i_1| + |i_2^* - i_2| + \lambda \cdot \frac{P_t}{P_{\text{max}}}$$

$$= \mid i_1^* - i_1 \mid + \mid i_2^* - i_2 \mid + \lambda \cdot \frac{\dfrac{u_1 u_2}{\omega L}\left(\beta - \dfrac{\beta^2}{\pi}\right)}{P_{\max}} \tag{5.35}$$

其中，i_1、i_2 分别为 HFT 原、副边电流，u_1、u_2 分别为 HFT 原、副边电压，λ 为电压控制权系数，P_t 为双向传输功率，β 为移相角，ω 为角频率。

约束条件为：

$$\begin{cases} u_1 = i_1 R_1 + L_{11}\dfrac{\mathrm{d}}{\mathrm{d}t}i_1 + M_{12}\dfrac{\mathrm{d}}{\mathrm{d}t}i_2 \\ u_2 = i_2 R_2 + M_{12}\dfrac{\mathrm{d}}{\mathrm{d}t}i_1 + L_{22}\dfrac{\mathrm{d}}{\mathrm{d}t}i_2 \end{cases} \tag{5.36}$$

根据图 5.19，建立时间尺度下的分层递阶多目标函数：

$$f = \boldsymbol{\Lambda} \cdot (f_{\text{sys}} \quad f_{\text{es}} \quad f_{\text{vol}} \quad f_{\text{con}})^{\mathrm{T}}$$

$$= \begin{bmatrix} 1 & \lambda_{12} & 0 & 0 \\ \lambda_{21} & 1 & \lambda_{23} & 0 \\ 0 & \lambda_{32} & 1 & \lambda_{34} \\ 0 & 0 & \lambda_{43} & 1 \end{bmatrix} \cdot (f_{\text{sys}} \quad f_{\text{es}} \quad f_{\text{vol}} \quad f_{\text{con}})^{\mathrm{T}} \tag{5.37}$$

其中，$\boldsymbol{\Lambda}$ 为耦合矩阵。

5.2.3 异构储能系统分层协调控制策略

分层递阶控制综合考虑储能单元性能约束与负荷需求，协调储能单元的充放电过程。在准确估算储能单元 SOC 的基础上，构建异构储能系统分层能量管理的层级模型，实现系统输出功率、微电源输出功率以及异构储能系统总功率的协调分配。异构储能系统的剩余容量估算层级模型如图 5.24 所示。

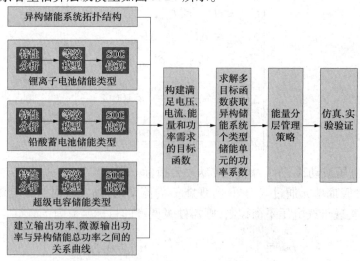

图 5.24 光伏微电网异构储能系统分层能量管理的层级模型

异构储能系统采用弱中心化的形式接光伏系统,形成一种弱中心化的电力系统。储能单元之间的连接较弱,因此适合采用一致性(Consensus)控制理论来研究该类系统的能量平衡与稳定特性,如图 5.25 所示。

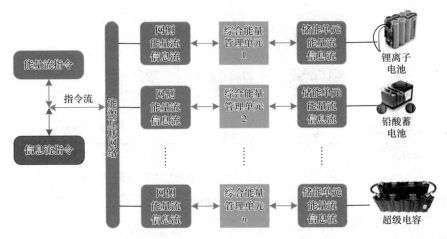

图 5.25　基于异构储能系统的弱中心化电力系统控制框架

各类型储能单元通过公共耦合点连接到系统中,该系统能实现异构储能系统的动态功率平衡与协同控制,在分布式条件下重新建立配电网电压后的有功、无功控制的分配机制,在提高系统可靠性和灵活性的同时,通过即插即用功能增强系统适应性。控制系统分为初级控制环和次级控制环两部分,初级控制负责电压、电流调节,如图 5.26 所示。

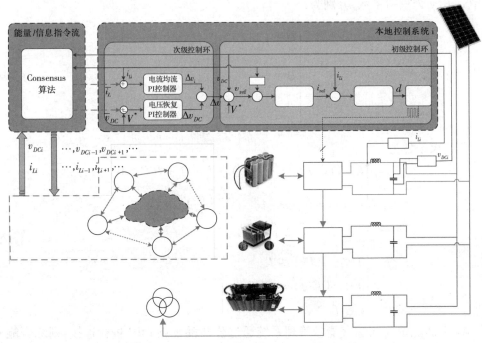

图 5.26　弱中心化分布式 Consensus 控制系统

多时间尺度下的光伏系统要满足系统电压、电流、功率等要求，必须实现光伏系统的异构储能系统的能量优化配置，即通过解耦多目标函数，实现功率分配，满足异构储能系统能量需求。功率分配如图 5.27 所示。

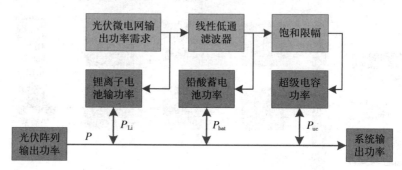

图 5.27　光伏系统异构储能系统功率分配图

通过控制各储能单元实现输出功率在各储能单元之间的分配，为避免产生"木桶效应"，可建立如下目标函数：

$$f(I, SOC, P) = \sum_{i=1}^{T} (\alpha_1 I_{bat}^2(t) SOC_{bat}(t) + \alpha_2 I_{Li}^2(t) SOC_{Li}(t)) +$$

$$\sum_{i=2}^{T} (\beta_1 (I_{bat}(t) - I_{bat}(t-1))^2 SOC_{uc}(t) + \beta_2 (I_{Li}(t) - I_{Li}(t-1))^2 SOC_{uc}(t)) +$$

$$\gamma | P_{pv}(t) - P_{pv\_ref}(t) | \tag{5.38}$$

式中 α、β、γ 为权衡系数，分别为：

$$\begin{cases} \alpha = \dfrac{i}{I_{max}} \\ \beta = \dfrac{j}{I_{flu\_max}} \\ \gamma = \dfrac{k}{U_{uc\_max} - U_{uc\_min}} \end{cases} \tag{5.39}$$

其约束条件为：

$$\begin{cases} I_{bat}(t) + I_{Li}(t) + I_{uc}(t) + I_{pv}(t) + I(t) = 0 \\ U_{uc}(t) = U_{uc}(t-1) - \sum_{\tau}^{t} \left(\dfrac{\sigma}{C} I_{uc}(\tau) \right) \\ 0 \leqslant U_{uc}(t) \leqslant U_{uc\_max} \\ 0 \leqslant | I(t) | \leqslant I_{max} \\ 0 \leqslant SOC(t) \leqslant SOC_{max} \\ t \in T \end{cases} \tag{5.40}$$

N_T 个储能单元与综合能量管理系统通过公共耦合点 PCC 进行连接，则综合能量管理单元的模型可描述为：

$$
\begin{cases}
i_{\mathrm{Li}}(t) = \dfrac{1}{L} \cdot \dfrac{1}{s} \cdot \left(u_{\mathrm{in}} \cdot D(t) - u_{\mathrm{dc}}(t) \right) \\[3mm]
u_{\mathrm{dc}}(t) = \dfrac{1}{N_T \cdot C} \cdot \dfrac{1}{s} \cdot \left(\sum i_{\mathrm{Li}}(t) - \dfrac{u_{\mathrm{dc}}(t)}{R_i} \right)
\end{cases}
\tag{5.41}
$$

其中，L、C 分别为电感、电容的值；u_{dc} 和 i_{Li} 分别为综合能量管理单元接入公共耦合点的电压、电流值；D 为开关器件的占空比；R_i 为各类型储能单元的等效内阻。

$$
\begin{cases}
d = (i_{\mathrm{ref}} - i_{\mathrm{Li}}) \cdot \left(k_{\mathrm{pc}} + \dfrac{k_{\mathrm{ic}}}{s} \right) \\[3mm]
i_{\mathrm{ref}} = (U^* + \Delta u - u_{\mathrm{dc}} - i_{\mathrm{Li}} R_d) \cdot \left(k_{\mathrm{pv}} + \dfrac{k_{\mathrm{iv}}}{s} \right)
\end{cases}
\tag{5.42}
$$

其中，U^* 为电压参考值，Δu 为次级控制产生的电压补偿量，k_{pc}、k_{ic} 分别为电流控制器的比例和积分系数，k_{pv}、k_{iv} 分别为电压控制器的比例和积分系数，R_d 为虚拟阻抗。

采用下垂控制时，会出现电压偏差。此外，由于储能单元的参数差异或者测量误差，也不能实现精确分流。为了解决上述问题采用了次级控制环，如下所示：

$$
\begin{cases}
\Delta u_I = (\bar{i}_L - i_{\mathrm{Li}}) \cdot \left(k_{\mathrm{psc}} + \dfrac{k_{\mathrm{isc}}}{s} \right) \\[3mm]
\Delta u_I = (U^* - \bar{u}_{\mathrm{dc}}) \cdot \left(k_{\mathrm{psv}} + \dfrac{k_{\mathrm{isv}}}{s} \right)
\end{cases}
\tag{5.43}
$$

其中，Δu_I 和 Δu_{dc} 分别为均流电流和恢复电压补偿电压项，$\bar{i}$ 和 $\bar{v}_{\mathrm{dc}}$ 分别为由 Consensus 算法计算所得的平均输出电流和公共耦合电压，k_{psc}、k_{isc} 分别为电流均流控制器的比例和积分系数，k_{psv}、k_{isv} 分别为电压恢复控制器的比例和积分系数。Δu_I 与 Δu_{dc} 作为初级控制器的输入值。

5.3　风电微网储能的低电压穿越

在实际的工程应用当中，电池储能系统由于传输距离等因素很容易受到电网的干扰，并且由于负载或者其他发电系统发生故障导致电网发生电压故障是很常见的现象。电网发生故障会造成系统很多连锁反应。例如，储能变流器输出功率的改变会导致输出电流飞速上升出现过流的现象；不对称电压的跌落会让系统的电压电流产生负序波动，可能会造成元器件的过流损伤，从而影响系统的整体稳定性。综上所述，电池储电站应具备一定的低电压穿越能力来应对随时可能出现的电网故障。目前，关于低电压穿越的问题研究大多数还在新能源发电系统当中，国家也只是对新能源电站做出了穿越规定,因此关于电池储能电站的相关研究可以参考光伏电站的资料。

电池储能电站因为系统结构原因,直流母线电压不会出现过大的波动,因此当电网并网点电压发生故障的时候,储能变流器应对策略的侧重点有两个方面,其一是控制交流侧输出电流方面,防止出现交流侧输出电流峰值超过储能变流的承受范围;其二是有功和无功电流的分配方面。针对这一特性,本书搭建了储能变流器的正、负序符复合模型,在电网电压会发生三相对称以及三相不对称跌落故障的两种情况下,设计出控制策略来调节控制交流侧输出电流,防止出现过流现象,在此基础上添加了功率指令切换环节,由此来达到电池储能系统在电网发生故障时能够具有低电压穿越能力以及向电网提供无功功率的预期目标。

5.3.1 电池储能 PCS 的正、负序复合模型

储能变流器在三相静止坐标系下的等效电路如图 5.28 所示。

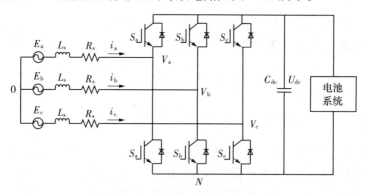

图 5.28 PCS 变流器的等效电路

$\alpha\beta$ 坐标系下变流器的数学模型为:

$$E_{\alpha\beta} = V_{\alpha\beta} + L_s \frac{dI_{\alpha\beta}}{dt} + R_s I_{\alpha\beta} \tag{5.44}$$

其中,$E_{\alpha\beta}$ 为电网电压复矢量,$V_{\alpha\beta}$ 为交流侧电压复矢量,$I_{\alpha\beta}$ 为交流侧电流复矢量。当电网电压发生不平衡跌落时,$V_{\alpha\beta}$、$I_{\alpha\beta}$ 均含有正序、负序分量,则:

$$\begin{cases} V_{\alpha\beta} = e^{j\omega_1 t} V_{dq}^p + e^{-j\omega_1 t} V_{dq}^n \\ I_{\alpha\beta} = e^{j\omega_1 t} I_{dq}^p + e^{-j\omega_1 t} I_{dq}^n \end{cases} \tag{5.45}$$

式中,V_{dq}^p、V_{dq}^n、I_{dq}^p、I_{dq}^n 分别为储能变流器交流侧电压、电流在 d-q 坐标系下的正序、负序矢量;ω_1 是同步角速度。将式(5.45)代入式(5.44)得储能变流器在 d-q 坐标系中的正、负序复合模型:

$$\begin{cases} E_{dq}^p = L_s \dfrac{\mathrm{d}I_{dq}^p}{\mathrm{d}t} + R_s I_{dq}^p + \mathrm{j}\omega_1 L_s I_{dq}^p + V_{dq}^p \\[3mm] E_{dq}^n = L_s \dfrac{\mathrm{d}I_{dq}^n}{\mathrm{d}t} + R_s I_{dq}^n + \mathrm{j}\omega_1 L_s I_{dq}^n + V_{dq}^n \end{cases} \qquad (5.46)$$

5.3.2　电网故障时电池储能系统的低电压穿越策略

1）电网电压对称跌落

当电网电压发生三相对称跌落故障时,系统当中不产生负序分量,因此在控制电流方面仅仅需要对正序电流加以控制即可。电网电压三相对称故障发生后,将变流器控制模式切换至对称故障模式,在控制限制故障电流防止出现过流情况发生的同时向电网发出无功功率,以实现储能变流器在电网故障时的低电压穿越。

电网故障时,d-q 轴电流指令分别为:

$$\begin{cases} i_d^* = \dfrac{p_0^*}{e_d} \\[3mm] i_q^* = \sqrt{i_{\max}^2 - i_d^{*2}} \end{cases} \qquad (5.47)$$

电网电压三相对称故障时的控制原理如图 5.29 所示。正常运行并网点电压数值正常时,系统的控制策略切换指令开关 K_1、K_2 位于"1"处,实现储能电站的正常并网运行模式。当电网并网点电压发生三相对称跌落故障的时候,指令开关切换到"2"处,开始实施在电网对称故障下系统所对应的控制策略。由于电池储能电站能很好地稳定直流母线电压,因此我们通过储能变流器的功率指令 p_0^* 计算得到电流指令,并与采集到的实际电流做对比通过解耦计算得到当前所需控制量 V_d^* 和 V_q^*,把控制量送到 PWM 模块进行脉宽调制从而控制系统达到限制交流侧输出电流。

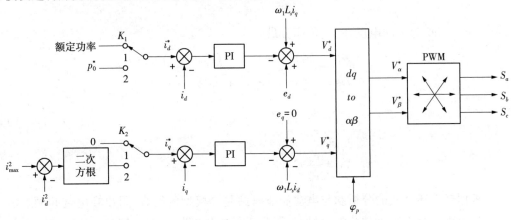

图 5.29　故障时 LVRT 策略

2）电网不对称跌落

电池储能电站系统会产生负序电磁量，当电网电压发生三相不对称跌落时，此时要对电流进行正序以及负序的共同控制，本书采用 $T/4$ 时延法对包含正负序的所有电磁量在 $d\text{-}q$ 坐标系下进行序分量分解，功率方程为：

$$\begin{cases} p_0 = -1.5(e_d^p i_d^p + e_q^p i_q^p + e_d^n i_d^n + e_q^n i_q^n) \\ p_{c2} = -1.5(e_d^p i_d^n + e_q^p i_q^n + e_d^n i_d^p + e_q^n i_q^p) \\ p_{s2} = -1.5(e_q^n i_d^p - e_d^n i_q^p - e_q^p i_d^n + e_d^p i_q^n) \end{cases} \tag{5.48}$$

$$\begin{cases} q_0 = -1.5(e_q^p i_d^p - e_d^p i_q^p + e_q^n i_d^n - e_d^n i_q^n) \\ q_{c2} = -1.5(e_q^p i_d^n - e_d^p i_q^n + e_q^n i_d^p - e_d^n i_q^p) \\ q_{s2} = -1.5(e_d^P i_d^N + e_q^P i_q^N - e_d^N i_d^P + e_q^N i_q^P) \end{cases} \tag{5.49}$$

式中，p、q 表示有功和无功；下标 0、c_2、s_2 表示功率的直流、余弦和正弦分量。本书为了消除直流母线电压不对称故障时产生的二倍频波动，使用控制有功功率的二倍频分量的方法，并通过功率指令切换的方式，实现限流控制防止负序电流的产生造成交流电过流的情况。因此，选择公式（5.49）中 p_0、q_0、p_{s2} 和 p_{c2} 作为控制对象。假设 4 个功率的指令值为 p_0^*、q_0^*、p_{s2}^*、p_{C2}^*，其中 p_0^* 和 q_0^* 是系统给定的指令，p_{s2}^* 和 p_{C2}^* 都设为零。采用电网电压定向，则电流指令 i_d^{p*}、i_q^{p*}、i_d^{n*}、i_d^{n*} 为：

$$\begin{cases} i_d^{p*} = -\dfrac{2}{3}\dfrac{p_0^* e_d^p}{D_1} \\[2mm] i_q^{p*} = \dfrac{2}{3}\dfrac{q_0^* e_d^p}{D_2} \\[2mm] i_d^{n*} = -k_{dd} i_d^p - k_{qd} i_q^p \\[2mm] i_q^{n*} = -k_{qd} i_d^p + k_{dd} i_q^p \end{cases} \tag{5.50}$$

式中，e_d^p、e_d^n、e_q^n 为电网电压在正、负序分量。

$$D_1 = (e_d^p)^2 - (e_d^n)^2 - (e_q^n)^2 \neq 0$$

$$D_2 = (e_d^p)^2 + (e_d^n)^2 + (e_q^n)^2 \neq 0$$

$$k_{dd} = \dfrac{e_d^n}{e_d^p} \tag{5.51}$$

$$k_{dq} = \dfrac{e_q^n}{e_d^p}$$

根据对上述公式的分析和与电池储能电站复合模型的结合，得出在电网并网点电压突然出现三相不对称跌落的时候，为了实现低电压穿越电池储能电站所需要改变的控制策略,控制框图如图 5.30 所示。

同在对称故障下的控制策略一样,在电网电压发生不对称跌落之前,电池储能系统的指令开关在"1"处实现储能电站的正常并网运行。当发生电网故障时,开关切换到"2"处开始应对电网不对称故障,开始实施在电网不对称故障情况下系统所对应的控制策略。由于系统各个指标产生了负序分量,因此我们先将储能变流器电网侧三相电压以及电流做处理,产生的结果根据式(5.49)和式(5.50)结合功率指令通过计算直接得到电流指令,并与实际电流值做对比通过解耦计算得到当前所需控制量 V_d^* 和 V_q^*,把控制量经过坐标转换送到 PWM 模块进行脉宽调制,从而控制系统达到限制交流侧输出电流。

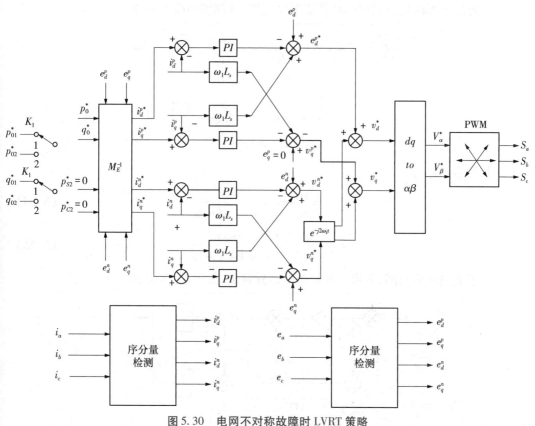

图 5.30　电网不对称故障时 LVRT 策略

5.3.3　PLL 锁相环

在电网发生故障的情况下,快速、准确地实现锁频锁相,是提高系统低电压穿越技术的关键[46]。本书使用了一种相对简单快速的锁频方法,结合传统的锁相环对电网发生故障时的电压进行锁相,有效缩短了其响应时间和减小了误差。

首先,当电网发生故障产生正负序分量时将三相电压进行分离并转换到两相 $\alpha\beta$ 静

止坐标系当中,可以得到表达式为:

$$V_{\alpha\beta}^{+} = [T_{\alpha\beta}]V_{abc}^{+} = [T_{\alpha\beta}][T_{+}]V_{abc} = [T_{\alpha\beta}][T_{+}][T_{\alpha\beta}]^{-1}V_{\alpha\beta} = \frac{1}{2}\begin{bmatrix} 1 & -q \\ q & 1 \end{bmatrix} V_{\alpha\beta}$$

$$(5.52)$$

$$V_{\alpha\beta}^{-} = [T_{\alpha\beta}]V_{abc}^{-} = [T_{\alpha\beta}][T_{-}]V_{abc} = [T_{\alpha\beta}][T_{-}][T_{\alpha\beta}]^{-1}V_{\alpha\beta} = \frac{1}{2}\begin{bmatrix} 1 & q \\ -q & 1 \end{bmatrix} V_{\alpha\beta}$$

$$(5.53)$$

式中,$q = e^{-j\frac{\pi}{2}}$。

针对以上算法可以采用闭环算法加以实现,其框图如图 5.31 所示。

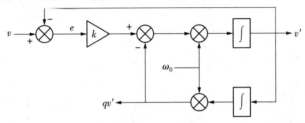

图 5.31　闭环算法

其传递函数为:

$$Y_{(s)} = \frac{v'_{(s)}}{v_{(s)}} = \frac{k\omega_0 s}{s^2 + k\omega_0 s + \omega_0^2} \qquad (5.54)$$

$$Z_{(s)} = \frac{qv'_{(s)}}{v_{(s)}} = \frac{k\omega_0 s}{s^2 + k\omega_0 s + \omega_0^2} \qquad (5.55)$$

为了提高响应时间,采用一种简单的锁频算法,如图 5.32 所示。

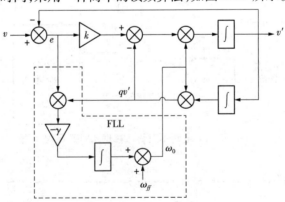

图 5.32　FLL 锁相框图

算法的具体运行过程中,ω_{ff} 为预设的角频率,误差 e 作为 FLL 输入变量,qv' 为控制环的反馈量。当 ω_0 锁定时,误差 e 控制为 0,v' 与 v 相等。本书所用的 PLL 控制框图如图 5.33 所示。

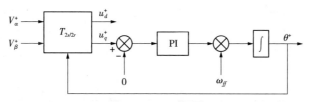

图 5.33　PLL 框图

图 5.33 中的 $[T_{2s/2r}]$ 模块运行公式如式(5.56)所示,具体作用是电压正序矢量在 $\alpha\beta$ 静止坐标系和 $d\text{-}q$ 旋转坐标系之间的转换关系。

$$[T_{2s/2r}] = \begin{bmatrix} \cos\,\theta^+ & \sin\,\theta^+ \\ -\sin\,\theta^+ & \cos\,\theta^+ \end{bmatrix} \tag{5.56}$$

整合图 5.32 和图 5.33,可得整个正负序分离及锁频锁相算法框图如图 5.34 所示。

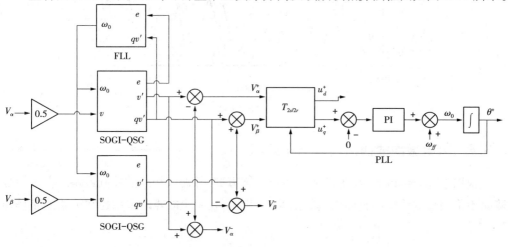

图 5.34　锁频锁相算法框图

根据图 5.34 所示,在仿真软件中搭建本书所使用的锁相环仿真模型,如图 5.35 所示。根据所搭模型,设置电网电压出现一相电压跌落的情况下锁相环运行情况,其仿真结果如图 5.36 所示。

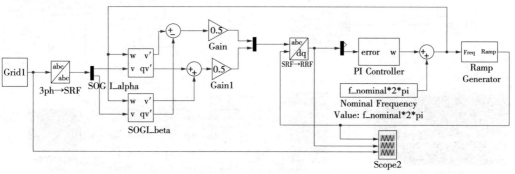

图 5.35　锁相环仿真模型

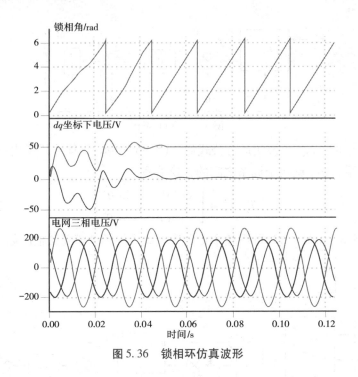

图 5.36　锁相环仿真波形

5.3.4　风电微网故障时仿真结果分析

根据上述介绍内容,在仿真平台搭建整体模型,并加入相应的控制策略。在发生故障时不采用控制策略的整体仿真如图 5.37 所示,在发生故障时采用控制策略的整体仿

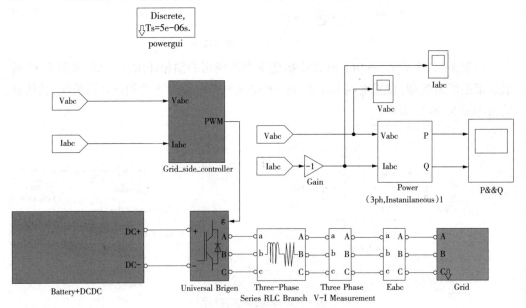

图 5.37　无 LVRT 控制策略的系统仿真模型

真如图 5.38 所示。其中,两者的 Grid 电网模块的单相仿真模型如图 5.39 所示。通过此模型,可以设定电网在何时刻发生电压跌落故障和恢复至原电压的时刻,以及可以设定具体哪一相发生跌落以及跌落程度。

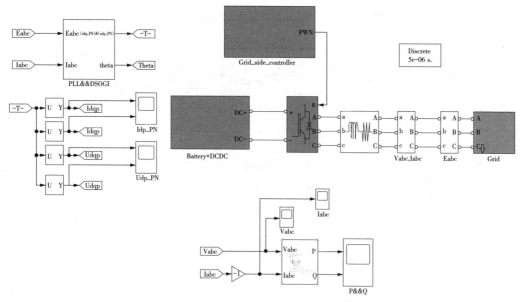

图 5.38　采用 LVRT 控制策略时系统仿真模型

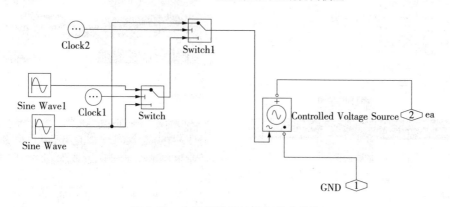

图 5.39　电网模块单相控制仿真结构

1) 对称故障时电池储能系统控制

通过设置图 5.37 中 Grid 电网模块,使其在 0.9 s 的时候发生并网点电压三相对称跌落故障,跌落至额定电压的 30%,在 1.4 s 的时候恢复至原电压,仿真得出在电网对称故障下系统不采用控制策略的仿真结果图。然后在图 5.38 中的 Grid_side_controller 控制模块中根据图 5.29 的控制策略来搭建控制模型,如图 5.40 所示,得出在电网对称故障下系统采用控制策略的仿真结果图。仿真结果如图 5.41、图 5.42 所示。

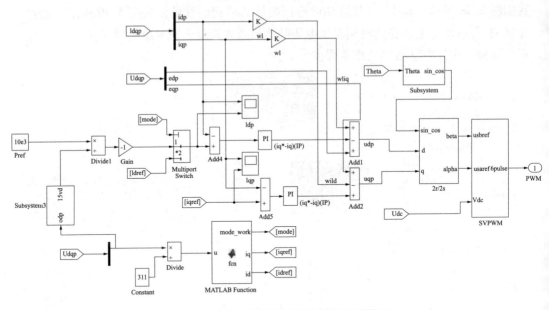

图 5.40　电网对称故障下控制策略仿真模型

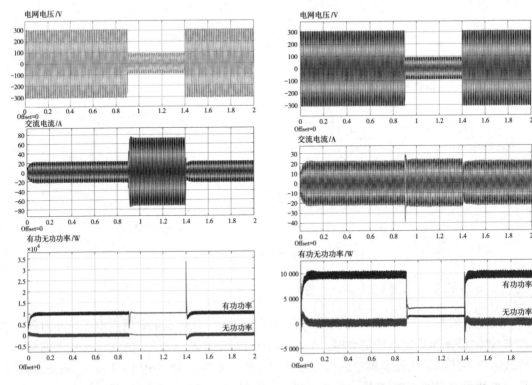

图 5.41　对称故障下无控制策略　　　图 5.42　对称故障下使用控制策略

从图 5.41 中可以看出,当电网并网点电压发生三相对称跌落故障时,储能变流器将会受到影响,在原先的并网控制策略下可能会出现过流的情况,电流从原先的 20 A 左右上升到 70 A 左右,影响系统的稳定性。而通过指令开关改变当电网并网点电压出现三相对称故障后的控制策略,情况得到了改善。从图 5.42 可以看出采用应对故障时期的控制策略时会有效地限制储能变流器输出侧的交流电流,不会再出现过流现象,并且在抑制有功功率的同时向电网发出无功功率,从而支持电网电压的恢复,提高了系统的低电压穿越的能力。

2)不对称故障时电池储能电站控制

通过设置图 5.37 中 Grid 电网模块,使其在 0.9 s 的时候发生并网点电压三相不对称跌落故障,其中 A 相电压不发生变化,B 相和 C 相电压跌落至额定电压的 30%,在 1.4 s 的时候恢复至原电压,仿真得出在电网不对称故障下系统不采用控制策略的仿真结果图。然后在图 5.38 中的 Grid_side_controller 控制模块中,根据图 5.30 的控制策略来搭建控制模型,如图 5.43 所示,仿真得出在电网对称故障下系统采用控制策略的仿真结果图。仿真结果如图 5.44、图 5.45 所示。

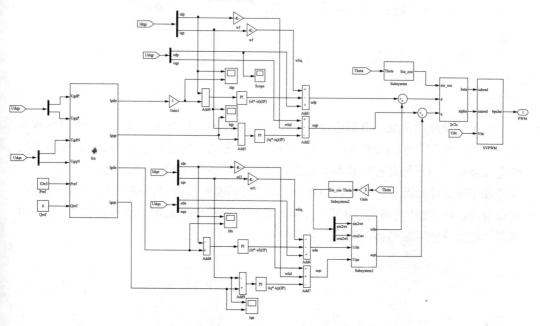

图 5.43　电网不对称故障下控制策略仿真模型

从图 5.44 和图 5.45 分析得到,在电网发生不对称故障的时候,由于会有负序分量的产生,影响到了输出侧的交流电流,而在使用了控制策略之后,电流波形得到了改善,说明消除了负序量对系统的影响。其次,在抑制有功功率的同时加大了无功功率的发出,可以向电网提供支撑。从整体上可以得出,此控制策略提高了电池储能电站的低电压穿越能力。

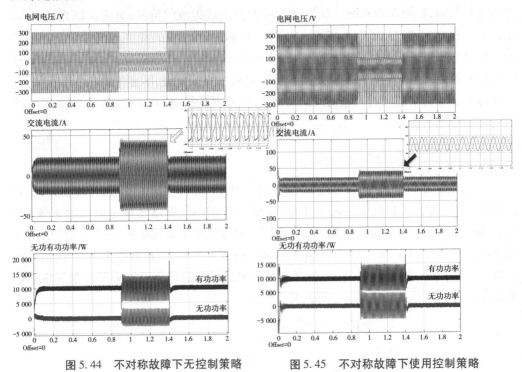

图5.44　不对称故障下无控制策略　　　图5.45　不对称故障下使用控制策略

3）小结

　　由于电池储能系统在电网电压发生不对称故障时会产生负序电磁量,所以本章先在 $d\text{-}q$ 坐标系下结合电压电流的正负序分量重新建立了复合数学模型,针对电网并网点电压会出现的三相对称以及不对称跌落所带来的故障影响,提出了通过指令开关来实现在不同故障情况下的不同应对策略,实现对储能变流器输出的交流电流的限制作用以及对有功、无功功率的分配作用,从而提升电池储能电站低电压穿越能力,并用仿真软件搭建储能系统整体模型进行仿真验证。

第6章 风电微网示范系统

6.1 概　述

新疆维吾尔自治区科技援疆计划项目"基于风、光和储能的微电网沙漠灌溉系统研究"[257-270]总投资 130 万元,其中新疆维吾尔自治区拨款 30 万元。新疆大学投入 50 万元,北京中能清源科技有限公司投资 50 万元。主要工作有:

①沙漠灌溉系统用微电网总体设计和控制策略仿真;

②配套设施搭建,项目总体协调;

③系统能量管理系统及控制策略研究;

④储能系统及控制策略研究;

⑤开展沙漠灌溉系统用微电网总体设计和控制策略仿真;

⑥配套设施搭建,项目总体协调;

⑦系统能量管理系统及控制策略研究;

⑧储能系统及控制策略研究。

本项目由新疆大学联合北京中能清源科技有限公司在新疆地区建成了一套100 kW 级的风/光/储微电网灌溉示范系统,包括太阳能发电、风力发电等新能源形式,各发电单元和储能装置混合组成一个微型电网,适用于地下水丰富但缺电的沙漠边远地区,可用于沙漠治理、农业灌溉、林业浇灌、草原畜牧、生活用水、景区喷泉、水处理工程等。示范系统具有孤岛和并网两种运行方式。受气候和天气变化的影响,可再生能源发电的输出功率波动较大,因此必须在微电网系统中搭配一定数量的储能装置,通过储能装置吸收/释放电能以抑制微电网系统的波动,保证系统的稳定运行。储能装置采用蓄电池和超级电容等的组合。建立的微电网示范系统可以充分利用新疆丰富的风、光等可再生能源,解决沙漠偏远地区供电问题、环境治理和生态改造。项目的实施为带动新疆地区相关产业的发展,对新疆沙漠偏远地区的供电、新能源利用及环境治理等起到积极的作用。

本项目着重对分布式可再生能源发电系统和储能系统混合组网的系统优化设计方案、能量管理系统、储能和电力电子电路拓扑等进行研究,并构建一套由可风力发电机、光伏阵列和储能装置组成的微电网发电系统的实验平台,对分布式新能源发电系统的运行和控制进行实验研究。课题研究着重解决了以下关键问题:

(1)风/光/储混合组网的微网系统总体方案研究

根据各种新能源电源与储能装置的技术和经济特性,并考虑新疆地区可再生资源的分布特点和偏远地区的供电需求,提出微电网风机、光伏阵列、储能单元等的容量及分布优化配置方案,对微电网中的交流母线和直流母线结构进行对比研究,提出可行的系统总体设计方案。

①分析新疆地区的风/光互补特性,包括风能和太阳能随每天的时间、每年中的具体日期、不同季节变化以及在天气、气候等因素影响下的最大功率输出能力,两种可再生能源发电系统的动态特性,通过对示范系统选址的相关气象数据进行分析,建立基于风、光和储能的微电网系统出力预测模型。

②分析获得各种蓄电池、超级电容等储能装置的投资成本、运行和维护成本、能量密度、功率密度等的数据,建立包含电气特性和经济效益指标的储能装置模型。

③综合考虑微电网微电源和储能装置的经济成本、电气特性等因素,选择合适的优化算法,建立微电网示范系统的评价算法。在维持系统安全、稳定运行的前提下,在保证供电电能质量的同时,充分利用风能和太阳能,并按照初期投资和运行成本最小化的目标,对系统进行优化,获得各种能源和储能装置的搭配比例。

(2)混合组网的微网系统稳定控制策略及技术

①基于微网中具有间歇性特性的新能源电源和储能装置的数学模型,建立微网系统的仿真平台。建立光伏和风力发电等新能源电源的完整动态模型,在此基础上对最大功率捕捉、响应速度、发电成本等因素进行研究;对新型蓄电池和超级电容外特性进行充分研究。在此基础上,探讨和提出能准确描述SOC状况的储能模块建模方法。

②研究多种能源混合组网的微网系统在不同工况下的运行机理,提出维持微网系统电压和频率稳定的控制策略及实现方法。分析微网系统在并网和孤岛状态下的运行和控制策略,在不同的工况下,分析并得到维持微网系统的电压和频率稳定的控制策略,结合微网的拓扑,对该控制策略的实现方法进行分析。

③研究微电网并网运行模式下,微电网发生故障时对电力系统暂态稳定性的影响,着重考察其对系统阻尼、故障电流、节点电压及最大功率捕捉等的影响。

④研究电源功率变化、负载变化以及故障对微网系统稳定性的影响。微网中的负载和电源的功率变化、电路故障等对微网的功率频率和系统稳定都会有较大的影响,要

分析和研究这种影响,并给出稳定控制策略。

⑤研究储能装置对改善微网稳定性的作用。可用于微电网的铅酸蓄电池、锂离子电池、超级电容等,各种储能装置的性能和参数不一致,通过对各种储能装置耦合作用机理进行研究,为混合储能装置和综合能量管理奠定研究基础。

(3)微网逆变器及多机并联控制技术

①研究微网逆变器实现功率平衡、电压调节、电能质量控制的方法;研究逆变器自动识别微网系统运行状态的方法,提出适应微网运行状态的逆变器控制策略。

②研究多能源微网逆变器并联运行的电压控制和频率稳定策略;研究并联逆变器之间的协调控制策略,解决逆变器并联时存在的功率平衡问题和环流问题;研究多能源微网逆变器并联运行的谐波和系统谐振问题。

(4)高效智能储能系统控制器

①研究蓄电池和超级电容等储能装置的高效智能化能量管理策略,包括充放电控制技术、剩余容量的检测技术等。建立储能装置模型并分析充放电基本规律,对储能单元单体之间的不一致性表现形式进行研究,并对储能单元不一致性的具体影响和控制措施进行探讨。

②结合现代大规模集成电路技术,建立储能模块之间及与主控系统直接的双向高速数据通信通道,同时进一步提高电压、温度、电流等运行参数的测量精度,增强储能模块运行状态和故障的实时分析能力,对模块的充放电进行智能化管理,并对模块的非正常使用进行预警和报警,对故障进行定位。

(5)混合组网微网示范系统及系统集成技术

①课题将对微电网的各分布式电压和储能系统的混合组网和集成技术进行研究,解决各种电源和储能装置集成到一起之后的问题,包括谐波和稳定性问题,系统的控制策略等。

②对微电网系统的能量管理策略进行研究,对微网系统的运行调度和能量优化管理研究制订出合理的控制策略,以确保微网的安全性、稳定性和可靠性,实现微网高效、经济地运行。

③在新疆地区建设风/光/储微网示范系统,充分利用当地丰富的可再生能源,与储能系统配合,提供稳定的电能供应,解决新能源电源和负载都随机波动的问题,使电源和负载都工作在效率最优状态。

(6)故障检测与保护技术

研究微电网在并网运行与独立运行两种模式下的故障检测方法,提高故障处理的快速性与可靠性。在故障检测的基础上,通过合理的控制策略,使系统具有一定的容错运行能力,例如系统降容运行、切除部分电源或者负载等。

6.2 系统结构

基于风、光和储能的微电网沙漠灌溉用微电网系统主要是由直驱式永磁同步风机、光伏阵列、超级电容/蓄电池混合储能装置、水泵电机负载等几部分构成,其系统结构如图 6.1 所示。

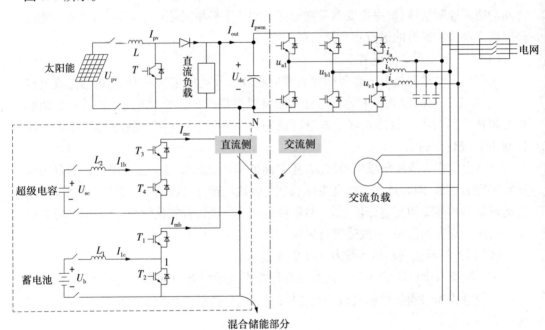

图 6.1　系统结构图

微电网系统的核心,三相交流逆变器采用 LCL 滤波器,其系统结构框图如图 6.2 所示。

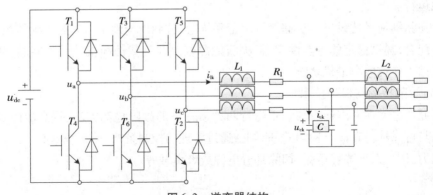

图 6.2　逆变器结构

逆变器的控制器采用 TMS32F28335 的 DSP,主电路直流侧 DC/DC 变换器开关器件采用英飞凌的 IGBT 模块,交流侧逆变器主电路采用三菱的 IPM 模块。逆变器电气参数如表 6.1 所示,逆变器主要器件如表 6.2 所示。逆变器控制柜电路接线图如图 6.3 所示,外形图如图 6.4 所示。

表 6.1 逆变器电气参数

参数	数值
额定功率	50 kW
交流侧额定电压	380 V±10%
额定频率	50 Hz±10%
直流母线电压	680 V
锂电池组容量	40 Ah×96 节
锂电池组电压	280 ~ 340 V
锂电池组 boost 电感	3.5 mH
超级电容容量	2.5 F/400 V
超级电容电压	150 ~ 350 V
超级电容 boost 电感	3 mH
LC 滤波电感	5 mH
LC 滤波电容	20 μF
开关频率	10 kHz

表 6.2 逆变器主要器件

名称	型号	用途
电抗器	5mH 15A	PV、储能侧、交流侧滤波
EPCOS 电解电容	B43310-A5338-M	直流母线滤波
水泥电阻	RX27-5 W	直流侧配合电解电容
交流侧滤波电容	CBB65	交流母线滤波
EPCOS 电解电容	B32655-Y7474-K200	PV、储能侧、交流侧滤波
霍尔电流传感器	LA55	电流检测
霍尔电压传感器	LV25	电压检测
CDE 电容	941C12P15K-F	滤波
三相固体继电器	HHG1-3/032F-38	并网继电器
电源模块	XZR05/48S15	IPM 模块电源驱动
电源模块	XR10/48S05-G	IPM 模块电源驱动

续表

名称	型号	用途
智能电压表	HB5740Z-V	显示电压
MCGS 嵌入式一体化触摸屏	TPC7062KX（TX）	能量管理
RS232 转 RS484/RS422 模块	Z-TEK	通信
直流侧 IGBT 模块	FF75R12RT4	DC/DC 变换
逆变侧 IGBT 模块	PM50RLA120	DC/AC 变换
光纤接头		PWM 扩展

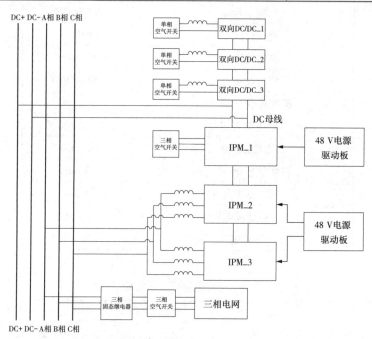

图 6.3　逆变器控制柜电路图

（a）逆变器内部结构图　　　　（b）逆变器外形图

图 6.4　逆变器控制柜实物图

图 6.5 沙漠灌溉用微电网系统平台

6.3 系统性能

在一定的温度和电网条件下,按照复合储能系统的控制策略进行充放电,分别测试从满功率充电到满功率放电、满功率放电到满功率充电、满容量感性无功到满容量容性无功以及满容量容性无功到满容量感性无功四种情况,通过串口通信的方式将控制器采集计算的电网有功、无功电流上传到上位机数据采集显示软件并显示其波形,分别测量有功、无功电流的阶跃响应时间。

所采用的功率器件主要是英飞凌的 FF75R12RT4 IGBT 和三菱的 PM50RLA 120 IPM,构成 50 kW 逆变器,其效率达到 95.4%。其损耗主要有:开关器件的导通损耗、开关器件的开关损耗、辅助开关器件导通损耗、谐振电感等效电阻导通损耗、其他外围设备的用电损耗。

横河(YOKOGAWA)高精度功率分析仪 WT1800,不同负荷下逆变器的效率如表6.3 所示。

表 6.3 不同负荷下逆变器效率

负荷/kW	5	10	15	20	25	30	35	40	45	50
效率/%	84.8	94.0	95.0	95.0	95.3	95.6	95.6	95.6	97.0	97.1

在一定的温度和电网条件下,按照复合储能系统的控制策略进行充放电,在 10%、20%、30%、40%、50%、60%、70%、80%、90% 以及 100% 功率情况下,按照充电和放电模式分别测量网侧输出电流 THD。

测试仪器:横河(YOKOGAWA)高精度功率分析仪 WT1800。

实验数据:在不同功率条件下的充放电电流 THD 分别如表 6.4 和表 6.5 所示。

表 6.4　充电电流 THD

功率/%	10	20	30	40	50	60	70	80	90	100
谐波/%	17.2	8.5	5.4	4.2	3.5	2.7	2.3	1.9	1.7	1.5

表 6.5　放电电流 THD

功率/%	10	20	30	40	50	60	70	80	90	100
谐波/%	18.0	9.6	5.8	4.7	3.8	3.2	2.8	2.4	2.2	2.0

在一定的温度和电网条件下,按照复合储能系统的控制策略进行充放电,分别测试从满功率充电到满功率放电、满功率放电到满功率充电、满容量感性无功到满容量容性无功以及满容量容性无功到满容量感性无功四种情况,通过串口通信的方式将控制器采集计算的电网有功、无功电流上传到上位机数据采集显示软件并显示其波形,分别测量有功、无功电流的阶跃响应时间。

测试仪器:计算机,NI 的三相电压 9225、三相电流采集模块 9227,Labview 数据采集显示软件。

图 6.6 至图 6.9 分别是满功率充电到满功率放电、满功率放电到满功率充电、满容量感性无功到满容量容性无功以及满容量容性无功到满容量感性无功的实验波形。其中,曲线 1 是直流母线电压(200 V/格),曲线 2 是有功电流波形(5 A/格),曲线 3 是无功电流波形(5 A/格),曲线 4 是电池电流波形(10 A/格)。

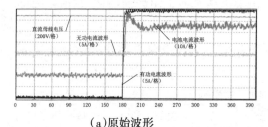 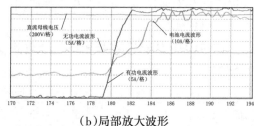

(a)原始波形　　　　　　　　　　　　　　(b)局部放大波形

图 6.6　满功率充电到满功率放电的电流波形

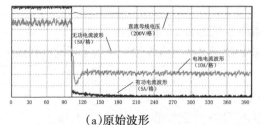

(a)原始波形　　　　　　　　　　　　　　(b)局部放大波形

图 6.7　满功率放电到满功率充电的电流波形

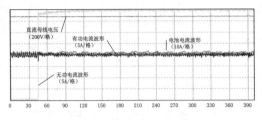
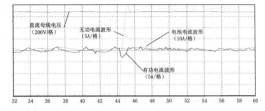

（a）原始波形 （b）局部放大波形

图6.8 满容量感性无功到满容量容性无功的电流波形

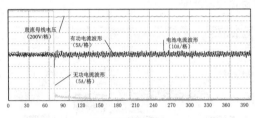
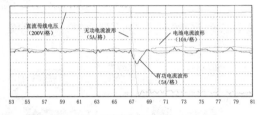

（a）原始波形 （b）局部放大波形

图6.9 满容量容性无功到满容量感性无功的电流波形

从图中可以分别测量得出,满功率充电到满功率放电的响应时间为2.8 ms,满功率放电到满功率充电的响应时间为1.3 ms,满容量感性无功到满容量容性无功的响应时间为0.8 ms,满容量容性无功到满容量感性无功的响应时间为0.8 ms。

6.4 系统运行效果

通过计算机离线对微电网微电源化配置,对微电网储能装置进行优化配置后,以此作为控制参数,在微电网平台的上位管理系统中运行微电网及储能控制管理程序,进行微电网运行的相关实验。

6.4.1 直流侧混合控制

在微电网直流侧的储能系统的总体控制框图如图6.10所示。采用了本书提出的可控制策略之后,控制效果如图6.11所示。直流负载突增时,超级电容波形有一个快速下降、平抑负载功率突增的高频分量,蓄电池平稳下降并维持基本稳定;直流负载突减时,超级电容波形有一个快速上升、平抑负载功率突增的高频分量,蓄电池电流平稳上升并维持基本稳定。

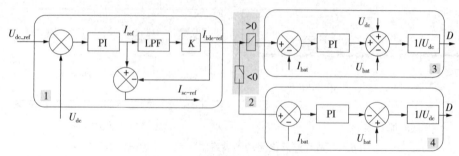

图 6.10　储能系统总体控制框图

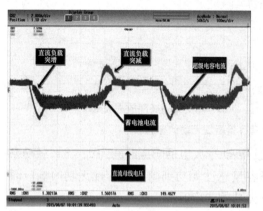

（a）原始波形

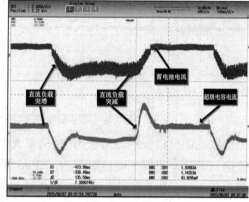

（b）局部放大波形

图 6.11　直流负载突变波形

6.4.2　逆变器离网控制

微电网运行在离网状态时,逆变器可采用 VF 控制策略,控制框图如图 6.12 所示。

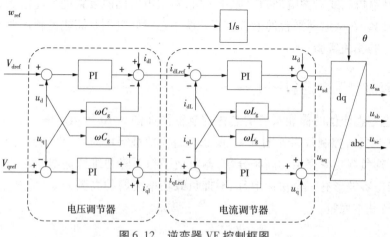

图 6.12　逆变器 VF 控制框图

图 6.13 所示为微电网离网状态,逆变器 VF 控制空载电压为完美的正弦波。

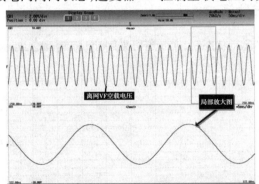

图 6.13　VF 空载电压波形

如图 6.14 所示,当投入交流负载时,电压基本维持原来的正弦波频率、相位和幅值,电压波形保持不变;电流迅速跟踪电压波形,并与电压波形一致。

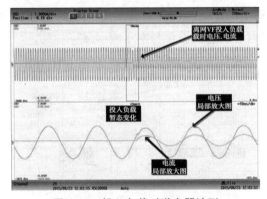

图 6.14　投入负载时逆变器波形

如图 6.15 所示,当切除交流负载时,电压基本维持原来的正弦波频率、相位和幅值,电压波形保持不变;电流迅速变为 0。

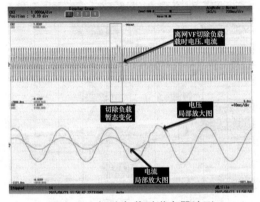

图 6.15　切除负载时逆变器波形

6.4.3 逆变器并网控制

微电网运行在并网运行状态时,逆变器可采用 PQ 控制策略,控制框图如图 6.16 所示。

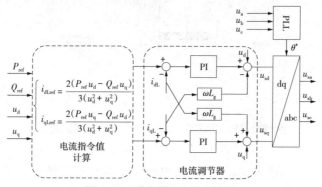

图 6.16 逆变器 PQ 控制框图

如图 6.17 所示,微电网并网运行状态下,由于大电网的存在,逆变器 PQ 控制电压波形与电网电压的波形相同,电流波形与电压波形保持一致。

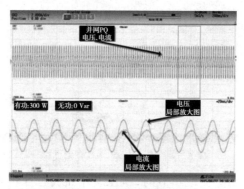

图 6.17 逆变器 PQ 控制波形

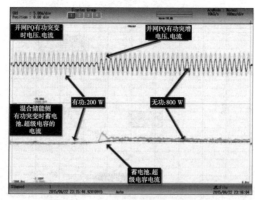

图 6.18 PQ 控制功率突增

($P_1 = 100\ \text{W}$ 增加到 $P_2 = 800\ \text{W}$)

如图 6.18 所示,当投入交流负载时,负载有功功率由 100 W 突增到 800 W,电压基本维持原来的正弦波频率、相位和幅值,电压波形保持不变;电流波形的幅值变大,仍维持原来的周期和频率。储能装置中的超级电容迅速动作,蓄电池缓慢动作,共同抑制负载波动对系统带来的影响。

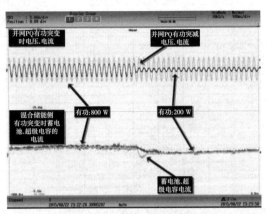

图 6.19　PQ 控制功率突减

($P_1 = 800$ W 减小到 $P_2 = 100$ W)

如图 6.19 所示,当切出交流负载时,负载有功功率由 800 W 突减到 100 W,电压基本维持原来的正弦波频率、相位和幅值,电压波形保持不变;电流波形的幅值变小,仍维持原来的周期和频率。储能装置中的超级电容迅速动作,蓄电池缓慢动作,共同抑制负载波动对系统带来的影响。

6.4.4　并网离网切换控制

微电网逆变器并网离网控制切换示意图如图 6.20 所示,同步控制系统框图如图 6.21 所示。

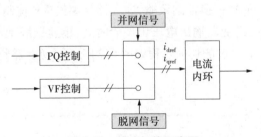

图 6.20　模式切换示意图

逆变器并网运行时,锁相环追踪电压的过程如图 6.22 所示,在若干个周期以内,电压波形的相位、频率和幅值,与电网电压的相位、频率和幅值相同,追踪成功。

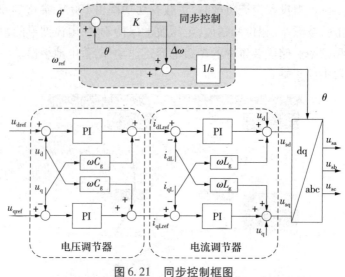

图 6.21　同步控制框图

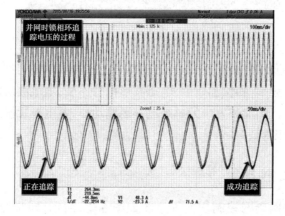

图 6.22　并网跟踪过程

　　采用如图 6.20 所示的切换控制策略,逆变器从离网 VF 控制切换到并网 PQ 控制的过程如图 6.23 所示,逆变器输出电压出现短时后,迅速跟踪上电网电压。逆变器从并网 PQ 控制到离网 VF 控制的切换过程如图 6.24 所示,逆变器脱离大电网后,仍然能够维持原来的电压波形。

6.4.5　上位管理系统

　　通过对微电网微电源进行优化配置,对储能单元进行优化配置,对各种储能装置进行异构,开发了微电网上位信息管理系统,实现微电网在并网运行与独立运行两种模式下的故障检测、处理的快速性与可靠性,使系统具有一定的容错运行能力;采用高效智能化能量管理策略实现了对微电网的蓄电池和超级电容等储能装置的管理;基于离线

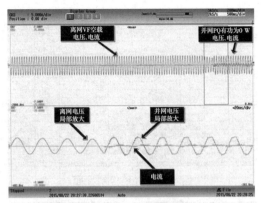

图 6.23　离网 VF 到并网 PQ 切换

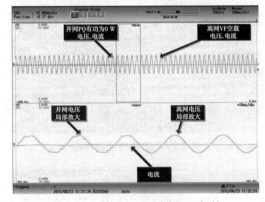

图 6.24　并网 PQ 到离网 VF 切换

优化的结果,开发了微电网电源上位触摸屏管理系统,主要操作界面如图 6.25 至图 6.35 所示。

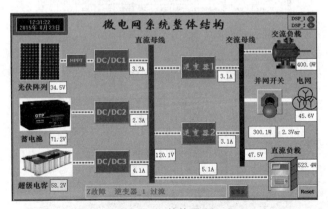

图 6.25　整体界面

图 6.26 储能控制界面

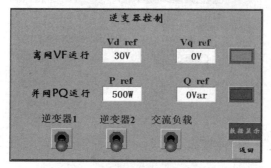

图 6.27 逆变器控制界面

混合储能数据显示

实时数据

U_DC	120.1
U_PV	34.5
U_BATT	71.2
U_SupC	58.2
I_PV	3.2
I_BATT	2.3
I_SupC	4.1
U_DC_ref	0.0

历史数据

采集时间	U_DC	U_PV	U_BATT	U_SupC	I_PV	I_BATT	I_SupC
2015-08-23 12:16:17	0.0	0.0	0.0	0.0	0.0	0.0	0.0
2015-08-23 12:17:57	0.0	0.0	0.0	0.0	0.0	0.0	0.0
2015-08-23 12:19:37	0.0	0.0	0.0	0.0	0.0	0.0	0.0
2015-08-23 12:21:17	0.0	0.0	0.0	0.0	0.0	0.0	0.0
2015-08-23 12:23:26	71.2	0.0	68.2	0.0	0.0	0.0	0.0
2015-08-23 12:29:45	71.2	120.1	58.2	523.4	2.3	3.2	4.1
2015-08-23 12:32:24	71.2	120.1	58.2	523.4	2.3	3.2	4.1

查看实时曲线   查看历史曲线   返回

图 6.28 储能数据显示界面

逆变器数据显示

实时数据

U_AC	0.0
P_ref	0.0
Q_ref	0.0
Vd_ref	0.0
Vq_ref	0.0
U_A	47.5
I_A	0.0

历史数据

采集时间	U_AC	P_ref	Q_ref	Vd_ref	Vq_ref	U_A	I_A
2015-08-23 12:16:17	0.0	0.0	0.0	1.0	1.0	0.0	0.0
2015-08-23 12:17:57	0.0	0.0	0.0	1.0	1.0	0.0	0.0
2015-08-23 12:19:37	0.0	0.0	0.0	1.0	1.0	0.0	0.0
2015-08-23 12:21:17	0.0	0.0	0.0	1.0	1.0	0.0	0.0
2015-08-23 12:23:26	0.0	0.0	0.0	1.0	1.0	0.0	0.0
2015-08-23 12:29:45	400.0	0.0	3.1	1.0	1.0	500.0	0.0

查看实时曲线   查看历史曲线   返回

图 6.29 逆变器数据显示界面

图 6.30 储能实时曲线界面

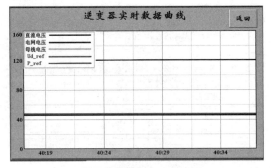

图 6.31 逆变器实时曲线界面

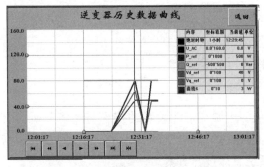

图 6.32 逆变器历史数据曲线界面

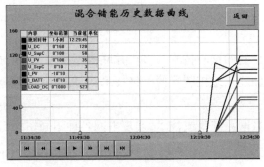

图 6.33 储能历史数据曲线界面

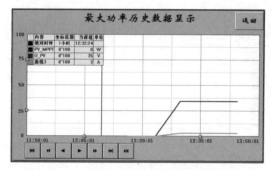

图 6.34　最大功率历史数据显示界面

图 6.35　系统报警页面

6.5　项目取得的成果

①通过对各种新能源电源与储能装置的技术与经济分析,获得了多能源电源和储能的最优容量搭配方案;通过对混合组网技术的研究及实现,包括微电网孤岛/并网运行技术,提出可行的系统总体设计方案。

②建立混合组网系统的仿真平台,研究不同工况下运行机理,获得成熟的混合组网微电网稳定控制策略与技术,并为微电网的控制和能量管理策略的研究提供仿真验证平台。

③获得微电网逆变器的核心技术及多机并联控制技术,实现 50 kVA 逆变器效率≥90%。获得高效智能储能系统控制器的关键技术,实现 50 kW 控制器效率≥97%,最大追踪精度≥95%。

④获得混合组网微网系统集成技术,实现电网各种不同拓扑切换设计、保护协同技术。掌握微网系统的故障检测与保护技术,以及故障运行策略,实现系统可靠性≥95%。

⑤集成以上技术和成果,设计制造了 50 kW 功率等级的微电网系统核心部件,该部件能兼容含风能、太阳能、混合储能等多种分布式电源,可利用混合组网技术建立孤岛和并网运行的微网系统,用于偏远地区的供电或者抽水灌溉,实现可再生能源的高效利用。

参考文献

[1] 王征.中国能源消费面临的严峻形势和存在的主要问题[J].经济研究参考,2015(24):38.

[2] 林伯强,姚昕,刘希颖.节能和碳排放约束下的中国能源结构战略调整(英文)[J]. Social Sciences in China,2010(1):58-71.

[3] 高文永,单葆国.中国能源供需特点与能源结构调整[J].华北电力大学学报(社会科学版),2010(5):1-6.

[4] 向其凤,王文举.中国能源结构调整及其节能减排潜力评估[J].经济与管理研究,2014(7):13-22.

[5] 黄宇航,李长楚.低碳经济下中国电力能源可持续发展研究[J].市场周刊:理论研究,2017(6):45-46.

[6] 陈子瞻,赵汀,刘超,等.煤炭制氢产业现状及我国新能源发展路径选择研究[J].中国矿业,2017,26(7):35-40.

[7] 孟浩.英国低碳能源发展最新进展及启示[J].全球科技经济瞭望,2015,30(10):5-11.

[8] 杨智勇.低油价下国际石油公司向低碳能源转型的实践探索与启示[J].当代石油石化,2017,25(6):1-5.

[9] 光明日报.我国低碳能源发展思考[J].光明日报,2015.

[10] 霍健,翁玉艳,张希良.中国2050年低碳能源经济转型路径分析[J].环境保护,2016,44(16):38-42.

[11] 国家能源局.2016年光伏发电统计信息.2017.

[12] 国家能源局.2015年光伏发电相关统计数据.2016.

[13] TOLEDO O M, FILHO D O. Distributed photovoltaic generation and energy storage systems:A review[J]. Renewable & Sustainable Energy Reviews,2010,14(1):506-511.

[14] 李桂玲.分布式发电在配电网中的研究综述[J].2006年中国电机工程学会年会,

2007.

[15] 新疆哈密光伏电站建成正式并网发电[J].电气应用,2012(1):61.

[16] 李滨,陈姝,韦化.风电场储能容量优化的频谱分析方法[J].中国电机工程学报, 2015,35(9):21,28-34.

[17] LASSETER R, AKHIL A. The CERTS microgrid concept[J]. 2002.

[18] LASSETER R H. Certs Microgrid[J]. IEEE,2007.

[19] LASSETER R H. Certs Microgrid; proceedings of the IEEE International Conference on System of Systems Engineering, F, 2007[C].

[20] 宋恒东,董学育.风力发电技术现状及发展趋势[J].电工电气,2015(1):1-4.

[21] 任智慧.直驱永磁风电机组并入直流微电网运行研究[D].华北电力大学(北京), 2010.

[22] 韩刘康.含风电微电网的运行控制与分析[D];新疆大学,2014.

[23] 张祥宇,王慧,樊世通,等.风电海水淡化孤立微电网的运行与控制[J].电力系统 保护与控制,2015(4):25-31.

[24] 雷一,赵争鸣.大容量光伏发电关键技术与并网影响综述.电力电子,2010(3): 16-23.

[25] 赵晶,赵争鸣,周德佳.太阳能光伏发电技术现状及其发展.电气应用,2007(10): 6-10.

[26] 刘飞,段善旭,徐鹏威,等.光伏并网发电系统若干技术问题的研究.太阳能,2006 (4):34-37.

[27] 赵争鸣.太阳能光伏发电及其应用[M].北京:科学出版社,2005.

[28] 许颇.基于Z源型逆变器的光伏并网发电系统的研究[D].合肥:合肥工业大学, 2006.

[29] 负剑,常喜强,魏伟,等.大规模光伏发电对新疆电网继电保护影响的研究[J].电 气技术,2015,16(10):27-33.

[30] ROUHI F, EFFATNEJAD R. Unit Commitment in Power System t by Combination of Dynamic Programming (DP), Genetic Algorithm (GA) and Particle Swarm Optimization (PSO)[J]. Indian Journal of Science & Technology, 2015,8(2):134.

[31] KUO M T, LU S D. Random feasible directions algorithm with a generalized Lagrangian relaxation algorithm for solving unit commitment problem[J]. Journal of the Chinese Institute of Engineers, 2015,38(5):547-561.

[32] 谢国辉,张粒子,舒隽,等.基于分层分枝定界算法的机组组合[J].电力自动化设 备,2009,29(12):29-32.

[33] ALEMANY J, MAGNAGO F. Benders decomposition applied to security constrained

unit commitment: Initialization of the algorithm[J]. International Journal of Electrical Power & Energy Systems, 2015, 66(1): 53-66.

[34] SIMOPOULOS D N, KAVATZA S D, VOURNAS C D. Unit commitment by an enhanced simulated annealing algorithm[J]. IEEE Transactions on Power Systems, 2006, 21(1): 68-76.

[35] MOHAN V C J, REDDY D M D, SUBBARAMAIAH K. Cost Improvement of Clustering based Unit Commitment Employing Combined Genetic Algorithm-Simulated Annealing[J]. Artificial Intelligent Systems & Machine Learning, 2013,

[36] 王威,李颖浩,龚向阳,等.多种群蚁群算法解机组组合优化[J].机电工程,2012, 29(5): 572-575.

[37] LENIN K, REDDY B R, KALAVATHI M S. Ant Colony Search Algorithm for Solving Unit Commitment Problem[J]. International Journal of Mechatronics Electrical & Computer Technology, 2013, 3(8).

[38] KUMAR V S, MOHAN M R. Solution to security constrained unit commitment problem using genetic algorithm[J]. International Journal of Electrical Power & Energy Systems, 2010, 32(2): 117-125.

[39] ELATTAR E E. Adaptive bacterial foraging and genetic algorithm for unit commitment problem with ramp rate constraint[J]. International Transactions on Electrical Energy Systems, 2016, 26(7): 1555-1569.

[40] 朱誉,彭兴,李千军,等.基于双重遗传算法的火电机组组合优化[J].东南大学学报(自然科学版),2012,42(s2): 292-296.

[41] 王楠,张粒子,舒隽.基于粒子群修正策略的机组组合解耦算法[J].电网技术, 2010, v.34; No.314(1): 79-83.

[42] 吴小珊,张步涵,袁小明,等.求解含风电场的电力系统机组组合问题的改进量子离散粒子群优化方法[J].中国电机工程学报,2013,33(4): 45-52.

[43] SHUKLA A, SINGH S N. Advanced three-stage pseudo-inspired weight-improved crazy particle swarm optimization for unit commitment problem[J]. Energy, 2016(96): 23-36.

[44] 吉鹏,周建中,张睿,等.改进量子进化混合优化算法在溪洛渡电站机组组合中的应用研究[J].电力系统保护与控制,2014(4): 84-91.

[45] SHUKLA A, SINGH S N. Multi-objective unit commitment with renewable energy using hybrid approach[J]. Iet Renewable Power Generation, 2016, 10(3): 327-338.

[46] MERCIER P, CHERKAOUI R, OUDALOV A. Optimizing a Battery Energy Storage System for Frequency Control Application in an Isolated Power System[J]. IEEE

Transactions on Power Systems, 2009, 24(3): 1469-1477.

[47] 丁明, 徐宁舟, 毕锐. 用于平抑可再生能源功率波动的储能电站建模及评价[J]. 电力系统自动化, 2011, 35(2): 66-72.

[48] TELEKE S, BARAN M E, HUANG A Q, et al. Control Strategies for Battery Energy Storage for Wind Farm Dispatching[J]. IEEE Transactions on Energy Conversion, 2009, 24(3): 725-732.

[49] 丁明, 吴建锋, 朱承治, 等. 具备荷电状态调节功能的储能系统实时平滑控制策略[J]. 中国电机工程学报, 2013, 33(1): 22-29.

[50] 丁明, 林根德, 陈自年, 等. 一种适用于混合储能系统的控制策略[J]. 中国电机工程学报, 2012, 32(7): 1-6.

[51] 严干贵, 冯晓东, 李军徽, 等. 用于松弛调峰瓶颈的储能系统容量配置方法[J]. 中国电机工程学报, 2012, 32(28): 27-35.

[52] 王成山, 于波, 肖峻, 等. 平滑可再生能源发电系统输出波动的储能系统容量优化方法[J]. 中国电机工程学报, 2012, 32(16): 1-8.

[53] 李斌, 宝海龙, 郭力. 光储微电网孤岛系统的储能控制策略[J]. 电力自动化设备, 2014, 34(3): 8-15.

[54] 肖浩, 裴玮, 杨艳红, 等. 计及电池寿命和经济运行的微电网储能容量优化[J]. 高电压技术, 2015, 41(10).

[55] 张冰冰, 邱晓燕, 刘念, 等. 基于混合储能的光伏波动功率平抑方法研究[J]. 电力系统保护与控制, 2013(19): 103-109.

[56] 王成山, 杨占刚, 王守相, 等. 微网实验系统结构特征及控制模式分析[J]. 电力系统自动化, 2010, 34(1): 99-105.

[57] 冯兴田, 张丽霞, 康忠健. 基于超级电容器储能的 UPQC 工作条件及控制策略[J]. 电力自动化设备, 2014, 34(4): 84-89.

[58] 石庆均, 江全元. 包含蓄电池储能的微网实时能量优化调度[J]. 电力自动化设备, 2013, 33(5): 76-82.

[59] 王海波, 杨秀, 张美霞. 平抑光伏系统波动的混合储能控制策略[J]. 电网技术, 2013, 37(9): 2452-2458.

[60] 袁敞, 丛诗学, 徐衍会. 应用于微电网的并网逆变器虚拟阻抗控制技术综述[J]. 电力系统保护与控制, 2017, 45(9): 144-154.

[61] 钟宇峰, 黄民翔, 叶承晋. 基于电池储能系统动态调度的微电网多目标运行优化[J]. 电力自动化设备, 2014, 34(6): 114-121.

[62] ZAMAN M A A, AHMED S, MONIRA N J. An Overview of Superconducting Magnetic Energy Storage (SMES) and Its Applications[J]. 2018.

［63］ 周林,黄勇,郭珂,等. 微电网储能技术研究综述［J］. 电力系统保护与控制,2011, 39(7):147-152.

［64］ PEDRAM M, CHANG N, KIM Y, et al. Hybrid electrical energy storage systems ［M］. Springer International Publishing,2014.

［65］ 廖志凌,阮新波. 独立光伏发电系统能量管理控制策略［J］. 中国电机工程学报, 2009,29(21):46-52.

［66］ SHILI S, HIJAZI A,SARI A, et al. Balancing Circuit New Control for Supercapacitor Storage System Lifetime Maximization［J］. IEEE Transactions on Power Electronics, 2017,32(6):4939-4948.

［67］ LEE C H, HSU S H. Prediction of Equivalent-Circuit Parameters for Double-Layer Capacitors Module［J］. IEEE Transactions on Energy Conversion, 2013,28(4):913-920.

［68］ 张纯江,董杰,刘君,等. 蓄电池与超级电容混合储能系统的控制策略［J］. 电工技术学报,2014,29(4):334-340.

［69］ NEENU M, MUTHUKUMARAN S. A battery with ultra capacitor hybrid energy storage system in electric vehicles; proceedings of the International Conference on Advances in Engineering, Science and Management, F, 2012［C］.

［70］ XU Q, HU X,WANG P, et al. A Decentralized Dynamic Power Sharing Strategy for Hybrid Energy Storage System in Autonomous DC Microgrid［J］. IEEE Transactions on Industrial Electronics, 2016;99.

［71］ ZHOU T, SUN W. Optimization of Battery-Supercapacitor Hybrid Energy Storage Station in Wind/Solar Generation System［J］. IEEE Transactions on Sustainable Energy, 2014,5(2):408-415.

［72］ LOMBARDI P A, STYCZYNSKI Z A. Electric energy storage systems review and modelling［J］. 2011.

［73］ 姚勇,朱桂萍,刘秀成. 电池储能系统在改善微电网电能质量中的应用［J］. 电工技术学报,2012,27(1):85-89.

［74］ MORSTYN T, HREDZAK B,AGELIDIS V. Network Topology Independent Multi-Agent Dynamic Optimal Power Flow for Microgrids with Distributed Energy Storage Systems［J］. 2016;99.

［75］ 高志刚,樊辉,徐少华,等. 改进型双向 Z 源储能变流器拓扑结构及空间电压矢量调制策略［J］. 高电压技术,2015,41(10):3240-3248.

［76］ HONG-FANG Q I, LUO W G,JING-MEI Y U. Study on Hybrid Energy Storage System Control Strategy and Its Testing［J］. Science Technology & Engineering,2016.

[77] ULLAH M H, CHALISE S, TONKOSKI R. Feasibility study of energy storage technologies for remote microgrid's energy management systems; proceedings of the International Symposium on Power Electronics, Electrical Drives, Automation and Motion, F, 2016[C].

[78] 董博,李永东,郑治雪.分布式新能源发电中储能系统能量管理[J].电工电能新技术,2012,31(1):22-25.

[79] ZUCKER A, HINCHLIFFE T. Optimum sizing of PV-attached electricity storage according to power market signals-A case study for Germany and Italy ☆[J]. Applied Energy, 2014,127(6):141-155.

[80] 鲍冠南,陆超,袁志昌,等.基于动态规划的电池储能系统削峰填谷实时优化[J].电力系统自动化,2012,36(12):11-16.

[81] 吴晋波,文劲宇,孙海顺,等.基于储能技术的交流互联电网稳定控制方法[J].电工技术学报,2012,27(6):261-268.

[82] 资讯.德国电网的定海神针:Younicos 做的不只是电池[M]. 2015.

[83] KEKATOS V, GUPTA S, KEKATOS V. Real-Time Operation of Heterogeneous Energy Storage Units[J]. 2016.

[84] MORSTYN T, HREDZAK B, AGELIDIS V G. Cooperative Multi-Agent Control of Heterogeneous Storage Devices Distributed in a DC Microgrid[J]. IEEE Transactions on Power Systems, 2015,31(4):1-13.

[85] QIU X, NGUYEN T A, CROW M L. Heterogeneous Energy Storage Optimization for Microgrids[J]. IEEE Transactions on Smart Grid, 2015.

[86] KUMAR A P, BHAJANA V V S K, DRABEK P. A novel ZVT/ZCT bidirectional DC-DC converter for energy storage applications; proceedings of the International Symposium on Power Electronics, Electrical Drives, Automation and Motion, F, 2016[C].

[87] 周小平,罗安,陈燕东,等.直流微电网中双向储能变换器的二次纹波电流抑制与不均衡控制策略[J].电网技术,2016,40(9):2682-2688.

[88] GAO Z, FAN H, XU S, et al. Topology and SVPWM modulation strategy of the improved bi-directional z-source converter for energy storage[J]. 2015.

[89] MALYSZ P, SIROUSPOUR S, EMADI A. An Optimal Energy Storage Control Strategy for Grid-connected Microgrids[J]. IEEE Transactions on Smart Grid, 2014,5(5):1785-1796.

[90] 雷鸣宇,杨子龙,王一波,等.光/储混合系统中的储能控制技术研究[J].电工技术学报,2016,31(23):86-92.

[91] 袁小明,程时杰,文劲宇.储能技术在解决大规模风电并网问题中的应用前景分析

[J].电力系统自动化,2013,37(1):14-18.

[92] 谭兴国.微电网储能应用技术研究[M].煤炭工业出版社,2015.

[93] 张国荣,陈夏冉.能源互联网未来发展综述[J].电力自动化设备,2017(1):1-7.

[94] EIPA. Global market outlook for photovoltaics[M]. 2015.

[95] PLETT G L, KLEIN M J. Advances in HEV Battery Management Systems[J]. 2006.

[96] 卢兰光,2011.

[97] 杨彦杰,杨康,邵永明,等.微电网的并离网平滑切换控制策略研究[J].可再生能源,2018,36(1).

[98] 姚志垒.并网逆变器关键技术研究[D].南京航空航天大学,2012.

[99] 曾正,赵荣祥,汤胜清,等.可再生能源分散接入用先进并网逆变器研究综述[J].中国电机工程学报,2013(24):1-12,21.

[100] 贾利虎,朱永强,杜少飞,等.交直流微电网互联变流器控制策略[J].电力系统自动化,2016(24).

[101] 郑竞宏,王燕廷,李兴旺,等.微电网平滑切换控制方法及策略[J].电力系统自动化,2011,35(18):17-24.

[102] 张庆海,彭楚武,陈燕东,等.一种微电网多逆变器并联运行控制策略[J].中国电机工程学报,2012,32(25).

[103] 董杰,李领南,张纯江,等.微电网中的有功功率和无功功率均分控制[J].电力系统自动化,2016(10).

[104] 鲍薇,胡学浩,李光辉,等.独立型微电网中基于虚拟阻抗的改进下垂控制[J].电力系统保护与控制,2013(16):7-13.

[105] 马添翼,金新民,梁建钢.孤岛模式微电网变流器的复合式虚拟阻抗控制策略[J].电工技术学报,2013,28(12).

[106] 陈晓祺,贾宏杰,陈硕翼,等.基于线路阻抗辨识的微电网无功均分改进下垂控制策略[J].高电压技术,2017(04):221-229.

[107] 任碧莹,赵欣荣,孙向东,等.不平衡负载下基于改进下垂控制策略的组合式三相逆变器控制[J].电网技术,2016(4):1163-1168.

[108] 陈新,韦徵,胡雪峰,等.三相并网逆变器LCL滤波器的研究及新型有源阻尼控制[J].电工技术学报,2014,29(6):71-79.

[109] 谢震,汪兴,张兴,等.基于谐振阻尼的三相LCL型并网逆变器谐波抑制优化策略[J].电力系统自动化,2015,39(24):96-103.

[110] 陆晓楠,孙凯,黄立培.微电网系统中并联LCL滤波器谐振特性[J].清华大学学报(自然科学版),2012(11):1571-1577.

［111］滕昊.带阻尼电阻的谐振接地系统电容电流精确测量方法［J］.电力科学与技术学报,2017(01):99-104.

［112］蒋向东,李学斌,胡岩,等.基于有源阻尼的微网 VSIs 并联系统多重谐振抑制方法［J］.电气自动化,2017(05):55-59.

［113］杭丽君,李宾,黄龙,等.一种可再生能源并网逆变器的多谐振 PR 电流控制技术［J］.中国电机工程学报,2012,32(12):51-58.

［114］孙云岭.微网运行控制策略及并网标准研究［D］.华北电力大学,2013.

［115］谢永流,程志江,李永东,等.基于 LC 滤波并网逆变器的电流跟踪型控制策略［J］.电气应,2015(01):60-63.

［116］曾祥君,胡京莹,王媛媛,等.基于柔性接地技术的配电网三相不平衡过电压抑制方法［J］.中国电机工程学报,2014(4).

［117］程启明,张强,程尹曼,等.离散化状态反馈解耦控制的三相电流源型 PWM 整流器控制策略［J］.电测与仪表,2017(6).

［118］陈红生.基于准比例谐振控制的三相并网光伏逆变器的研制［D］.华南理工大学,2013.

［119］赵新,金新民,唐芬,等.基于改进型比例谐振调节器的并网逆变器控制［J］.电工技术学报,2014,S1:266-272.

［120］杨勇,阮毅,叶斌英,等.三相并网逆变器无差拍电流预测控制方法［J］.中国电机工程学报,2009(33):40-46.

［121］黄天富,石新春,魏德冰,等.基于电流无差拍控制的三相光伏并网逆变器的研究［J］.电力系统保护与控制,2012(11):36-41.

［122］田泼.交直流混合微电网建模与变流器控制技术研究［D］.山东大学,2014.

［123］牟晓春.微电网综合控制策略的研究［D］.东北电力大学,2011.

［124］杨新法,苏剑,吕志鹏,等.微电网技术综述［J］.中国电机工程学报,2014,34(1):57-70.

［125］J. M. Guerrero, L. Hang and J. Uceda. Control of Distributed Uninterruptible Power Supply Systems. IEEE Trans. Ind. Electron. August 2008. 55(8):2845-2859.

［126］Y. J. Cheng and E. K. K. Sng. A novel communication strategy for decentralized control of paralleled multi-inverter systems. IEEE Trans. Power Electron, Jan. 2006,21(1):148-156.

［127］W. Yao, M. Chen, J. Matas, J. M. Guerrero, Z. M. Qian, Design and Analysis of the Droop Control Method for Parallel Inverters Considering the Impact of the Complex Impedance on the Power Sharing. IEEE Trans. Ind. Electron, Feb. 2010,58(99):576-588.

[128] 陈新,姬秋华,刘飞.基于微网主从结构的平滑切换控制策略[J].电工技术学报,2014(02):163-170.

[129] 艾欣,邓玉辉,黎金英.微电网分布式电源的主从控制策略[J].华北电力大学学报(自然科学版),2015(01):1-6.

[130] 李永东.大容量多电平变换器:原理控制应用[M].北京:科学出版社,2005.

[131] 李永东,谢永流,程志江,等.微电网系统母线电压和频率无静差控制策略研究[J].电机与控制学报,2016,20(07):49-57.

[132] 谢永流,李永东,程志江,等.基于 LCL 型三相并网逆变器的改进 PR 控制策略研究[J].电测与仪表,2014,51(21):74-78.

[133] 谢永流,程志江,刘杰,等.带 LCL 滤波的并网逆变器改进 PR 控制策略[J].陕西电力,2014,42(06):21-24,68.

[134] 谢永流,程志江,李永东,等.基于 LC 滤波并网逆变器的电流跟踪型控制策略[J].电气应用,2015,34(01):60-63.

[135] 陈东,张军明,钱照明.带 LCL 滤波器的并网逆变器单电流反馈控制策略[J].中国电机工程学报,2013,33(9):10-16.

[136] LEE K J, PARK N J, KIM R Y, et al. Design of an LCL Filter employing a Symmetric Geometry and its Control in Grid-connected Inverter Applications[J]. 2008,963-966.

[137] LISERRE M, BLAABJERG F, HANSEN S. Design and control of an LCL-filter-based three-phase active rectifier[J]. IEEE Transactions on Industry Applications, 2005, 41(5):1281-1291.

[138] 孙奥,程志江,樊小朝,等.微网并离网稳定性控制策略研究[J].计算机仿真, 2017,34(01):113-117.

[139] 谢永流,程志江,李永东,等.微网孤岛模式下逆变器双闭环控制策略[J].可再生能源,2014,32(11):1632-1638.

[140] 雷一,赵争鸣,袁立强,等.LCL 滤波的光伏并网逆变器阻尼影响因素分析[J].电力系统自动化,2012(21):36-40,46.

[141] 张庆海,彭楚武,陈燕东,等.一种微电网多逆变器并联运行控制策略[J].中国电机工程学报,2012(25):126-132,18.

[142] 张庆海,罗安,陈燕东,等.并联逆变器输出阻抗分析及电压控制策略[J].电工技术学报,2014(06):98-105.

[143] 吕志鹏,罗安.不同容量微源逆变器并联功率鲁棒控制[J].中国电机工程学报, 2012(12):35-42.

[144] 李依璘,王明渝,梁慧慧,等.基于分布式控制的不同容量逆变器并联技术研究

[J].电力系统保护与控制,2014(06):123-128.

[145] 肖华根,罗安,王逸超,等.微网中并联逆变器的环流控制方法[J].中国电机工程学报,2014(19):3098-3104.

[146] 姚玮,陈敏,牟善科,等.基于改进下垂法的微电网逆变器并联控制技术[J].电力系统自动化,2009(06):77-80,94.

[147] 韩华,刘尧,孙尧,等.一种微电网无功均分的改进控制策略[J].中国电机工程学报,2014(16):2639-2648.

[148] 苏玲.微网控制及小信号稳定性分析与能量管理策略[D].华北电力大学,2011.

[149] 张玉治,张辉,贺大为,等.具有同步发电机特性的微电网逆变器控制[J].电工技术学报,2014(07):261-268.

[150] 张羽.微网逆变器并网/孤岛及切换控制方法研究[D].哈尔滨工业大学,2013.

[151] 李源,李永东,程志江,等.基于主从控制的微电网平滑切换控制策略研究[J].电测与仪表,2016,53(24):44-49.

[152] 张煜文.微电网逆变器并网/离网运行模式切换控制方法研究[D].

[153] 外力江·孜比布拉,李永东,程志江.基于模式切换的直驱式风力发电机最大功率跟踪控制[J].电测与仪表,2017,54(04):57-62.

[154] 樊小朝,王维庆,谢永流,等.低压微网中永磁风力发电系统逆变器并网/孤岛模式控制切换(英文)[J].中国电机工程学报,2016,36(10):2770-2783.

[155] 程志江,谢永流,李永东,等.风力发电系统网侧逆变器双闭环控制策略研究[J].电测与仪表,2016,53(09):40-46.

[156] 华东,李永东,程志江,等.改进PR控制在直驱风机变流器中的应用[J].电测与仪表,2015,52(16):67-72.

[157] 华东,李永东,程志江,等.永磁直驱风力发电并网逆变器电流滞环控制[J].可再生能源,2015,33(02):196-202.

[158] 董桐宇.直驱式风力发电机的建模与并网仿真分析[D].太原理工大学,2011.

[159] 佘峰.永磁直驱式风力发电系统中最大功率控制的仿真研究[D].湖南大学,2009.

[160] 陈仕锟.直驱永磁风力发电系统建模与电网对其影响分析[D].西安理工大学,2010.

[161] 高巧云,崔学深,张健,等.超级电容蓄电池混合储能直流系统工作特性研究[J].现代电力,2013(06):27-31.

[162] 邱燕.三相并网逆变器滤波及锁相技术研究[D].南京航空航天大学,2012.

[163] 王光红.微网逆变器控制技术研究[D].燕山大学,2011.

[164] 孔雪娟,罗昉,彭力,等.基于周期控制的逆变器全数字锁相环的实现和参数设计

[J]. 中国电机工程学报, 2007, 27(1): 60-64.

[165] Patel H, Agarwal V. Investigations into the performance of photovoltaics-based active filter configurations and their control schemes under uniform and non-uniform radiation conditions. Renewable Power Generation, IET, 2010, 4(1): 12-22.

[166] Koutroulis E, Kalaitzakis K, Voulgaris N C. Development of a microcontroller-based, photovoltaic maximum power point tracking control system. Power Electronics, IEEE Transactions on, 2001, 16(1): 46-54.

[167] Huynh P, Cho B H. Design and analysis of a microprocessor-controlled peak-power-tracking system [for solar cell arrays]. IEEE Transactions on Aerospace and Electronic Systems, 1996, 32(1): 182-190.

[168] 贺凡波, 赵争鸣, 袁立强. 一种基于优化算法的光伏系统 MPPT 方法. 电力电子技术, 2009(10): 11-13.

[169] 程志江, 李永东, 谢永流, 等. 带超级电容的光伏发电微网系统混合储能控制策略 [J]. 电网技术, 2015, 39(10): 2739-2745.

[170] Weidong X, Dunford W G. A modified adaptive hill climbing MPPT method for photovoltaic power systems: Power Electronics Specialists Conference, 2004. PESC 04. 2004 IEEE 35th Annual, 2004.

[171] 杨勇, 陈志军, 程志江, 等. 低压微网中三相光伏并网逆变器控制策略研究 [J]. 电测与仪表, 2016, 53(03): 1-6.

[172] Pandey A, Dasgupta N, Mukerjee A K. High-Performance Algorithms for Drift Avoidance and Fast Tracking in Solar MPPT System. IEEE Transactions on Energy Conversion, 2008, 23(2): 681-689.

[173] 谢永流, 程志江, 李永东, 等. 两级式光伏并网逆变器无差拍控制研究 [J]. 可再生能源, 2014, 32(06): 754-758.

[174] 徐鹏威, 刘飞, 刘邦银, 等. 几种光伏系统 MPPT 方法的分析比较及改进. 电力电子技术, 2007(5): 3-5.

[175] 刘飞. 三相并网光伏发电系统的运行控制策略 [R]. 武汉: 华中科技大学, 2008.

[176] 王剑. 四象限级联型多电平变换器用 PWM 整流器高性能控制 [R]. 北京: 清华大学, 2009.

[177] 李谦, 李永东. 三相 PWM 整流器闭环控制研究. 电气传动, 2007(11): 18-21.

[178] 龚锦霞, 解大, 张延迟. 三相数字锁相环的原理及性能. 电工技术学报, 2009(10): 94-99.

[179] 张建华, 于雷, 刘念, 等. 含风/光/柴/蓄及海水淡化负荷的微电网容量优化配置 [J]. 电工技术学报, 2014(02): 102-112.

[180] 肖锐,宋佳佳.海岛独立型微电网的多目标容量优化配置方法[J].嘉兴学院学报,2014(06):85-92.

[181] 谭兴国,王辉,张黎,等.微电网复合储能多目标优化配置方法及评价指标[J].电力系统自动化,2014(08):7-14.

[182] 朱德臣,汪建文.风工况双参数威布尔分布k值影响研究[J].太阳能,2007(6):34-36.

[183] 李俊芳,张步涵.基于进化算法改进拉丁超立方抽样的概率潮流计算[J].中国电机工程学报,2011,31(25):90-96.

[184] 张巍峰,车延博,刘阳升.电力系统可靠性评估中的改进拉丁超立方抽样方法[J].电力系统自动化,2015(4):52-57.

[185] 程泽,刘冲,刘力.基于相似时刻的光伏出力概率分布估计方法[J].电网技术,2017,41(2):448-454.

[186] 娄素华,胡斌,吴耀武,等.碳交易环境下含大规模光伏电源的电力系统优化调度[J].电力系统自动化,2014(17):91-97.

[187] 胡斌,娄素华,李海英,等.考虑大规模光伏电站接入的电力系统旋转备用需求评估[J].电力系统自动化,2015(18):15-19.

[188] 谭兴国,王辉,张黎,等.微电网复合储能多目标优化配置方法及评价指标[J].电力系统自动化,2014,38(8):7-14.

[189] 谢敏,闫圆圆,诸言涵,等.基于向量序优化的多目标机组组合[J].电力自动化设备,2015,35(7):7-14.

[190] 谢敏,闫圆圆,刘明波,等.含随机风电的大规模多目标机组组合问题的向量序优化方法[J].电网技术,2015,39(1):215-222.

[191] 颜丙山,许伟东,李东海,等.吐哈油田抽油机节能技术研究及应用[J].石油矿场机械,2013(03):85-88.

[192] 马玉花,王勇,刘兵,等.吐哈油田提高抽油井系统效率的技术研究与应用[J].石油天然气学报,2010(05):311-312,5.

[193] 易军,成曙,张继传,等.油井抽油机节能优化控制技术研究[J].机电工程技术,2008(09):72-75,127.

[194] 赵海洋,李新勇,李平,等.塔河油田机械采油井系统效率分析[J].中国石油和化工,2007(14):50-52.

[195] 姜佳.对提高抽油机系统效率的探讨[J].中国石油和化工标准与质量,2013(03):191.

[196] 于彦东.抽油机系统效率低下原因分析与对策[J].中国石油和化工标准与质量,2013(01):132.

[197] 姜佳. 对提高抽油机系统效率的探讨[J]. 中国石油和化工标准与质量, 2013 (03): 191.

[198] 于彦东. 抽油机系统效率低下原因分析与对策[J]. 中国石油和化工标准与质量, 2013(01): 132.

[199] 张小宁, 张宝贵, 陆则印, 等. 油田抽油机供电系统无功补偿研究与应用[J]. 电力自动化设备, 2004(04): 57-60.

[200] 武晓朦, 刘健. 油田配电网理论线损计算[J]. 西安理工大学学报, 2007(03): 240-245.

[201] 王博, 赵海森, 李和明, 等. 用于模拟游梁式抽油机电动机动态负荷的测试系统设计及应用[J]. 中国电机工程学报, 2014(21): 3488-3495.

[202] 张要强, 于传聚, 刘晓东, 等. 油田油井高效节能供电方案研究[J]. 电力需求侧管理, 2006(06): 43-46.

[203] 辛光明, 刘平, 王劲松. 风光储联合发电技术分析[J]. 华北电力技术, 2012(01): 64-66, 70.

[204] 任洛卿, 白泽洋, 于昌海, 等. 风光储联合发电系统有功控制策略研究及工程应用[J]. 电力系统自动化, 2014(07): 105-111.

[205] 卢洋, 卢锦玲, 石少通, 等. 考虑随机特性的微电网电源优化配置[J]. 电力系统及其自动化学报, 2013(03): 108-114.

[206] 小宁, 张宝贵, 陆则印, 等. 油田抽油机供电系统无功补偿研究与应用[J]. 电力自动化设备, 2004, 24(4): 57-60.

[207] 赵海森, 李和明, 等. 用于模拟游梁式抽油机电动机动态负荷的测试系统设计及应用[J]. 中国电机工程学报, 2014, 34(21): 3488-3495.

[208] 王姝, 石晶, 龚康, 等. 多元复合储能系统及其应用[J]. 电力科学与技术学报, 2013(03): 32-38, 44.

[209] 齐琳. 储能逆变器及其抑制光伏功率波动的研究[D]. 华北电力大学, 2014.

[210] Tremblay O, Dessaint L A, Dekkiche A I, et al. A Generic Battery Model for the Dynamic Simulation of Hybrid Electric Vehicles[C]. IEEE Vehicle Power and Propulsion Conference, 2007: 284-289.

[211] 刘君, 宋俊锋, 李岩松. 混合电源及其在电动汽车的应用[A]. 中国高等学校电力系统及其自动化专业第二十七届学术年会. 燕山大学, 2011.

[212] 杨海晶, 李朝晖, 石光, 等. 微网孤岛运行下储能控制策略的分析与仿真[J]. 电力系统及其自动化学报, 2013(03): 67-71.

[213] 董博, 李永东, 郑治雪. 分布式新能源发电中储能系统能量管理[J]. 电工电能新技术, 2012(01): 22-25, 96.

[214] 王海燕,燕巍.一种自整定 PID 参数的模糊控制系统的设计与仿真[J].自动化技术与应用,2015(04):14-19.

[215] 付俊峰.单相光伏发电并网系统研究[D].华中科技大学,2011.

[216] 邱麟,许烈,郑泽东,等.微电网运行模式平滑切换的控制策略[J].电工技术学报,2014(02):171-176.

[217] 聂晶鑫.风力发电系统中储能技术的研究[D].西南交通大学,2011.

[218] SCHUPBACH R M, BALDA J C. Comparing DC-DC converters for power management in hybrid electric vehicles;proceedings of the Electric Machines and Drives Conference, 2003 IEMDC'03 IEEE International, F, 2003[C].

[219] 徐德鸿.电力电子系统建模及控制[M].机械工业出版社,2006.

[220] Szumanowski A, Piorkowski P, Chang Y. Batteries and Ultracapacitors Set in Hybrid Propulsion System:Power Engineering, Energy and Electrical Drives,2007. International Conference on POWERENG, 2007.

[221] 唐西胜,武鑫,齐智平.超级电容器蓄电池混合储能独立光伏系统研究.太阳能学报,2007(2):178-183.

[222] Jia Y, Shibata R, Yamamura N, et al. Smoothed-Power Output Supply System for Battery of Stand-alone Renewable Power System Using EDLC:Power Electronics and Motion Control Conference, 2006. IPEMC 2006. CES/IEEE 5th International, 2006.

[223] 李少林,姚国兴.风光互补发电蓄电池超级电容器混合储能研究.电力电子技术,2010,44(2):12-14.

[224] 李清然,张建成.分布式光伏逆变器多模式滑模控制方法及仿真分析[J].华北电力大学学报(自然科学版),2015(05):19-25.

[225] 董博,李永东,郑治雪.分布式新能源发电中储能系统能量管理[J].电工电能新技术,2012(01):22-25,96.

[226] 王海燕,燕巍.一种自整定 PID 参数的模糊控制系统的设计与仿真[J].自动化技术与应用,2015(04):14-19.

[227] 再协.工信部强化新能源车动力电池回收　多方入手促政策落实[J].中国资源综合利用,2016,34(12):8-9.

[228] 徐晶.梯次利用锂离子电池容量和内阻变化特性研究[D].北京交通大学,2014.

[229] 李哲,卢兰光,欧阳明高.提高安时积分法估算电池 SOC 精度的方法比较[J].清华大学学报(自然科学版),2010(8):1293-1296.

[230] 武国良,周志宇,于达仁.应用非稳态开路电压方法估计 EV 用电池剩余电量研究[J].电机与控制学报,2013,17(4):110-115.

［231］戴栋,张敏,李述文,等.一种基于内阻法的蓄电池剩余电量在线监测系统［D］.2014.

［232］高明煜.动力电池组 SOC 在线估计模型与方法研究［D］.武汉理工大学,2013.

［233］李秉宇,陈晓东.基于卡尔曼滤波器的蓄电池剩余容量估算法［J］.电源技术,2010,34(9):931-934.

［234］马文伟,郑建勇,尤鋆,等.应用 Kalman 滤波法估计光伏发电系统铅酸蓄电池 SOC［J］.通信电源技术,2009,26(5):50-53.

［235］马文伟,郑建勇,尤鋆,等.应用 Kalman 滤波法估计铅酸蓄电池 SOC［J］.蓄电池,2010,47(1):19-23.

［236］工萍,程志江,陈星志.基于 LabVIEW 的微电网电池荷电状态监测系统［J］.电池,2018,48(06):406-409.

［237］张金龙,魏艳君,李向丽,等.基于模型参数在线辨识的蓄电池 SOC 估算［J］.电工技术学报,2014(s1):23-28.

［238］史丽萍,龚海霞,李震,等.基于 BP 神经网络的电池 SOC 估算［J］.电源技术,2013,37(9):1539-41.

［239］张昌斌,王鹏,李华春,等.动力电池包一致性评估方法和装置［D］.2014.

［240］肖剑浩.电池管理系统主动均衡控制应用与策略［J］.工业 c,2016,2):00041-2.

［241］徐顺刚,钟其水,朱仁江.动力电池均衡充电控制策略研究［J］.电机与控制学报,2012,16(2):62-65.

［242］欧阳家俊.动力磷酸铁锂电池均衡系统设计与研究［D］.西南交通大学,2015.

［243］罗洋坤.动力电池均衡充电控制方案分析与设计［J］.蓄电池,2017(3):147-50.

［244］朱国荣,马燕,徐小薇,等.基于最大平均均衡电流的电池均衡控制方法及系统［D］.2014.

［245］温春雪,臧振,霍振国,等.基于双向 DC-DC 变换器的锂电池组充电均衡策略［J］.电源技术,2016,40(12):2424-2427.

［246］程夕明,薛涛.基于多绕组变压器的均衡电路占空比设计方法［J］.电机与控制学报,2013,17(10):13-18.

［247］沈镇,张陈斌,陈宗海,等.基于双向反激式变压器的锂离子电池组主动均衡系统设计;proceedings of the 中国系统仿真技术及其应用学术年会,F,2017［C］.

［248］宫学庚,张少昆,舒恩.一种用于电池的多模块级联均衡方法［D］.2014.

［249］陈静瑾.小型 VRLA 电池分段恒流充电特性的研究［J］.蓄电池,2004,41(2):74-6.

［250］冯晓裕,司新放,程俊翔,等.分布式储能的发展现状与前景［J］.电气开关,2017,55(6):5-7.

［251］席建祥,钟宜生.群系统一致性[M].北京:科学出版社,2014.

［252］LIN X, BOYD S. Fast linear iterations for distributed averaging; proceedings of the Decision and Control, 2003 Proceedings IEEE Conference on, F, 2004［C］.

［253］张舒.考虑风电与储能资源协调运行的机组组合问题研究[D].清华大学,2012.

［254］方鑫,郭强,张东霞,等.并网光伏电站置信容量评估[J].电网技术,2012,36(9):31-35.

［255］LI H, ESEYE A T, ZHANG J, et al. Optimal energy management for industrial microgrids with high-penetration renewables［J］. Protection & Control of Modern Power Systems, 2017,2(1):12.

［256］刘志文,夏文波,刘明波.基于复合储能的微电网运行模式平滑切换控制[J].电网技术,2013,37(4):906-913.

［257］武筱彬,程志江,柴万腾,等.边防哨所风光发电微电网存储建模仿真[J].计算机仿真,2019,36(01):134-137,238.

［258］王洋,程志江,李永东.三电平并网逆变器的低开关频率模型预测控制[J].可再生能源,2018,36(10):1473-1478.

［259］王洋,程志江,李永东.三电平并网变换器的模型预测控制[J].电力系统及其自动化学报,2018,30(10):34-41.

［260］王洋,程志江,李永东.并网逆变器节能供电质量优化控制仿真[J].计算机仿真,2018,35(07):79-84.

［261］柴万腾,程志江,李永东,等.基于群系统一致性电动车充电桩接入微电网的控制研究[J].可再生能源,2018,36(06):882-887.

［262］周鹏伟,程志江,陈星志,等.带混合储能的微网并网控制策略研究[J].可再生能源,2017,35(04):578-584.

［263］周鹏伟,程志江,孙奥,等.微电网供电系统混合储能优化控制研究[J].计算机仿真,2016,33(12):138-142.

［264］谢永流,程志江,李永东,等.基于新型下垂控制的逆变器孤岛并联运行研究[J].电测与仪表,2016,53(10):39-43,51.

［265］谢永流,程志江,李永东,等.引入虚拟阻抗的并联逆变器新型下垂控制策略[J].电工电能新技术,2016,35(03):22-25,61.

［266］钱学伟,姜波,程志江.基于自适应虚拟阻抗的 DC-DC 变换器均流控制[J].安徽大学学报(自然科学版),2016,40(04):67-72.

［267］王清彬,李永东,程志江,等.基于 RMM 的微网并网逆变器鲁棒补偿器设计[J].电测与仪表,2015,52(22):108-112.

［268］华东,程志江,李永东,等.基于电感电流无差拍控制的三相并网逆变器[J].电测

与仪表,2015,52(21):55-59.

[269] 谢永流,李永东,程志江,等.低压微网逆变器孤岛运行控制策略研究[J].可再生能源,2015,33(07):1020-1026.

[270] 程志江,谢永流,李永东,等.电流跟踪型 PWM 直流电机双闭环调速系统仿真[J].水力发电,2015,41(04):56-59,90.